高等职业教育土建施工类专业融媒体创新系列教材

装配式建筑构件深化设计

主　编　张弦波　楼　聪

副主编　张琳娜　李卫平　赵搏凯

中国建筑工业出版社

图书在版编目（CIP）数据

装配式建筑构件深化设计 / 张弦波，楼聪主编 ；张琳娜，李卫平，赵博凯副主编. -- 北京 ：中国建筑工业出版社，2024. 12. --（高等职业教育土建施工类专业融媒体创新系列教材）. -- ISBN 978-7-112-30383-0

Ⅰ. TU3

中国国家版本馆CIP数据核字第2024ZV4653号

责任编辑：刘平平 李 阳 张 健
责任校对：姜小莲

高等职业教育土建施工类专业融媒体创新系列教材

装配式建筑构件深化设计

主 编 张弦波 楼 聪

副主编 张琳娜 李卫平 赵博凯

*

中国建筑工业出版社出版、发行（北京海淀三里河路9号）
各地新华书店、建筑书店经销
北京鸿文瀚海文化传媒有限公司制版
常州市大华印刷有限公司印刷

*

开本：787毫米×1092毫米 1/16 印张：14$\frac{1}{2}$ 字数：276千字
2025年1月第一版 2025年1月第一次印刷
定价：**58.00**元（赠教师课件）
ISBN 978-7-112-30383-0
（42820）

总序
Prologue

　　近年来，国家高度重视职业教育发展，陆续发布《国家职业教育改革实施方案》《职业院校教材管理办法》《关于推动现代职业教育高质量发展的意见》《中华人民共和国职业教育法》等多项法律法规和政策文件，职业教育迎来了大发展的历史机遇。教材建设属于国家事权，职业院校教材是教学的重要依据、培养人才的重要保障，必须体现党和国家意志，建设一批内容科学先进、编排科学合理、符合课标要求的专业课程教材是职教改革的重要任务。

　　我们正处在信息技术飞速发展的全媒体时代，教师与学生的"教与学"模式已然发生转变，要运用现代信息技术改进教学方式方法，适应"互联网＋职业教育"发展需求；职业院校教材应符合技术技能人才成长规律和学生认知特点，充分反映产业发展最新进展，对接科技发展趋势和市场需求，及时吸收比较成熟的新技术、新工艺、新材料、新规范，专业教材随信息技术发展、产业升级和技术进步及时动态更新。如何打造具备时代特点、满足教学需求的职业教育教材，是编者、出版单位需要认真思考的重要课题。

　　"高等职业教育土建施工类专业融媒体创新系列教材"正是为了适应新时期我国建筑工业化、数字化、智能化升级对土建类高素质人才的需求，而组织职业院校的优秀教师、重点企业专家编写的，教材形式新颖、内容简明易懂、数字化资源丰富，满足信息化和个性化教学的需要，凸显新形态教材的特点，具备"先进性、规范性、职业性、实践性"的特点。未来，本系列教材会根据新技术、新工艺、新材料、新设备的发展不断优化完善，依托网络平台动态更新，满足院校师生的教学要求。

　　本套教材的出版，凝聚了各位编写人员、审查人员及编辑的辛勤劳动，得到了有关院校的大力支持。上海盛尚文化传播有限公司在教材策划及配套数字资源的建设方面做出了很大贡献。大家的共同努力，为本套教材的高质量出版提供了保障。希望本套教材的出版能满足广大院校的要求，为建设行业的人才培养做出贡献。

胡兴福

2022 年 9 月

前言
Foreword

"装配式建筑构件深化设计"是高等职业教育土建类专业的一门专业课程，重点介绍装配式建筑的设计步骤与要求、制图规范与方法、设计软件操作及使用等内容。本教材依据我国现行的相关国家和行业规范，结合院校学生实际能力和就业特点，根据教学大纲及培养技术应用型人才的总目标来编写。本教材充分总结教学与实践经验，对知识的讲授以应用为目的，教学内容以必需、够用为度，突出实训、案例教学，紧跟时代和行业发展步伐，力求体现高等职业、应用型本科教育注重职业能力培养的特点。

本书充分考虑了学生的认知规律，将装配式建筑的设计内容按照实际工程项目的工作进程分成了9个项目：项目1，绪论；项目2，装配式建筑深化设计基本原则；项目3，叠合板的深化设计；项目4，叠合梁的深化设计；项目5，预制柱的深化设计；项目6，预制剪力墙的深化设计；项目7，预制楼梯的深化设计；项目8，预制外墙挂板的深化设计；项目9，预制阳台的深化设计。

本书由金华职业技术大学张弦波、楼聪担任主编，金华职业技术大学张琳娜、李卫平，杭州建研科技有限公司赵博凯担任副主编。项目1、项目7、项目9由金华职业技术大学张弦波编写，项目2由金华职业技术大学李思、吴承卉编写，项目3、项目6由金华职业技术大学楼聪编写，项目4由金华职业技术大学张琳娜、李卫平编写，项目5、项目8由杭州建研科技有限公司赵博凯编写。

本教材图文并茂、深入浅出、简繁得当，可作为高职高专院校、应用型本科院校土建类建筑工程、工程造价、建筑设计等专业教材使用；也可作为工程技术人员的参考借鉴；还可作为成人、函授、网络教育、自学考试等参考用书。

　　本书在编写过程中得到了杭州建研科技有限公司及编者所在单位领导的大力支持和协助，在此表示感谢。

　　由于编者水平有限，编写时间仓促，书中难免有错误和疏漏之处，在此恳请有关专家和广大读者提出宝贵意见，以便我们改进和完善，深表谢意。

Informative Abstract

内容提要

　　本书共分 9 章，内容包括：绪论、装配式建筑深化设计基本原则、叠合板的深化设计、叠合梁的深化设计、预制柱的深化设计、预制剪力墙的深化设计、预制楼梯的深化设计、预制外墙挂板的深化设计、预制阳台的深化设计。

　　本书可作为高等职业院校土木建筑类专业学生的教材和教学参考书，也可作为建设类行业企业相关技术人员的学习用书。

数字资源一览

Author's Brief Introduction

作者介绍

张弦波

　　金华职业技术大学建筑工程学院专业教师，工程硕士，副教授，工程师，国家一级注册结构工程师，国家注册土木工程师（岩土）。

　　多次指导学生参加全国"斯维尔杯"建筑信息大赛，浙江省建筑工程识图技能竞赛，全国装配式建筑职业技能竞赛并获一、二等奖，主持厅局级课题 3 项，发表专业论文 10 余篇，申请实用新型专利 5 项，主编、参编及校审教材 10 余本。

楼　聪

　　金华职业技术大学建筑工程学院专业副主任，硕士，讲师，一级建造师，入选金华市 321 专业技术人才工程第三层次，曾获得 2023 年全国高职院校技能大赛教学能力比赛一等奖 1 项，2023 年浙江省高职院校教师能力比赛一等奖，2022 年浙江省高职院校教师能力比赛一等奖；主持并参与省级课题 2 项，厅局级课题 4 项，公开发表国内外论文 7 篇，授权专利 5 项；指导学生参加各类技能竞赛，累计获奖 7 次。

上智云图
使 用 说 明

一册教材 ＝ 海量教学资源 ＝ 开放式学堂

微课视频
知识要点
名师示范
扫码即看
备课无忧

教学课件
教学课件
精美呈现
下载编辑
预习复习

在线案例
具体案例
实践分析
加深理解
拓展应用

拓展学习
课外拓展
知识延伸
强化认知
激发创造

素材文件
多样化素材
深度学习
共建共享

"上智云图"为学生个性化
定制课程，让教学更简单。

PC 端登录方式： www.szytu.com

详细使用说明请参见网站首页
《教师指南》《学生指南》

　　本教材是基于移动信息技术开发的智能化教
材的一种探索。为了给师生提供更多增值服务，
由"上智云图"提供本系列教材的所有配套资源
及信息化教学相关的技术服务支持。如果您在使
用过程中有任何建议或疑问，请与我们联系。

课程兑换码

教材课件索取方式：

1. 邮箱 :jckj@cabp.com.cn;

2. 电话 :(010)58337285;

3. 建工书院 :http://edu.cabplink.com;

4. 上智云图： www.szytu.com。

目录
Contents

1
绪论

1.1 装配式建筑概述

1.1.1 装配式建筑的概念

装配式建筑是指把传统建造方式中的大量现场作业工作转移到工厂内进行，在车间内加工制作好建筑用构件和配件（如楼板、墙板、楼梯、阳台等），然后将构件运输到建筑施工现场，通过可靠的连接方式将各构件在现场装配安装而成的建筑（图1-1）。

图1-1 装配式建筑

1.1.2 装配式建筑的优点

装配式建筑的建造速度快，受气候条件约束小，节约劳动力并可提高建筑质量。具体有以下几方面优点：

（1）大量的预制构件（比如外墙板、内墙板、叠合板、阳台板、空调板、楼梯、预制梁、预制柱等）都在车间生产加工完成，工业化的生产方式大大降低了工程成本，同时也更利于质量控制。

·   ·

（2）工厂生产出来的预制构件运到施工现场进行组装，减少了模板工程和人工工作量，加快了施工速度，这对于降低工程造价意义重大。

（3）装配式建筑施工将整个建筑由一个项目变成一件产品。构件越标准，生产效率越高，成本就越低，配合工厂的数字化管理，整个装配式建筑的性价比远非传统的建造方式可比。

（4）传统建筑施工中，必须先做完主体才能进行装饰装修，装配式建筑可以将各预制部件的装饰装修部位完成后再进行组装，实现了装饰装修工程与主体工程的同步进行，减少了建造过程的环节，降低了工程造价。

（5）装配式建筑的建筑材料选择更加灵活，各种节能环保材料如轻钢以及木质板材的运用，使得装配式建筑更加符合绿色建筑的理念。

1.1.3　装配式建筑的分类

（1）按结构材料分类

装配式建筑按结构材料分为装配式钢结构（轻钢结构）建筑（图1-2），装配式木结构建筑（图1-3）、装配式混凝土结构建筑（图1-4）和装配式复合结构建筑（钢结构、轻钢结构与混凝土结合的装配式建筑）（图1-5）等。

图1-2　装配式钢结构建筑　　　　图1-3　装配式木结构建筑

（2）按建筑高度分类

装配式建筑按建筑高度分为低层装配式建筑（图1-6）、多层装配式建筑、高层装配式建筑（图1-7）和超高层装配式建筑。

（3）按结构体系分类

装配式建筑按结构体系分为框架结构（图1-8）、框架-剪力墙结构、筒体结构、剪力墙结构（图1-9）、无梁结构（图1-10）、空间薄壁结构、悬索结构（图1-11）、预制混凝土柱单层厂房结构等。

图 1-4　装配式混凝土结构建筑

图 1-5　装配式复合结构建筑

图 1-6　低层装配式建筑

图 1-7　高层装配式建筑

图 1-8　框架结构

图 1-9　剪力墙结构

图 1-10　无梁结构

图 1-11　悬索结构

　　　　　　　·　　　　　·　　　　　　装配式建筑构件深化设计

（4）按预制率分类

装配式建筑按预制率分类分为超高预制率（70% 以上）、高预制率（50% ~ 70%）、普通预制率（20% ~ 50%）、低预制率（5% ~ 20%）和局部使用预制构件（0 ~ 5%）几种类型。

1.2 装配式建筑深化设计概述

1.2.1 深化设计的概念和内容

"深化设计"是指在业主或设计单位提供的蓝图的基础上，结合各专业图纸及施工现场实际情况，对图纸进行细化、补充和完善。深化设计后的图纸应满足业主或设计单位的技术要求，符合相关地域的设计规范和施工规范，并通过审查，图形合一，能够直接指导现场施工，确保最终效果更加美观合理。

装配式建筑的深化设计应考虑工程的实际情况，对于采用标准预制构件的各类建筑结构，可使用标准图集的深化设计大样图及其施工方法。对于结构较复杂而设计文件规定又不够详细的，则需要进行深化设计。深化设计的计算应包括设计文件规定的荷载及施工过程中堆放、脱模、运输、吊装等各种工况的荷载不利组合验算，并需要考虑施工顺序及支架拆除顺序的影响。深化设计的完成单位可为原设计单位，也可为其他具备设计能力的相关单位。深化设计的结果则应经原设计单位认可，以便于与结构的整体设计相协调。深化设计是设计工作的进一步延续，作为施工依据的设计文件和深化设计结果，应包括以下内容：

（1）预制构件设计详图，包括平、立、剖面图，预埋吊件以及其他埋件的细部构造图等；

（2）预制构件装配详图，包括构件的装配位置、相关节点详图及临时斜撑、临时支架的设计结果等；

（3）施工方法，包括构件制作、装配的施工及检查验收方法，装配顺序的要求、临时斜撑及临时支架的拆除顺序的要求等。

1.2.2 装配式建筑深化设计要求

《建筑工程设计文件编制深度规定》（2016 年版）中，除了对装配式建筑设计深度要求有一般的通用规定外，对于装配式建筑深化设计的规定还有以下几点专门要求。

（1）第4.3.3条建筑设计说明15当项目按装配式建筑要求建设时，应有装配式建筑设计说明。

1）装配式建筑设计概况及设计依据；

2）建筑专业相关的装配式建筑技术选项内容，拟采用的技术措施，如标准化设计要点、预制部位及预制率计算等技术应用说明；

3）一体化装修设计的范围及技术内容；

4）装配式建筑特有的建筑节能设计内容。

（2）第4.3.4条平面图22装配式建筑应在平面中用不同图例注明预制构件（如预制夹心外墙、预制墙体、预制楼梯、叠合阳台等）位置，并标注构件截面尺寸及其与轴线关系尺寸；预制构件大样图，为了控制尺寸及一体化装修相关的预埋点位。

（3）第4.3.5条立面图2立面外轮廓及主要结构和建筑构造部件的位置，如女儿墙顶、檐口、柱、变形缝、室外楼梯和垂直爬梯、室外空调机搁板、外遮阳构件、阳台、栏杆、台阶、坡道、花台、雨篷、烟囱、勒脚、门窗（消防救援窗）、幕墙、洞口、门头、雨水管，以及其他装饰构件、线脚和粉刷分格线等，当为预制构件或成品部件时，按照建筑制图标准规定的不同图例示意，装配式建筑立面应反映出预制构件的分块拼缝，包括拼缝分布位置及宽度等。

（4）第4.4.3条结构设计总说明。

1）1 工程概况

第3条当采用装配式结构时，应说明结构类型及采用的预制构件类型等。

2）7 主要结构材料

第7条装配式结构连接材料的种类及要求（包括连接套筒、浆锚金属波纹管、冷挤压接头性能等级要求、预制夹心外墙内的拉结件、套筒灌浆料、水泥基灌浆料性能指标，螺栓材料及规格、接缝材料及其他连接方式所使用的材料）。

3）16 当项目按装配式结构要求建设时，应有装配式结构设计专项说明：

① 设计依据及配套图集：

a. 装配式结构采用的主要法规和主要标准 (包括标准的名称、编号、年号和版本号)。

b. 配套的相关图集 (包括图集的名称、编号、年号和版本号)。

c. 采用的材料及性能要求。

d. 预制构件详图及加工图。

② 预制构件的生产和检验要求。

③ 预制构件的运输和堆放要求。

④ 预制构件现场安装要求。

⑤ 装配式结构验收要求。

（5）第 4.4.6 条结构平面图 1 一般建筑的结构平面图，均应有各层结构平面图及屋面结构平面图（钢结构平面图要求见第 4.4.10 条），具体内容为：

装配式建筑墙柱结构布置图中用不同的填充符号标明预制构件和现浇构件，采用预制构件时注明预制构件的编号，给出预制构件编号与型号对应关系以及详图索引号。预制板的跨度方向、板号、数量及板底标高，标出预留洞大小及位置；预制梁、洞口过梁的位置和型号、梁底标高。

（6）第 4.4.7 条钢筋混凝土构件详图 2 预制构件应绘出：

1）构件模板图：应表示模板尺寸、预留洞及预埋件位置、尺寸，预埋件编号、必要的标高等；后张预应力构件尚需表示预留孔道的定位尺寸、张拉端、锚固端等。

2）构件配筋图：纵剖面表示钢筋形式、箍筋直径与间距，配筋复杂时宜将非预应力筋分离绘出；横剖面注明断面尺寸、钢筋规格、位置、数量等。

3）需作补充说明的内容。注：对形状简单、规则的现浇或预制构件，在满足上述规定前提下，可用列表法绘制。

（7）第 4.4.8 条混凝土结构节点构造详图 2 预制装配式结构的节点，梁、柱与墙体锚拉等详图应绘出平、剖面，注明相互定位关系，构件代号、连接材料、附加钢筋（或埋件）的规格、型号、性能、数量，并注明连接方法以及对施工安装、后浇混凝土的有关要求等。

（8）第 4.4.9 条其他图纸 2 预埋件：应绘出其平面、侧面或剖面，注明尺寸、钢材和锚筋的规格、型号、性能、焊接要求。

（9）第 4.4.10 条钢结构设计施工图。

钢结构设计施工图的内容和深度应能满足进行钢结构制作详图设计的要求。钢结构制作详图一般应由具有钢结构专项设计资质的加工制作单位完成，也可由具有该项资质的其他单位完成，其设计深度由制作单位确定。钢结构设计施工图不包括钢结构制作详图的内容。

1.2.3 装配式建筑深化设计的方法

装配式建筑深化设计的方法和原则主要有以下几点：

（1）构件连接的等效原则：PC 化建筑的结构设计与现浇建筑没有原则上的区别，

PC 化建筑的结构效应须与现浇相等。

（2）构件拆分的协调原则：PC 化建筑的拆分不仅要满足结构上的要求还须满足建筑、生产运输和安装条件及其他环节的要求。

（3）建筑标准化：PC 化建筑设计应遵循少规格、多组合的原则，实现模数设计、模数生产，模数施工。

（4）满足现浇规范：PC 化建筑仍需满足现行的现浇结构各类技术规范及规程。

装配式建筑深化设计各阶段主要工作如下：

方案设计至初步设计阶段，根据业主意向与建筑结构图拟定拆分方案，包括实施楼栋、楼层、预制构件类型、建筑拆分平面、关键节点。

施工图设计阶段，配合设计院逐步细化结构拆分，统筹考虑各专业各施工阶段的影响因素，确定最终的平面布置与节点做法。

构件详图设计阶段，通过 BIM 软件细化模型，在不违反原设计的情况下，尽可能地方便生产与施工，最终导出构件加工图并调整。

1.2.4 装配式建筑深化设计的流程

（1）装配式建筑的设计主要包括结构整体计算分析、结构构件的设计、预制构件的拆分与归并设计、预制构件的连接节点设计、预制构件的深化设计。其设计流程如图 1-12 所示。

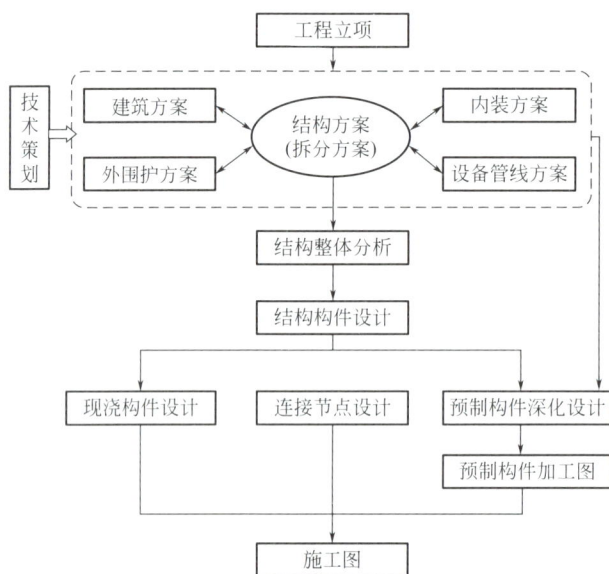

图 1-12 装配式建筑深化设计流程

装配式建筑构件深化设计

1.3 装配式建筑深化设计软件简介

1.3.1 装配式混凝土构件深化设计软件

目前应用于装配式混凝土构件深化设计的软件主要有 PKPM-PC、YJK-AMCS、Planbar、BeePC 等。

本书选用 BeePC 软件作为预制构件深化设计学习的配套软件进行讲述。

1.3.2 BeePC 软件简介

BeePC 软件是目前国内首款基于 Revit 平台研发的装配式智能深化 BIM 软件，软件内置规范与图集，是可以边建模边教装配式深化设计的 BIM 软件。

软件具备可视化操作、"傻瓜式"建模、智能编号、一键出图、一键生成构件明细表（含钢筋形状和尺寸）和一键生成工厂 BOM 等功能，且持续增加各种人性化和效率功能，帮助用户便捷、规范地学习装配式、BIM+PC 建模及出图、出量。

（1）BeePC 软件特点

1）可视化操作

BeePC 软件的典型操作界面如图 1-13 所示。在构件类型区选择相应类型并在参数设置区输入相关参数后，构件视口区的构件会实施联动修改、更新，使得设计操作更加直观、可视化。

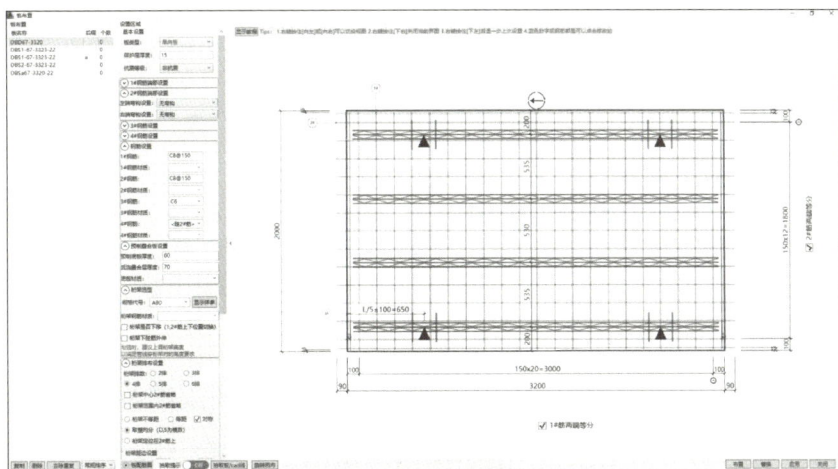

图 1-13 BeePC 软件操作界面

2）参数化设计 BeePC

在建模和深化设计过程中，对预制构件的几何尺寸、钢筋设置、附属构件布置等所有操作均采用参数输入的方式进行，数据实时联动，使设计过程简单、快捷、智能。

3）智能编号 BeePC

软件依据构件类型、尺寸、物理定位、附属构件类别的不同进行智能编号，并提供多种编号规则，可根据工程的实际需求进行选择。BeePC 编号界面如图 1-14 所示。

4）一键出图对图框、比例、文字样式、出图布局等设置后，可直接生成深化设计图纸。BeePC 一键出图界面如图 1-15 所示。

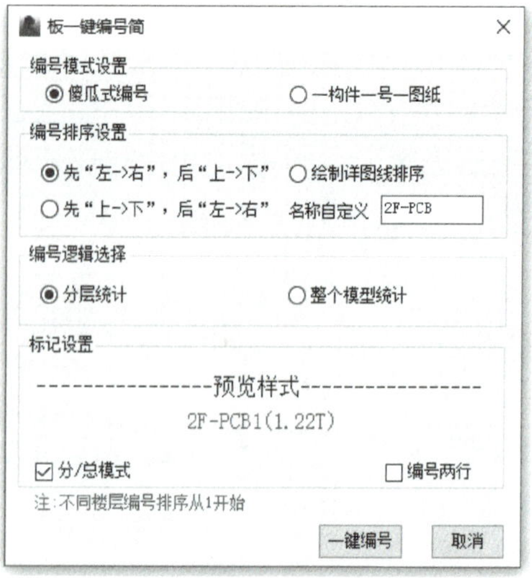

图 1-14　BeePC 软件编号界面 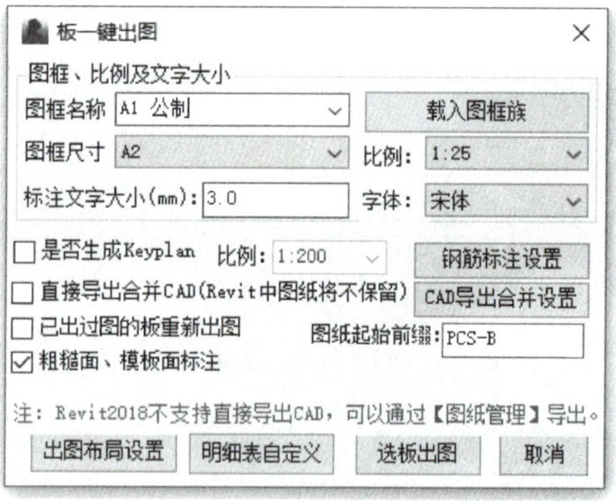　　　　图 1-15　BeePC 软件一键出图界面

5）一键生成 BOM 表（含钢筋形状和尺寸）

BeePC 软件提供出具构件的各种清单、报表的功能，相应清单可以直接对接工厂生产。

（2）BeePC 软件模块组成

BeePC 软件根据线性装配式混凝土建筑的实施流程将系统分为 BeePC 设计和 BeePC 深化两大模块。

1）BeePC 设计模块

BeePC 设计模块中包含的内容有全局功能、预制率计算和装配率计算，如图 1-16 所示。该模块可对工程预制信息进行快速设置，并通过计算装配率对装配式建筑进行准确评价，前可对接设计模型，后可对接深化设计工作，从而实现正向设计。

　　　　　　　　　　　　　　　　　　　　装配式建筑构件深化设计

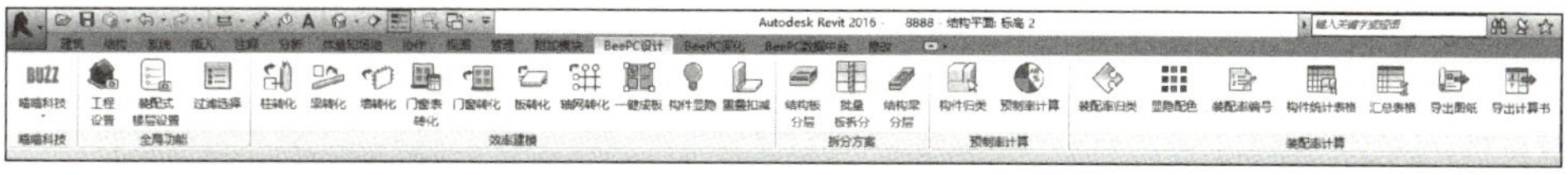

图 1-16　BeePC 设计模块界面

2）BeePC 深化模块

BeePC 深化模块包含的内容有全局功能、主体构件、各类预制构件的布置与出图，如图 1-17 所示。该模块可依据既有拆分图快速进行深化设计，前可对接 BeePC 设计模块，后可直接出具深化图纸。

图 1-17　BeePC 深化模块界面

下面以 BeePC 软件深化模块介绍装配式混凝土构件的深化设计过程。

1.3.3　构件深化设计的通用操作流程

BeePC软件在各预制构件的建模及出图过程中，虽然存在部分差异性，但是基本遵循相似的操作流程与步骤，一般如下：

装配式楼层设置→预制构件的布置→附属构件的布置→预制构件编号→生成 BOM 表→预制构件出图。

具体分述如下：

【装配式楼层设置】对工程的楼层及混凝土强度等级进行输入，用于指明楼层标高、楼层名称、各种构件混凝土强度等内容，在某一个项目中设置一次即可，若跳过此项则生成的深化图中的明细表会有误，此项为必输入项。

【预制构件布置】对预制构件的类型及各项参数进行设置，包括构件尺寸、保护层厚度、抗震等级、预埋件设置、吊装信息、预制构件的配筋等，并将设置好参数后的预制构件布置在相应位置，完成建模工作。

【附属构件的布置】包括对预制构件上的预留预埋的洞口、线盒、套管、止水节、手孔、线管、脱模点等的布置，此项若无，可跳过。

【预制构件编号】根据预制构件的类型、尺寸、定位、附属构件等的差异性，对布置的预制构件按层进行编号，若跳过此步骤，则无法保证 BOM 表及构件出图功能的准确性。

【生成 BOM 表】对预制构件的基本信息进行统计，包括预制构件的个数、体积、重量、钢筋重量等信息，统计结果可直接对接预制构件生产。

【预制构件出图】对已布置的预制构件生成深化详图图纸。

📑 **本章小结**

　　本章主要介绍装配式建筑的概念及优点，装配式建筑的分类，装配式建筑深化设计的内容、要求和方法，BeePC装配式深化设计软件的简介，让读者了解了装配式建筑的相关知识。

2

装配式建筑深化
设计基本原则

2.1 预制构件选择要点

装配整体式混凝土框架结构的主要预制构件有预制柱、预制梁、叠合楼板、预制楼梯、预制外挂墙板等，如图 2-1~图 2-5 所示。

装配整体式混凝土剪力墙结构的主要预制构件有预制外墙板、预制内墙板、叠合楼板、预制连梁、预制楼梯、预制阳台板、预制空调板等，如图 2-6~图 2-9 所示。

图 2-1　预制柱

图 2-2　预制梁

图 2-3　叠合楼板

图 2-4　预制楼梯

装配式建筑构件深化设计

图2-5　预制外墙板

图2-6　预制内墙板

图2-7　预制连梁

图2-8　预制阳台板

图2-9　预制空调板

　　混凝土预制构件的设计应遵循标准化、模数化原则。应尽量减少构件类型，提高构件标准化程度，降低工程造价。对于开洞多、异形、降板等复杂部位可考虑现浇的方式。注意预制构件重量及尺寸，综合考虑项目所在地区构件加工生产能力及运输、吊装等条件。同时预制构件具有较高的耐久性、耐火性。预制构件设计应充分考虑生产的便利性、可行性以及成品保护的安全性。当构件尺寸较大时，应增加构件脱模及吊装用的预埋吊点的数量，预制外墙板应根据不同地区的保温隔热要求选择适宜的构造，同时考虑空调预留孔洞及散热器安装预埋件等安装要求。

对于非承重的内墙宜选用自重轻、易于安装和拆卸且隔声性能良好的隔墙板等。可根据使用功能灵活分隔室内空间，非承重内墙板与主体结构的连接应安全可靠，满足抗震及使用要求。用于厨房及卫生间等潮湿空间的墙体应具有防水、易清洁的性能。内隔墙板与设备管线、卫生洁具、空调设备及其他构配件的安装连接应牢固可靠。

预制装配式建筑的楼盖宜采用叠合楼板，结构转换、平面复杂或开间较大的楼层、作为上部结构嵌固部位的地下室宜采用现浇楼盖，楼板与楼板、楼板与墙体间的接缝应保证结构整体性，叠合楼板应考虑设备管线、吊顶、灯具安装点位的预留预埋，满足设备专业要求。空调室外机搁板宜与预制阳台组合设置。阳台应确定栏杆留洞、预埋线盒、地漏等的准确位置。预制楼梯应确定扶手栏杆的预留及预埋，楼梯踏面的防滑构造应在工厂预制时一次成型，且采取成品保护措施。

根据相关工程的统计和工程经验，预制率指标与拆分的部分见表 2-1。

预制率指标与拆分的部分　　　　　　　　　　　　表 2-1

预制率	15%	30%	≥ 40%
叠合楼板	√	√	√
楼梯梯段	√	√	√
阳台板	√	√	√
空调板	√	√	√
叠合梁	×	√	√
预制剪力墙外墙板	×	√	√
预制内剪力墙墙板	×	×	√

预制构件的拆分要考虑运输和安装等条件对预制构件的限制，这些限制包括：重量（人行道和桥的等级）、高度（桥、隧道和地下通道的高度）、长度（车辆的机动性和相关法律）、宽度（许可、护航要求和相关法律）、自行式起重机的能力、场地存放的条件等。

预制构件的尺寸宜按下列规定采用：

（1）预制框架柱的高度尺寸按建筑层高确定；

（2）预制梁的长度尺寸宜按照轴网尺寸确定；

　　·　　　　·　　　装配式建筑构件深化设计

（3）预制剪力墙的高度尺寸宜按照层高确定，宽度尺寸宜按照建筑开间和进深尺寸确定；

（4）预制楼板的长度尺寸宜按照轴网或建筑开间、进深尺寸确定，宽度尺寸不宜大于 2.7m。

2.2 预制构件深化设计要点

深化设计是指在原设计方案、设计条件图基础上，结合现场实际情况，对图纸进行完善、补充，绘制成具有可实施性的施工图纸，深化设计后的图纸满足原方案设计技术要求，符合相关地域设计规范和施工规范，并通过审查，图形合一，能直接指导现场施工。

2.2.1 预制构件深化设计流程

预制构件加工图设计流程包括前期技术策划、建筑施工图设计、预制构件拆分方案设计、预制构件模板图、预制构件配筋图、预制构件预埋预留图（水电管线和电盒、预埋件、门窗预埋预留）、预制构件综合加工图、模具设计图等。

（1）预制构件深化设计流程特点

1）前期技术策划十分重要。前期的技术策划主要是分析产业政策，设计师除了考虑政策目标，同时要考虑客户的利益需求最大化，有时客户的想法远远超过政策目标，那么就要兼顾政策同时达到产业化目标，从而确定技术方向。前期的技术策划，对整个装配式建筑设计的技术走向至关重要，对成本影响特别大。

2）技术协同贯穿设计全过程。过去传统设计停留于设计院内部的建筑、结构、设备、内装修专业配合，如毛坯房交付这样的简单设计连内装修专业都没有，专业配合很少。而在装配式建筑中，内装修设计的配合就极其重要，设计单位、建设单位、生产单位、施工单位需要多方协作，如考虑深化设计、生产能力等。

3）构件深化设计繁复琐碎。装配式建筑都需要做构件的深化设计，这部分设计内容在传统建筑设计中不是放在设计院做，而是放在 PC 构件工厂做，而对于装配式建筑，有些设计院和 PC 工厂不愿意或没有能力做构件的深化设计，深化设计的内容很多，要考虑的问题也和传统建筑设计不同。传统建筑设计对施工问题考虑得很少，装配式建筑设计必须考虑生产、吊运、现场施工等要求，内容繁琐复杂。

（2）深化设计流程需要注意的事项

1）前期技术策划。在项目前期策划中应根据建筑产业化目标、技术水平和施工能力以及经济性等要求确定适宜的预制率。预制率在装配式建筑中是比较重要的控制性指标。

2）建筑施工图设计。应遵循当地施工条件的要求，结合国家现行设计规范进行设计，达到施工图设计深度，预制构件生产企业应参与施工图图纸会审，并提出相关意见。

3）预制混凝土构件深化设计图。将预制混凝土构件拆分成相互独立的预制构件后，重点考虑构件连接构造、水电管线预埋、门窗及其他埋件的预埋、吊装及施工必须的预埋件、预留孔洞等，同时要考虑方便模具加工和构件生产效率、道路运输要求、现场施工吊运能力限制等因素。

2.2.2 预制构件深化设计的要求

传统现浇混凝土结构设计，在完成各专业施工图后设计工作完成，各设计施工图采用平法规则表示。深化设计要求将结构的各种构件进行拆分，以便应用于构件生产厂的加工，所以深化设计人员需要将平法表示的各构件进行拆分，完成各个构件的详图设计。

深化设计文件应包含以下内容：

（1）预制构件的平面布置图，包括预制构件编号、节点索引、明细表等内容；

（2）预制构件模板图；

（3）预制构件配筋图；

（4）预制构件连接构造大样图；

（5）建筑、机电设备、精装修等专业在预制构件上的预留洞口、预埋管线、预埋件和连接件等的设计综合图；

（6）预制构件制作、安装施工的质量验收要求；

（7）连接节点施工质量检测、验收要求。

装配式结构施工图设计内容可分为施工图设计和预制构件制作详图设计两个内容。装配式混凝土剪力墙结构可参照国家标准设计图集《装配式混凝土结构表示方法及示例（剪力墙结构）》15G107—1。其主要内容包括以下几项：

（1）装配整体式结构设计专项说明。一般对工程概况、设计依据、选用图集、材料、单体预制率计算、节点构造、制作、运输、安装、施工、验收等方面加以说明。

（2）施工图设计部分。该设计阶段应完成装配式结构的整体计算分析、结构构件的平立面、结构构件的截面和配筋设计、节点连接构造设计等。其内容包括以下四个方面：

1）预制构件平面布置图，含内外墙板编号及定位尺寸、预制构件拼缝位置、叠合梁编号等，具体表示方法参见国家标准设计图集《装配式混凝土结构表示方法及示例（剪力墙结构）》15G107—1。

2）预制构件与现浇构件竖向连接部位连接灌浆套筒钢筋甩筋平面布置图。

3）预制构件与后浇混凝土节点布置图，后浇混凝土暗柱节点大样图。

4）预制底板平面布置图，含预制底板制作说明、桁架叠合板布置方向等，具体表示方法参见国家标准设计图集《桁架钢筋混凝土叠合板（60mm 厚底板）》15G366—1。

（3）预制构件详图制作部分。该设计阶段应综合建筑、结构和设备等专业的施工图以及制作、运输、堆放、施工等环节的要求进行构件深化设计。其内容包括以下六项：

1）预制底板大样图。包括底板各个方向模板图，含预留预埋洞口标示，灯具、烟感预埋，配筋详图、细部详图、钢筋桁架详图等，具体表示方法参见国家标准设计图集《桁架钢筋混凝土叠合板（60mm 厚底板）》15G366—1，同时可以根据信息化管理的要求，在大样图右上角注明构件二维码。

2）预制外墙、内墙大样图。包括构件模板图、配筋图和预埋件布置图等构件加工图，含构件各方向模板图、剖面图、配筋图、配件表、钢筋下料表、混凝土用量、构件自重等，同时可以根据信息化管理的要求，在大样图右上角注明构件二维码、楼面局部位置定位等相关内容。复杂构件宜提供构件立面三维透视图。具体表示方法参见国家标准设计图集《预制混凝土剪力墙外墙板》15G365—1、《预制混凝土剪力墙内墙板》15G365—2。

3）预制阳台、空调板、女儿墙等大样图。包括构件模板图、配筋图和预埋件布置图等构件加工图，含构件各方向模板图、剖面图、配筋图、配件表、钢筋下料表、混凝土用量、构件自重等，同时可以根据信息化管理的要求，在大样图右上角注明构件二维码、楼面局部位置定位等相关内容。复杂构件宜提供构件立面三维透视图。具体表示方法参见国家标准设计图集《预制钢筋混凝土阳台板、空调板及女儿墙》15G368—1。

4）预制楼梯大样图。包括梯板制作详图及安装大样节点图，同时可以根据信息化管理的要求，在大样图右上角注明构件二维码。具体表示方法参见国家标准设计图集《预制钢筋混凝土板式楼梯》15G367—1。

5）预制构件连接节点大样图。具体表示方法参见国家标准设计图集《装配式混凝土结构连接节点构造》15G310—1～2。

6）对建筑、设备、电气、精装修等专业在预制构件上的预留洞口、预埋管线、预埋件和连接件等进行综合设计，必要时提供大样详图。

（4）计算书部分。结构计算书除结构整体计算信息（包括总信息、周期、位移）以及梁板墙柱配筋文件外，还应增加预制构件与后浇混凝土节点承载力验算、较大内力处施工缝验算、预制构件施工吊装验算、构件临时支撑验算等内容。

2.3　预制构件深化设计图纸制图要求

装配整体式混凝土结构施工图设计应按照产业化特点和要求进行设计，内容包括常规结构施工图、装配式施工图和预制构件制作详图三个部分。

2016 年 12 月住房和城乡建设部印发了《装配式混凝土结构建筑工程施工图设计文件技术审查要点》（建质函〔2016〕287 号），其中有关预制构件结构施工图新增加设计内容有：预制构件的平面布置图，包括预制构件编号、节点索引、明细表等内容；预制构件模板图、预制构件配筋图；预制构件连接构造大样图；建筑、机电设备、装饰装修等专业的在预制构件上的预留洞口、预埋管线、预埋件、连接件等设计综合图；预制构件制作、安装的质量验收要求；连接节点施工质量检测、验收要求。

以下对预制构件深化设计图中的预制构件模板图、预制构件配筋图、预制构件预留预埋图、预制构件模具设计图进行介绍。

（1）预制构件模板图

预制构件模板图是控制预制构件外轮廓形状尺寸和预制构件各组成部分形状尺寸的图纸，由构件立面图、俯视图、侧视图、仰视图、剖面图等组成。通过预制构件模板图，可以将预制构件外叶板、内叶板、保温板的三维外轮廓尺寸以及洞口尺寸等表达清楚。其可作为绘制预制构件配筋图、预制构件预留预埋件图的依据，也可以为绘制预制构件模具加工图提供依据，如图 2-10 和图 2-11 所示。

装配式建筑构件深化设计

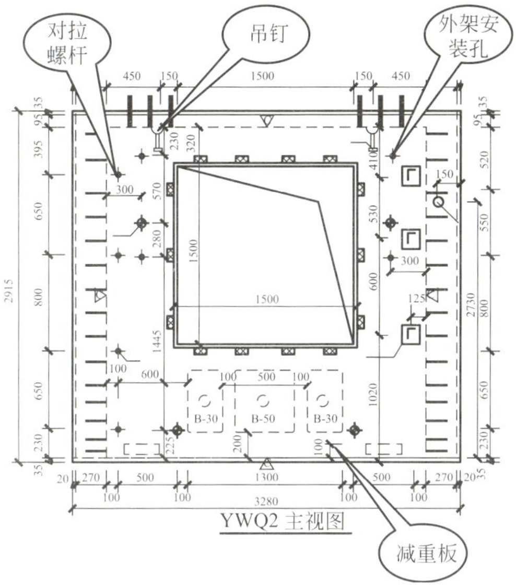

图 2-10 外墙模板图

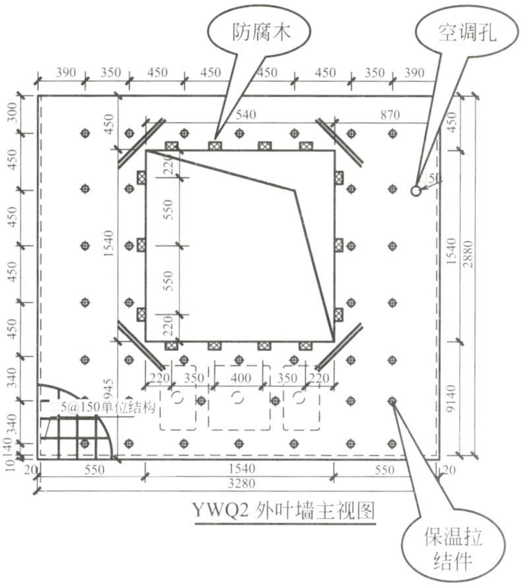

图 2-11 外叶墙模板图

（2）预制构件配筋图

在预制构件模板图的基础上，可以绘制预制构件配筋图。预制构件的配筋既要满足结构整体受力分析中的受力工况，也要满足预制构件在制造过程中的脱模、吊装、运输、安装和临时支撑等工况的受力。在综合各种受力工况的前提下，计算出预制构件的配筋，最后绘制出预制构件配筋图，如图 2-12 和图 2-13 所示。

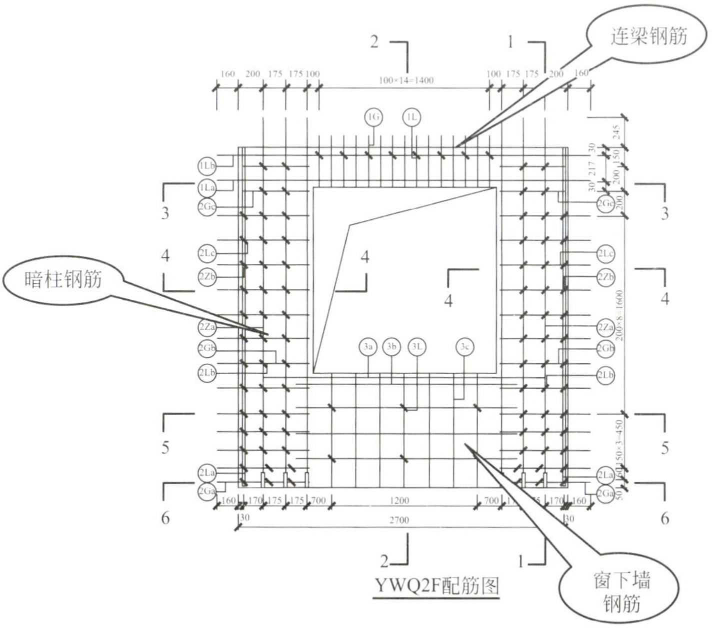

图 2-12 外墙配筋图

YWQ2F 钢筋表							
钢筋类型	编号	直径	数量	钢筋加工尺寸	下料尺寸	重量	备注
连梁 纵筋	(1Za)	Φ16	2	180 2700 180	3360	4.892	
连梁 纵筋	(1Zb)	Φ10	2	180 2700 180	3360	1.912	
连梁 箍筋	(1G)	Φ6	15	106 300 154	1116	0.441	
连梁 拉筋	(1L)	Φ6	8	75 160 75	351	0.078	
边缘构件 纵筋	(2Za)	Φ12	12	246 2638	2884	2.566	一端车丝18mm
边缘构件 纵筋	(2Zb)	Φ12	4	2720	2720	2.415	
边缘构件 缝筋	(2Ga)	Φ6	2	140 570 177	1893	0.420	弯钩平直段长40mm
边缘构件 缝筋	(2Gb)	Φ6	24	118 570 177	1849	0.410	弯钩平直段长40mm
边缘构件 缝筋	(2Gc)	Φ6	4	118 550	1455	0.323	
边缘构件 拉筋	(2La)	Φ6	6	75 146 75	337	0.075	
边缘构件 拉筋	(2Lb)	Φ6	55	75 130 75	0.321	0.071	
边缘构件 拉筋	(2Lc)	Φ6	24	30 130 30	0.231	0.051	
窗下墙 纵筋	(3a)	Φ10	2	400 1500 400	2300	1.419	
窗下墙 纵筋	(3b)	Φ6	10	150 1500 150	1800	0.400	
窗下墙 纵筋	(3c)	Φ6	14	900	900	0.200	
窗下墙 拉筋	(3L)	Φ6	6	30 130 30	231	0.051	

图 2-13　钢筋统计表

（3）预制构件预留、预埋图

预制构件在制造前必须按照施工图设计图纸的要求进行水电、门窗的预留和预埋；必须考虑预制构件在制造和运输过程中脱模、吊装、运输时所使用的预埋吊件。

施工安装时，施工机械、安全保护架和临时支撑等情况的预留孔和预埋件如图2-14 和图 2-15 所示。

在预制构件模板图的基础上，水电、建筑等专业可以根据本专业的设计情况绘制预留、预埋图，负责构件制造、施工与安装的人员也可以绘制构件的预留孔和预埋件图。综合以上情况，就可以绘制出最终的预留预埋件图，如图 2-16 所示。

（4）预制构件模具设计图

模具设计图由机械设计工程师根据拆解的构件单元设计图进行模具设计，模具多数为组合台式钢模具（图 2-17），模具应具有足够的刚度和精度，既要方便组合以保证生产效率，又要便于构件成型后的拆模和构件翻身。

图 2-14　安全保护架预留孔

图 2-15　预埋件

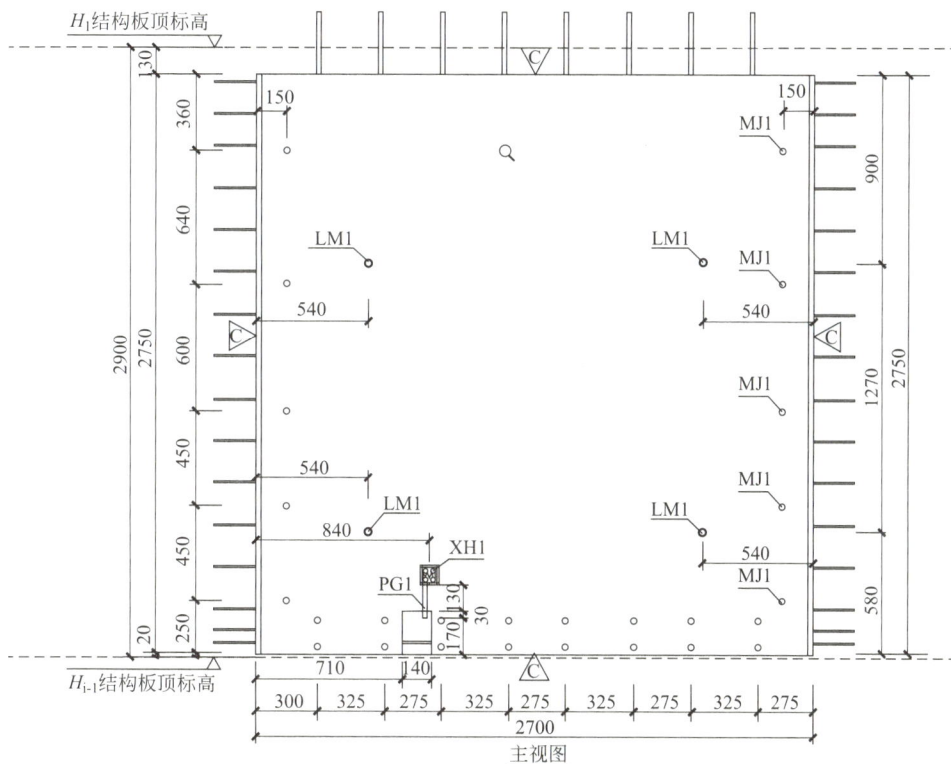

注：墙板构件对角线控制尺寸为3853.9mm

图 2-16　预留预埋件图

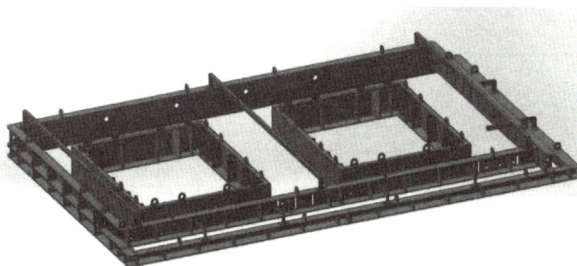

图 2-17　预制楼板钢模具

图纸一般包括平台制作图、边模制作图、零配件图、模具组合图，复杂模具还包括总体或局部的三维图纸，如图 2-18 所示。

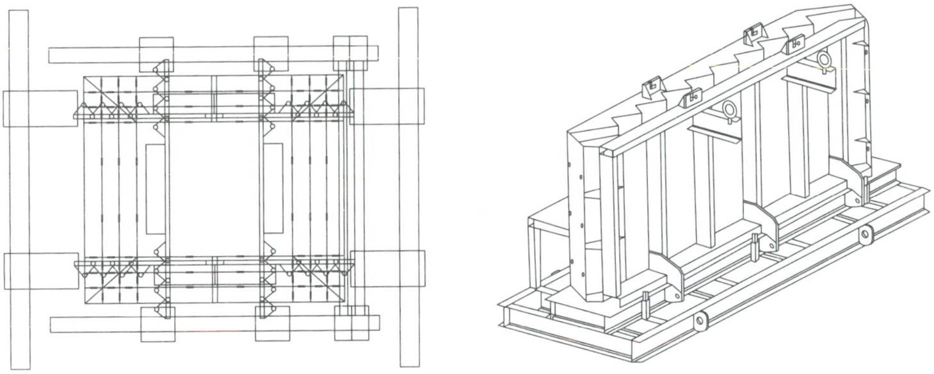

图 2-18　预制楼板及预制楼梯模具设计图

"模具是制造业之母"——模具的好坏直接决定了构件产品质量的好坏和生产安装的质量和效率。预制构件模具的制造关键是"精度"，包括尺寸的误差精度、焊接工艺水平、模具边楞的打磨光滑程度等，模具组合后应严格按照要求涂刷脱模剂或水洗剂。预制构件的质量和精度是保证建筑质量的基础，也是预制装配整体式建筑施工的关键工序之一。

为了保证构件质量和精度，必须采用专用的模具进行构件生产，预制构件生产前应对模具进行检查验收，严禁采用地胎模等"土办法"。

此外，预制装配式结构的节点中梁、柱与墙体锚拉等详图应绘制出平面、剖面图，注明相互定位关系，构件代号，连接材料，附加钢筋（或埋件）的规格、型号、性能、数量，并注明连接方法以及对施工安装、后浇混凝土的有关要求等。

2.4　BeePC 深化设计软件全局功能设置

2.4.1　工程设置

在做项目之前，可以对【项目信息】、【抗震等级】、【工程量设置】等信息进行设置，有助于后期对钢筋和混凝土的计算，如图 2-19 所示。

　　　　　　　　　装配式建筑构件深化设计

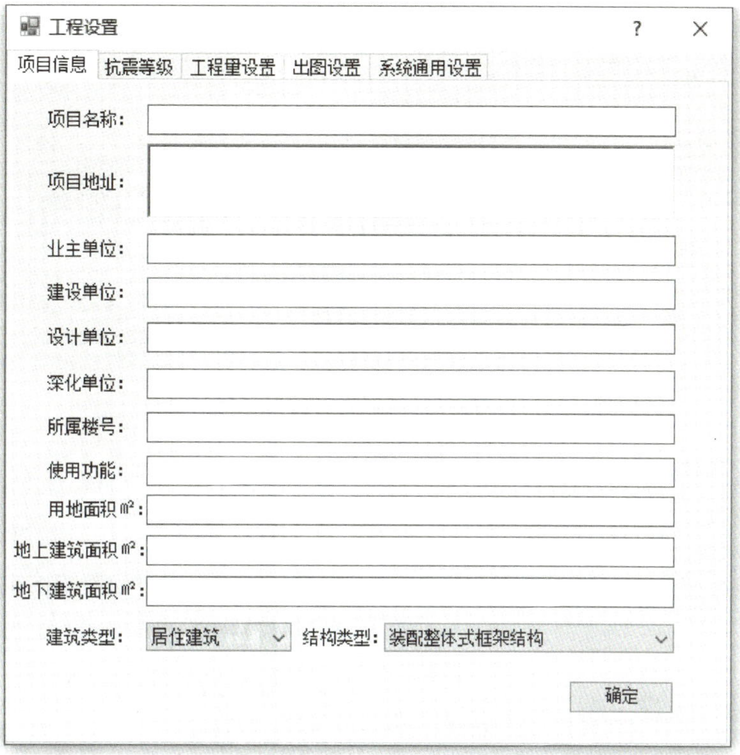

图 2-19　工程设置

【填写项目的具体信息】：可以在这里进行项目基础信息的记录填写，如图 2-20 所示。

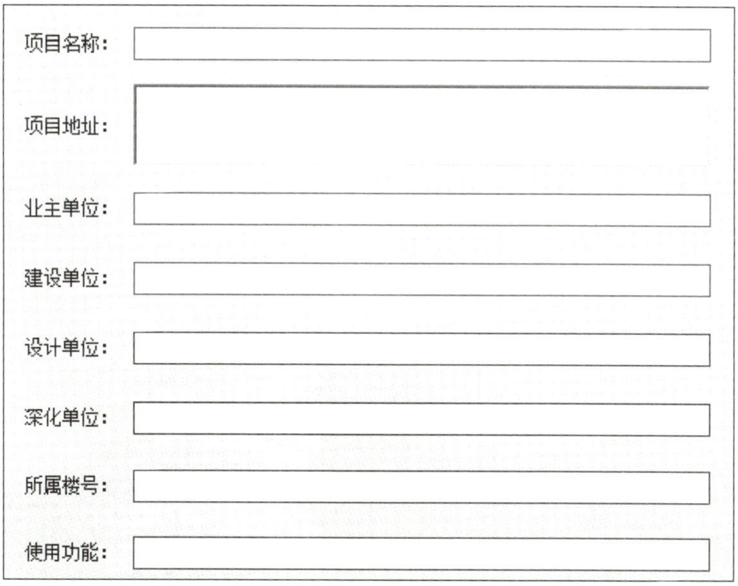

图 2-20　项目信息

【建筑 / 结构类型】：下拉支持如下工程类型的设置，如图 2-21 所示。

【建筑类型】：选择后会影响装配率计算的取值（如厨房）。

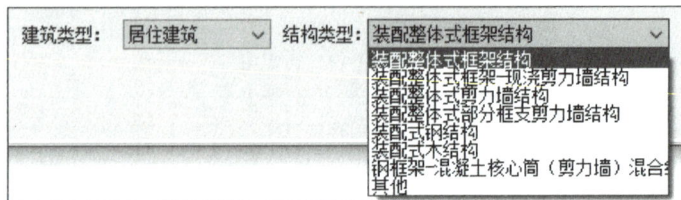

图 2-21　工程类型设置

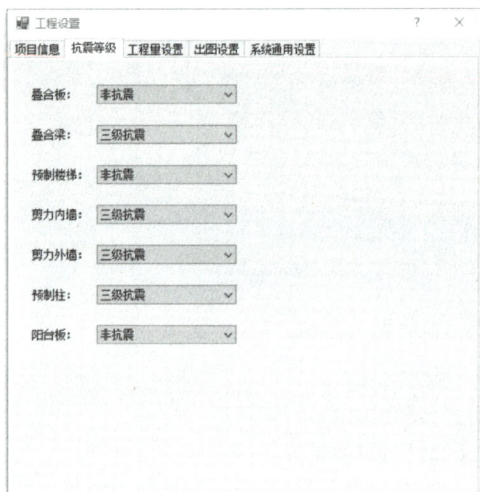

图 2-22　抗震等级设置

【结构类型】：主要用来处理不同种类时，不同的主要抗震受力构件的归类。

【抗震等级】：在此可以设置不同构件的抗震等级，设置的抗震等级会影响构件锚固值的取值，新建工程时默认所有构件抗震等级为三级，如图 2-22 所示。

【工程量设置】：不同设计要求，计算构件体积时的容重值可能会不一样。用户可以在这里进行设置，默认为 2.5t/m³，如图 2-23 所示。

【出图设置】：可以设置指北针、安装方向，如图 2-24 所示。

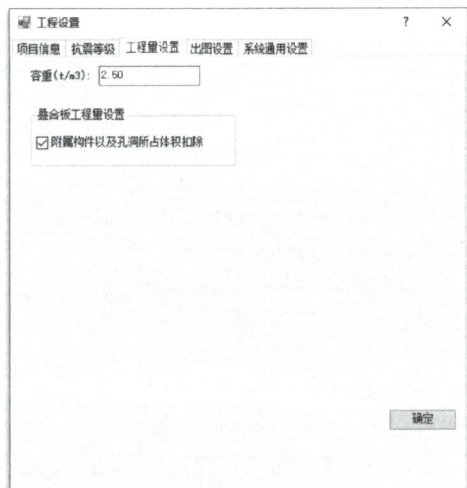

图 2-23　容重设置

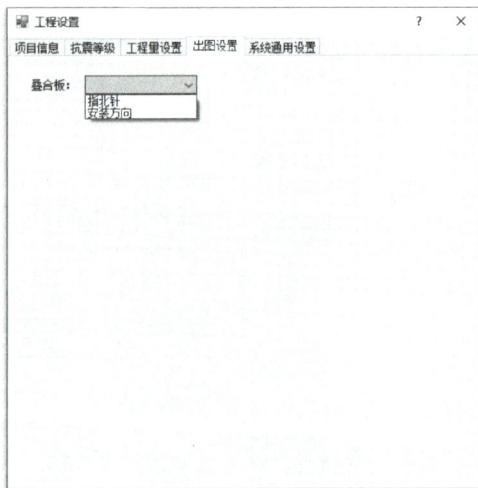

图 2-24　出图设置

装配式建筑构件深化设计

2.4.2 装配式楼层设置

装配式楼层设置之前，需要先在立面上建好项目实际所需标高，如图 2-25 所示。

图 2-25　装配式楼层设置

软件支持标准层复制，可选择纯属性复制或者模型复制，模型可选择 BeePC 构件以及 Revit 构件，设置后，最后的 BOM 表都会联动统计。界面上还可以对构件混凝土等级及楼层归属进行设置。

一定要先对装配式楼层进行设置，否则会导致出图明细表中构件数量统计表显示找不到对应楼层及 BOM 表相应数据为空。相应的楼层，构件的混凝土等级会自动根据设置和楼层相对应，在出图时，会在混凝土等级表格里面统计表达。

料表会在分层统计的时候，去表达标准层的层数和标准层的总构件的统计。另外标高变化时，需要重新设置楼层设置。

2.4.3 构件复制

此功能主要是针对模型进行快速复制。

【复制生成轻量化代模型】：为了用户可以快速建立美观的整体模型，同时又尽可能减少模型体量。复制生成不带钢筋的"代模型"，如图 2-26所示。后续可以利用【分开编号出图】或者【合并

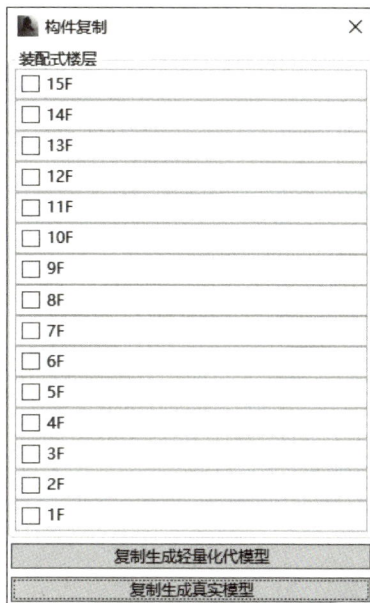

图 2-26　构件复制

编号出图】选择是否分开或者合并编号出图。注意：出图还是跟着编号，编号分开就分开出图，编号一致就合并出图。

【复制生成真实模型】：就是按实际复制。后续编号、出图。

2.4.4 全局调整

【预制板】对已布置的叠合板（仅针对水平规则——板布置的构件）的基础设置，如：桁架筋、1# 钢筋、2# 钢筋、吊点吊环通过框选或者全选进行批量修改，方便项目变更，如图 2-27 所示。

【升级修复】对用户升级版本后出现的一些问题可一键修复。更加方便快捷。

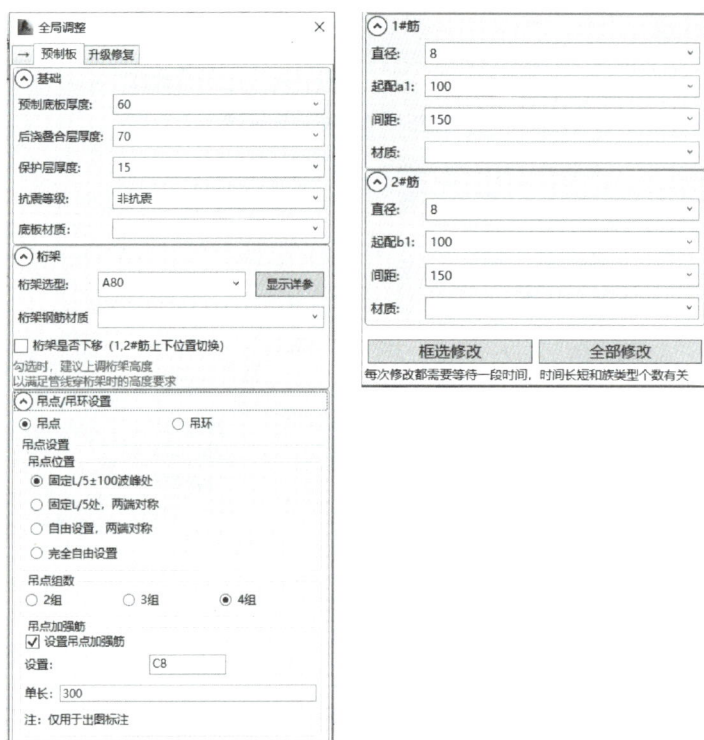

图 2-27　全局调整

2.4.5 钢筋显隐

可以对叠合板、叠合梁、预制楼梯、预制柱、预制墙的钢筋设置显示或隐藏，也可以选择不同构件类型对选中项的钢筋显隐进行设置，方便用户进行效果展示，如图 2-28 所示。

装配式建筑构件深化设计

图 2-28　钢筋显隐及其展示效果

2.4.6　过滤选择

通过勾选不同的组合条件，可对项目构件进行快速筛选，即时查找、选择构件，如图 2-29 所示。

用户可通过对构件的实例属性、类型属性进行"或"和"且"的条件筛选，方便用户更加灵活、便捷地筛选、统计构件。

2.4.7　BOM 表（针对规则构件）

支持将生成的 BOM 表导出 Excel、导出对应视图。导出的对应视图会显示在项目浏览器中"绘图视图（详图）"目录下，如图 2-30 所示。

图 2-30　导出 BOM 报表

图 2-29　过滤选择

生成的 BOM 表包括：叠合板统计一览表、叠合板附属构件统计一览表、叠合板桁架统计表、叠合板钢筋下料统计表、叠合梁统计一览表、叠合梁附属构件统计一览表、预制楼梯统计一览表、预制楼梯附属构件统计一览表、预制柱统计一览表、预制柱附属构件统计一览表、预制剪力内墙统计一览表、预制剪力内墙附属构件统计一览表等。

2.4.8 整理图纸

图纸整理设置对话框有以下几部分内容，如图2-31所示。

【清理多余模型】：默认勾选"清理多余模型"的选项，当用户已经出完一次图之后，在项目中新增构件后，此时原来的出图布局会有影响，用户可以通过此命令对原来的图纸进行一次刷新，重新调整布局。操作：选中项目浏览器中图纸列表的图纸，为蓝色选中状态，然后即可进行图纸整理。

【重新生成构件基础信息统计表】：勾选后，会重新生成底板参数表。若客户修改了容重值时，可以勾选该选项。

【重新生成构件钢筋统计表】：勾选时，会重新生成底板钢筋图、桁架钢筋表。修改钢筋直径、桁架规格时可以勾选该项。

【重新生成构件数量统计表】：勾选时，会重新统计构件数量。增加或删除相同参数设置的板时，可以勾选该项。

【重新生成预埋件明细表】：勾选时，会重新预埋件明细表。新增或删除预埋件的时候，可勾选该项。

【备注自定义】：可以统一修改预埋件、套筒出图时备注栏中的备注，如图2-32所示。

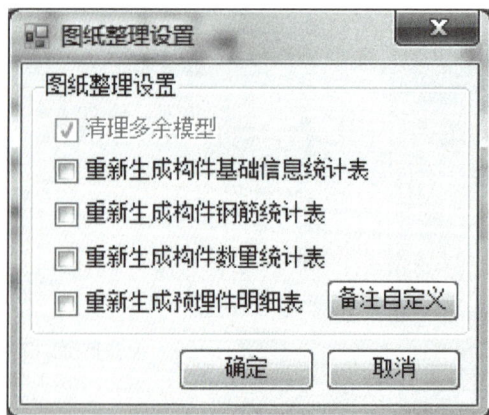

图 2-31　图纸整理设置　　　　　　　图 2-32　备注设置

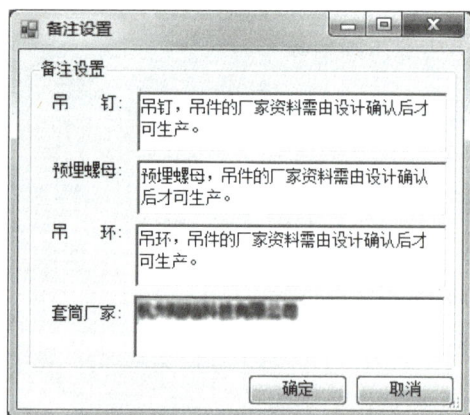

2.4.9 图纸管理

构件出图后，该功能可以对模型和图纸进行双向选择，方便用户校对模型。

选择图纸，点击鼠标右键，可对该图纸进行【重命名】和【重新生产图纸编号

　　　　　　　　　　　　　　　　　　　　装配式建筑构件深化设计

ID】，如图 2-33 所示。

【重命名】：支持对图纸的"编号前缀""编号 ID""名称"进行自定义修改。

【重新生产图纸编号 ID】：可重新生产图纸编号 ID。

【选择图纸类型】：选择构件类别，下方会显示对应的构件图纸。

【拾取构件显示图纸】：可在平面图中点选单个构件，即可显示该构件所对应的图纸。

【图纸栏】：选择图纸类型后，图纸栏中会出现该构件已出图的所有图纸，选择可定位到单张图纸。支持对图纸【按层排序】、【整理】、【导出 dwg】、【删除】一系列快捷操作。

【导出 dwg】：可在 Revit 已生成图纸的情况下，导出合并图纸。一键出图，不需要再进行布局转模型及合并的操作，如图 2-34所示。

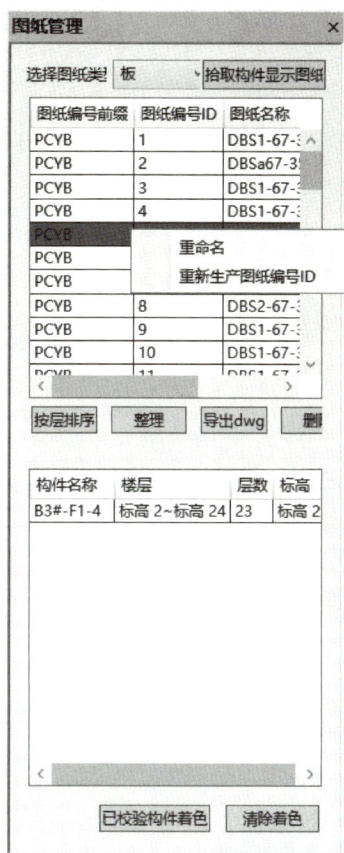

图 2-33 图纸管理

图 2-34 图纸导出设置

勾选【是否合并图纸】可对图纸的合并要求进行设置。

【排列顺序】：支持竖向和横向两种排列方式。

【是否保留合并后的图纸】：勾选后保留全部导出图纸及合并后的图纸；不勾选，仅保留合并后的图纸，单张详图文件不保留。

【图纸间隙（横／竖向）】：设置图纸合并时横向和竖向的排列间距。

【每行（列）图纸张数】：设置合并时图纸每行或每列排列的最大张数。

【缩放比例】：输入出图时选择的视图比例，合并时软件会自动调整比例。

【导出路径】："浏览"选择需要导出合并文件所在的位置。

【合并的 CAD 文件名】：用户可自定义设置导出合并后的文件名称。

【CAD 版本】：下拉可选择导出的 CAD 版本，支持 2007、2010、2013、2018 四种版本的选择。

注：软件无法识别选择文件夹中已有 dwg 文件的内容，若仅保留合并后的图纸，建议新建文件后，进行合并操作。

【构件栏】：选择上方图纸栏的图纸，该出会出现对应的构件，点选构件栏中的构件，可迅速定位其平面图上的位置。软件支持对已校验完成的构件进行着色，方便用户对构件的检验。

一张图纸可对应多个构件，一个构件只对应一张图纸。

▤ 本章小结

　　本章主要介绍了装配式建筑深化设计时预制构件选择要点及深化设计要点，装配式建筑深化设计预制构件深化设计图纸制图要求，BeePC装配式深化设计软件全局功能设置方法，让读者熟悉预制构件深化设计，并理解预制构件深化设计图的内容。

装配式建筑构件深化设计

3

叠合板的
深化设计

3.1 叠合板基础知识

3.1.1 叠合板的定义及类型

叠合板是由预制板和现浇钢筋混凝土层叠合而成的装配整体式楼板，在预制板内设置钢筋桁架，钢筋桁架的下弦与上弦可作为楼板的下部和上部受力钢筋使用，并可增加预制板的整体刚度（图3-1）。

叠合板的类型有桁架叠合板、预应力叠合板、空心叠合板等（图3-2）。

图 3-1 叠合板及施工

3.1.2 叠合板的优点

（1）叠合板具有良好的整体性和连续性，有利于增强建筑物的抗震性能。

（2）在高层建筑中叠合板和剪力墙或框架梁间的连接可靠，构造简单。

（3）随着民用建筑的发展，对建筑设计多样化提出了更高的要求，叠合板的平面尺寸灵活，便于在板上开洞，能适应建筑开间、进深多变和开洞等要求，建筑功能好。

（4）可将楼板跨度加大到 7.2 ～

桁架叠合板　　　　　　预应力叠合板

空心叠合板　　　　　　预应力双TB板

图 3-2 叠合板类型

装配式建筑构件深化设计

9.0m，为多层建筑扩大柱网创造了条件。

（5）采用大柱网，可减少软土地基建造桩基的费用。

（6）节约模板。

（7）薄板底面平整，建筑物天花板不必进行抹灰处理，减少室内湿作业，加速施工进度。

（8）薄板本身制作简便，所采用的模板也很简单，便于推广。

（9）单个构件重量轻，弹性好，便于运输安装。

（10）适用于对整体刚度要求较高的高层建筑和大开间建筑。

3.1.3 叠合板的尺寸及构造要点

叠合板底板厚度为 60mm，后浇混凝土层的厚度有 70mm、80mm、90mm 三种规格，叠合板底板宽度为 1.2 ~ 2.4m，跨度为 2.7 ~ 6.0m。

叠合板桁架钢筋应沿主要受力方向布置；弦杆钢筋直径不宜小于 8mm，腹杆钢筋直径不应小于 4mm；桁架钢筋矩板边不应大于 300mm，间距不宜大于 600mm；桁架钢筋弦杆混凝土保护层厚度不应小于 15mm（图 3-3）。

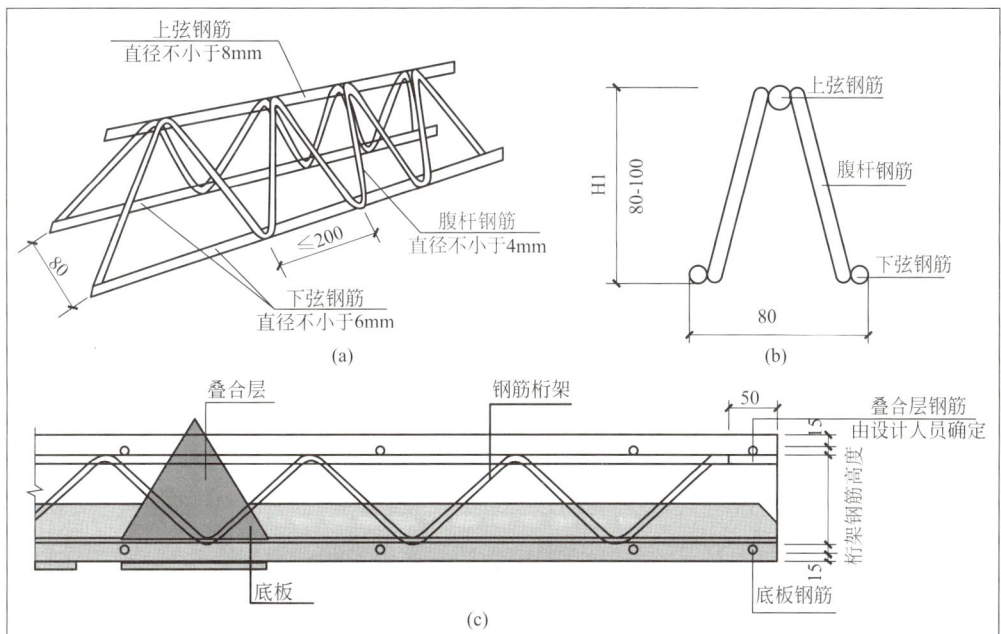

图 3-3　叠合板尺寸及构造要点
（a）桁架钢筋示意；（b）桁架钢筋剖面；（c）叠合板剖面图

3.2 叠合板识图

3.2.1 单向板与双向板

叠合板的分类和现浇板一样，根据受力方式和尺寸的不同分为单向板和双向板（图 3-4）。

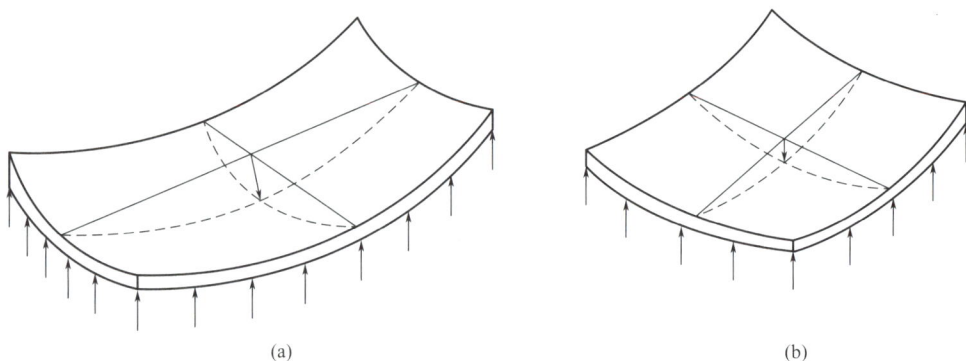

图 3-4 单向板与双向板的弯曲
（a）单向板；（b）双向板

弯曲后短向曲率比长向曲率大很多的板叫单向板。当板的长边与短边相差不大时，由于沿长向传递的荷载也较大，不可忽略，板弯曲后长向曲率与短向曲率相差不大的板叫双向板。

《混凝土结构设计标准（2024 年版）》GB/T 50010—2010 中规定了这两种板的界定条件：

（1）两对边支承的板应按单向板计算。

（2）四边支承的板，当长边与短边之比小于或等于 2 时，应按双向板计算。

（3）四边支承的板，当长边与短边之比大于或等于 3 时，应按单向板计算。

（4）四边支承的板，当长边与短边之比介于 2 和 3 之间时，宜按双向板计算，但也可按沿短边方向受力的单向板计算，此时应沿长边方向布置足够数量的构造钢筋。

《装配式混凝土结构技术规程》JGJ 1—2014 对双向叠合板做了进一步要求：

（1）叠合板预制板厚度不宜小于 60mm，后浇混凝土叠合层厚度不应小于 60mm，常规做法是 60+70=130mm。

（2）板跨度控制在 6m 以内。

（3）双向叠合板要求：①四边支承；②板块长宽比不大于3；③采用整体式接缝。

（4）桁架钢筋距板边不应大于300mm，间距不宜大于600mm。

3.2.2 叠合板的表示方法

本书以图集《桁架钢筋混凝土叠合板（60mm 厚底板）》15G366-1为依据，介绍叠合板在深化设计图纸中的表示方式。

1. 材料要求

底板混凝土强度等级、厚度及底板钢筋、钢筋桁架的上下弦、腹板钢筋等级应在深化设计说明中给予明确说明。

2. 叠合板编号

单向叠合板的编号为 DBD BC-EeFf-G。其中，DBD 表示单向受力桁架钢筋混凝土叠合板用底板；B 表示底板厚度，单位"cm"；C 表示后浇混凝土叠合层厚度，单位"cm"；Ee 表示底板标志跨度，单位"dm"；Ff 表示底板标志宽度，单位"dm"；G 表示底板跨度方向配筋代号，见表 3-1。例如，DBD67-3620-2 为单向受力叠合板用底板，底板厚度 60mm，后浇混凝土叠合层厚度 70mm，底板标志跨度 3600mm，底板标志宽度 2000mm，底板跨度方向配筋 $\phi8@150$，分布钢筋 $\phi6@200$。

单向叠合板用底板钢筋代号 表 3-1

代号	1	2	3	4
受力（跨度）钢筋规格及间距	$\phi8@200$	$\phi8@150$	$\phi10@200$	$\phi10@150$
分布钢筋规格及间距	$\phi8@200$	$\phi6@200$	$\phi6@200$	$\phi6@200$

双向叠合板编号为 DBS A-BC-EeFf-GH。其中，DBS 表示双向受力桁架钢筋混凝土叠合板用底板；A 表示拼装位置，1 是边板，2 是中板；B 表示底板厚度，单位"cm"；C 表示后浇混凝土叠合层厚度，单位"cm"；Ee 表示底板标志跨度，单位"dm"；Ff 表示底板标志宽度，单位 dm；G 表示底板跨度方向配筋代号；H 表示底板宽度方向配筋代号，见表 3-2。例如，DBS1-67-3620-32 为双向受力叠合板用底板，拼装位置为边板，底板厚度 60mm，后浇混凝土叠合层厚度 70mm，底板标志跨度 3600mm，底板标志宽度 2000mm，底板跨度方向配筋 $\phi10@200$，底板宽度方向钢筋 $\phi8@150$。

底板跨度、宽度方向钢筋代号组合表   表 3-2

宽度方向配筋	跨度方向配筋			
	Φ8@200	Φ8@150	Φ10@200	Φ10@150
Φ8@200	11	21	31	41
Φ8@150		22	32	42
Φ8@100				43

3. 深化详图组成

叠合板深化详图由模板图（图 3-5）、剖面图（图 3-6）、配筋图（图 3-7）、三维图（图 3-8）以及相关图表组成。

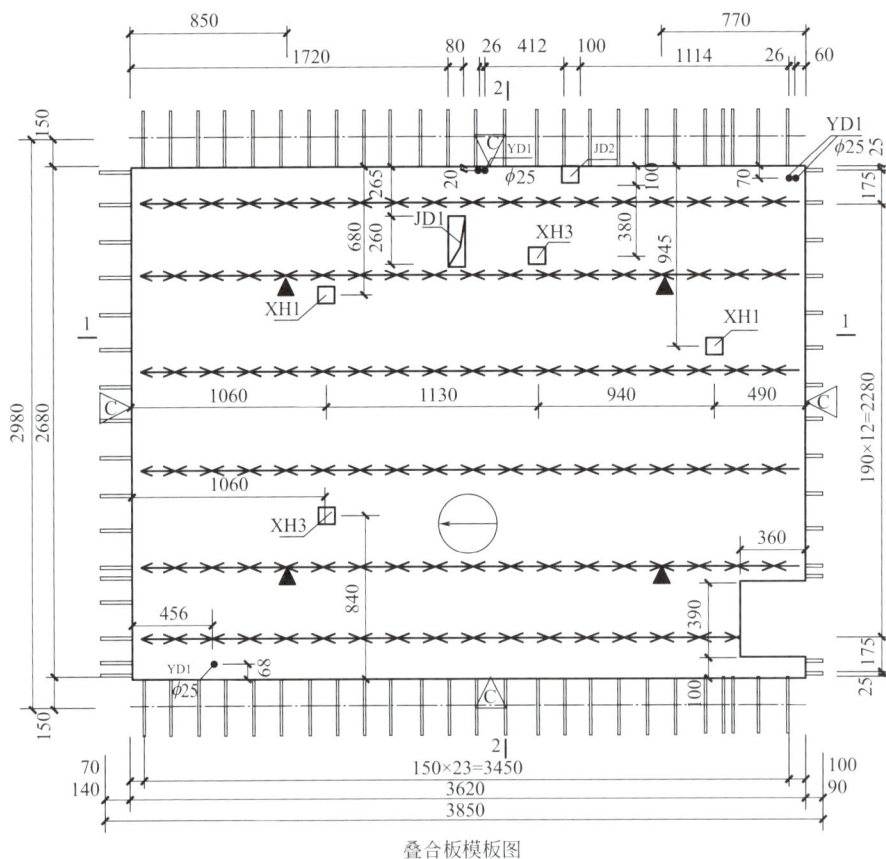

叠合板模板图

图 3-5　叠合板模板图

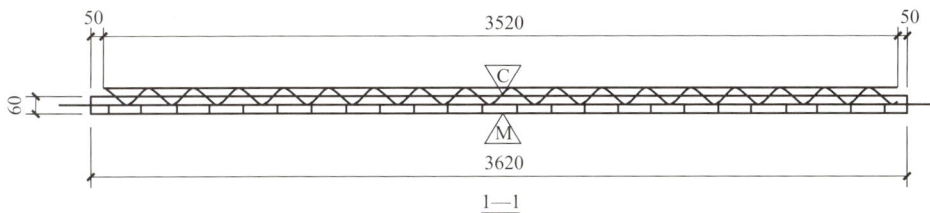

图 3-6　叠合板剖面图

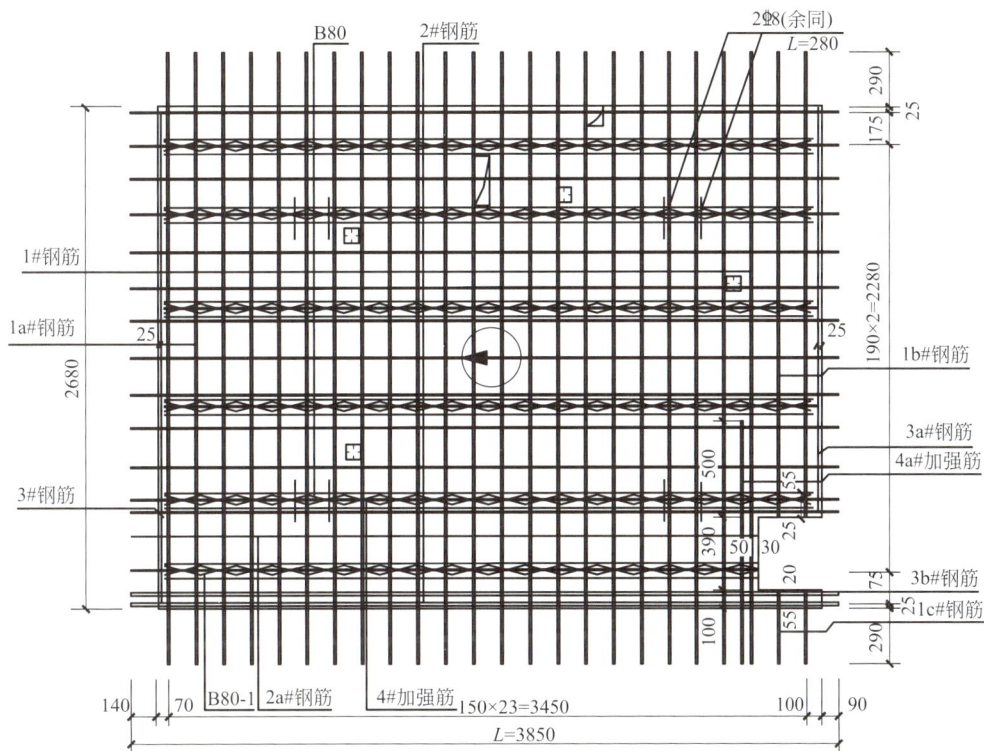

图 3-7　叠合板配筋图

　　叠合板所配置钢筋在图 3-7 中用编号表示，如 3# 钢筋，具体的钢筋型号要到相关的配筋表中查找。

　　叠合板三维图主要是为了更加直观展示叠合板模型，可以更清晰地看到线盒等预留孔洞和预埋件的布置。

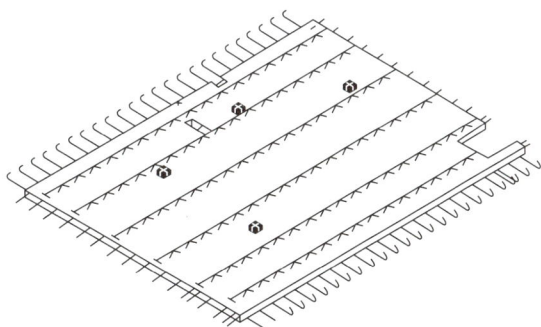

图 3-8　叠合板三维图

3　叠合板的深化设计

3.3 叠合板深化设计原则

3.3.1 叠合板拆分原则

叠合板按单向叠合板和双向叠合板进行拆分。

拆分为单向叠合板时，楼板沿非受力方向划分，预制底板采用分离式接缝，可在任意位置拼接；拆分为双向叠合板时，预制底板之间采用整体式接缝，接缝位置宜设置在叠合板的次要受力方向上且该处受力较小，预制底板间宜设置 300mm 宽的后浇带用于预制板底钢筋连接。叠合板拆分如图 3-9 所示。

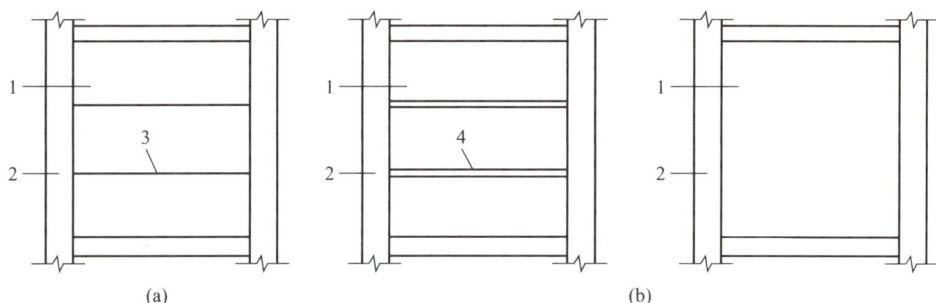

图 3-9　叠合板拆分示意

（a）单向叠合板拆分；（b）双向叠合板拆分

1—预制叠合楼板；2—板端支座；3—板侧分离式拼接；4—板侧整体式拼接

具体拆分原则如下：

（1）考虑模数化和标准化的原则

装配式建筑模数化设计应符合现行国家标准《建筑模数协调标准》GB/T 50002—2013 的规定。叠合楼板的预制底板在拆分设计时，原则上应考虑模数化的要求，宜采用扩大模数数列 nM（M为基本模数，M=100mm）予以设计。同时，叠合楼板的预制底板也要考虑"少规格、多组合"的标准化设计思想，尽可能做到构件规格少，通过组合或现浇段处理等方式，满足相应建筑要求。

（2）考虑工厂生产的要求

工厂模台尺寸大小、养护方式等都是拆分设计需要考虑的内容。在拆分设计前，需要与工厂技术人员交流、调研并掌握相关数据后才可以落实拆分工作。

（3）考虑道路运输的相关要求

在运输构件时，根据构件规格、重量选用汽车和吊车，大型货运汽车载物高度从

　　·　　·　　装配式建筑构件深化设计

地面起不准超过 4m，宽度不得超出车厢，长度不准超出车身。为方便卡车运输，预制底板宽度一般不超过 3m，跨度一般不超过 5m。构件运输如图 3-10 所示。

（4）考虑现场起吊设备的起重能力

预制板在现场安装时，需采用塔式起重机、汽车式起重机等起吊，起重设备的载荷能力制约预制板的重量。因此在拆分前，需与总包或施工单位合理确定起重设备的起重能力。构件起吊如图 3-11 所示。

在一个房间内，预制底板应尽量选择等宽拆分，以减少预制底板的类型。当楼板跨度不大时，板缝可设置在有内隔墙的部位，这样板缝在内隔墙施工完成后可不用再处理。预制底板的拆分还需考虑房间照明位置，一般来说板缝要避开灯具位置。卫生间、强弱电管线密集处的楼板一般采用现浇混凝土楼板的方式。

预制底板的厚度，根据预制过程、吊装过程以及现场浇筑过程的荷载确定。一般来说，预制底板厚度取 60mm，现浇混凝土厚度不小于 70mm。

图 3-10 构件运输

图 3-11　构件吊装

3.3.2　叠合板标志宽度和标志跨度

图集《桁架钢筋混凝土叠合板（60mm 厚底板）》15G366-1 中对叠合板的标志宽度和标志跨度进行了详细的划分，在深化设计时可以参考图集中的标注宽度和跨度进行拆分，详见表 3-3 ～表 3-6。

双向板底板宽度（单位：mm）　　　　　　　　　　　　　　　　表 3-3

标志宽度	1200	1500	1800	2000	2400
边板实际宽度	960	1260	1560	1760	2160
中板实际宽度	900	1200	1500	1700	2100

双向板底板跨度（单位：mm） 表 3-4

标志跨度	3000	3300	3600	3900	4200	4500
实际跨度	2820	3120	3420	3720	4020	4320
标志跨度	4800	5100	5400	5700	6000	
实际跨度	4620	4920	5220	5520	5820	

单向板底板宽度（单位：mm） 表 3-5

标志宽度	1200	1500	1800	2000	2400
实际宽度	1200	1500	1800	2000	2400

单向板底板跨度（单位：mm） 表 3-6

标志跨度	2700	3000	3300	3600	3900	4200
实际跨度	2520	2820	3120	3420	3720	4020

3.3.3 叠合板的构造要求

在进行叠合板的拆分时，还要满足规范和图集对叠合板的构造要求。根据规范对楼盖的要求，嵌固部位的楼层、顶层楼层、转换层楼层及平面中较大洞口的周边、设计需加强的部位、剪力墙结构的底部加强部位不做叠合楼盖，其他部位原则上均可采用叠合楼盖，如住宅中的厨房、卫生间、阳台板、卧室、起居室等。同时还应满足拆分的构造要求：

（1）预制板宽不宜大于 3m，拼缝位置宜避开叠合板受力较大部位。

（2）尽量采取整板设计。

（3）选择适合预制的楼板。

（4）楼板接缝按 0 缝宽设计，制作控制宜按负误差控制。

（5）当预制板间按分离式接缝，按单向板设计；长宽比不大于 3 的四边支承叠合板，当预制板采用整体式接缝或不接缝时，按双向板设计。

3.3.4 叠合板深化加工图纸的要求

叠合板的深化加工图纸绘制时，应满足规范和图集对叠合板的要求。

（1）混凝土强度等级：叠合层混凝土不小于预制构件的混凝土强度等级，一般预制构件混凝土强度等级不低于 C30，因此预制板强度最低取 C30。

（2）预制板厚不宜小于 60mm，叠合层厚度不应小于 60mm。住宅项目中，

     ·   ·   装配式建筑构件深化设计

一般小跨的卫生间楼板、厨房楼板、阳台楼板可取 60mm + 60mm，其他板原则上最薄取 60mm+70mm；总厚度根据《混凝土结构设计标准（2024 年版）》GB/T 50010—2010 确定，单向板最小厚度 60mm，双向板最小厚度 80mm。

（3）预制板上表面粗糙面凹凸深度不小于 4mm，粗糙面的面积不宜小于结合面的 80%。

（4）跨度大于 3m 时采用桁架钢筋叠合板。

（5）板的胡子筋伸入支座的长度要求：伸入墙中不应小于 150mm，伸入梁中不应小于 200mm。

3.3.5　叠合板深化设计图纸的绘制步骤

（1）确认板的跨度、宽度、底板钢筋及桁架规格

根据板的编号确认板的跨度、宽度、底板钢筋及桁架的规格，如"DBD67-4524-3"可确定单向板的预制底板厚度为 60mm，叠合层厚度为 70mm，跨度为 4.5m，宽度为 2.4m，根据钢筋代号表可知该块板的受力钢筋为 HRB400，直径 10mm，间距 200mm；分布钢筋为 HRB400，直径 6mm，间距 200mm。并根据拆分图纸总说明，确定桁架的设计高度及钢筋直径间距。

（2）绘制底板钢筋图

1）根据底板钢筋直径、标志跨度、宽度以及设计拆分的关于钢筋间距考虑钢筋绘制。注意第一根钢筋的绘制，需要考虑跨度及宽度。

2）考虑桁架钢筋的位置摆放，即单向板应沿受力方向布置桁架，双向板除沿大跨方向布置桁架钢筋外，短跨方向仍要布置受力钢筋，并根据底板钢筋图确定桁架钢筋的数量。

3）标注尺寸，注意纵横向钢筋绘制时图层另建，以不同颜色区分。底板钢筋短边方向为受力主筋，主筋在下层，桁架筋与分布钢筋在同一层，在上层。

（3）绘制板模板图

1）根据上述楼板拆分原则进行楼板拆分，并在拆分图中量取实际跨度，以便绘制模板图。

2）确定跨度方向受力钢筋伸出长度。根据支座中心到板边的距离减去预留的 10mm 的空隙，即得出钢筋伸出长度。

3）根据单向板断面图，粗糙面需内缩 20mm，绘制出整体框架的模板图。

4）绘制跨度方向受力钢筋，绘制两边第一根钢筋时，离板边 0 ~ 50mm 绘制，

一般取 25mm；随后根据受力钢筋直径及间距进行绘制。

5）根据钢筋桁架立面图、剖面图绘制模板图中的桁架筋，注意桁架筋的边缘离板边为 50mm。

6）对尺寸进行标注，分别在跨度及宽度方向画上剖切符号，后续根据剖切位置和方向需要绘制剖面图，完成板模板图。

（4）绘制剖面图及侧面图

剖面图需要画出底板钢筋的剖面，侧面图只绘制板即可。

（5）绘制底板钢筋图和桁架钢筋图。

（6）绘制构件索引图，标注构件所在位置及吊装方向。

3.4 叠合板深化设计操作（图 3-12）

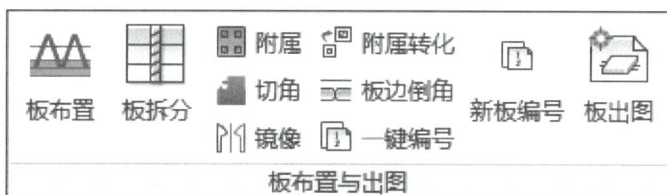

图 3-12 板布置与出图

3.4.1 板布置（图 3-13）

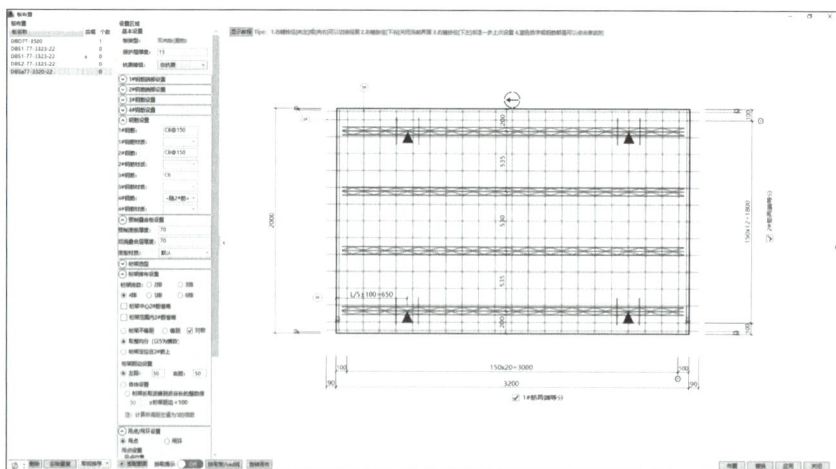

图 3-13 板布置

【板名称】：依据图集 15G366-1，P4 的命名规则，根据选择的板类型及参数设置自动生成。在此可添加后缀名用作备注。软件也会自动实时统计个数，方便用户校验项目。

此外还可进行【复制】、【删除】、【排序】、【去除重复】的操作。

【设置区域】：主要分为两部分，左侧为参数设置，右侧为板模板图 / 配筋图的画布界面。

【基本设置】：通过 1 号钢筋端部设置，软件自动判断显示板类型；可以修改该实例构件的保护层厚度和抗震等级，应用于后续的钢筋算量（图 3-14）。

【预制叠合板设置】（图 3-15）：可设置预制层的底板厚度，后浇叠合层的厚度，以及底板的材质。

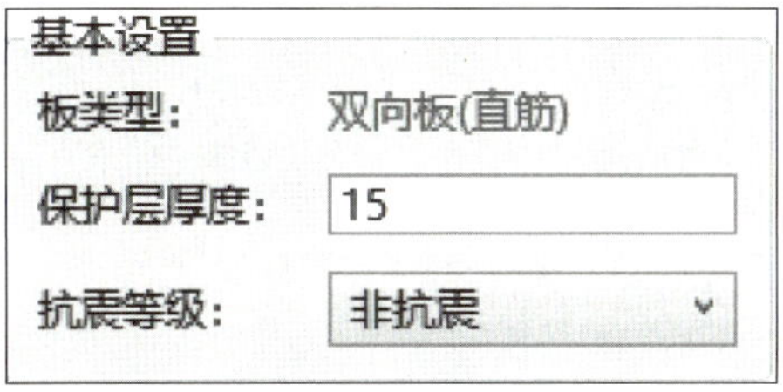

图 3-14　基本设置

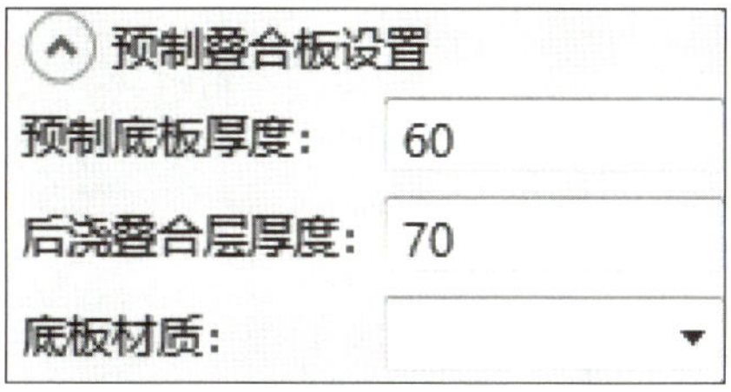

图 3-15　预制叠合板设置

【桁架选型】（图 3-16）：

【规格代号】：内置国标图集 15G366-1 P4 表 7 钢筋桁架规格及代号，以及市场上常见的桁架型号，用户只需选择规格代号，其余参数会自动参变。目前支持桁架类型（图 3-17）。

【显示详参】：点击显示详参，会显示当前所选桁架的详细信息，桁架参数已全部开放，客户可根据自身需求，进行参数修改（图 3-18）。

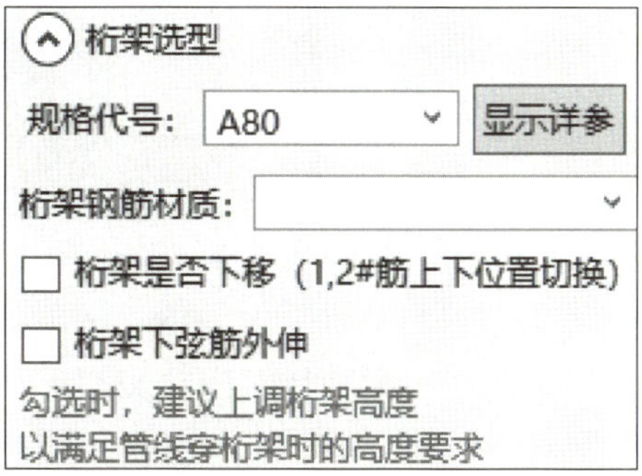

图 3-16　桁架选型

【桁架钢筋材质】：材质选项中为 Revit 自身的材质库，若需要增加材质，可在 Revit 材质库中添加。

【桁架是否下移】：勾选"桁架是否下移"时，2# 钢筋位于 1#、3# 钢筋的下方，桁架会下移。吊装埋件设置为吊环时，吊环方向会自动变成平行于桁架的方向（图 3-19）。

图 3-17　桁架类型

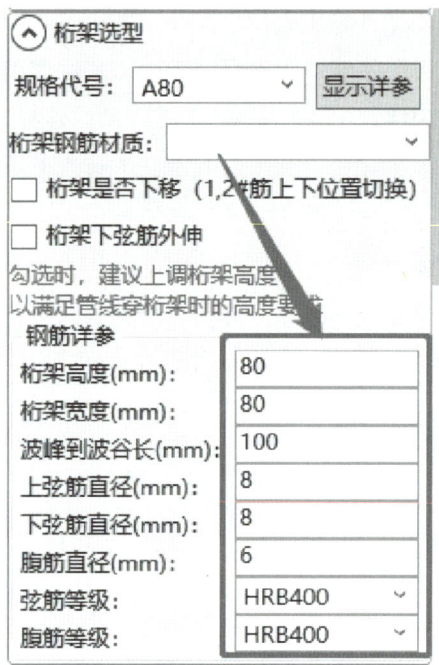

图 3-18　参数修改

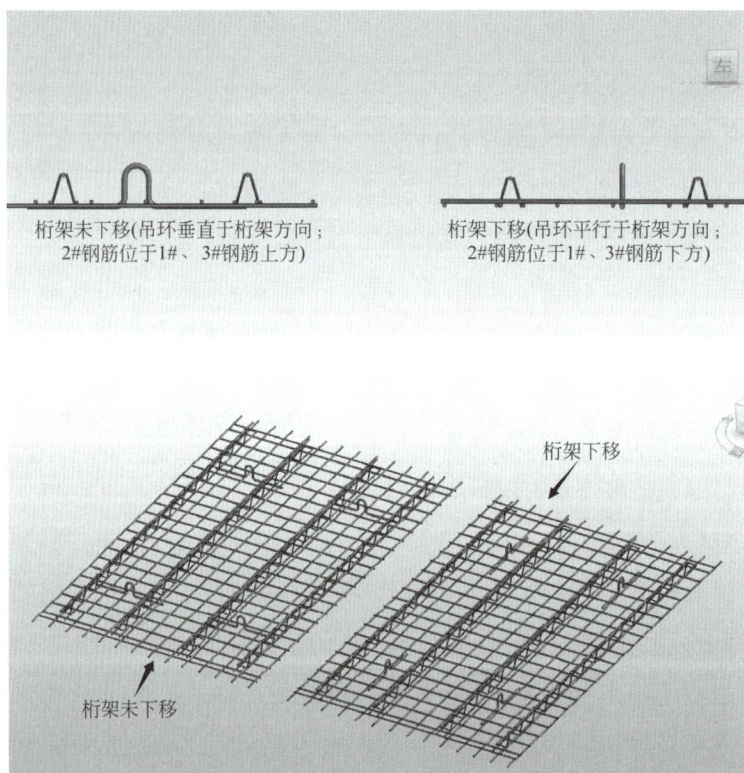

桁架未下移(吊环垂直于桁架方向；
2#钢筋位于1#、3#钢筋上方)

桁架下移(吊环平行于桁架方向；
2#钢筋位于1#、3#钢筋下方)

桁架下移

桁架未下移

图 3-19　勾选桁架是否下移

装配式建筑构件深化设计

【桁架排布设置】（图 3-20、图 3-21）：

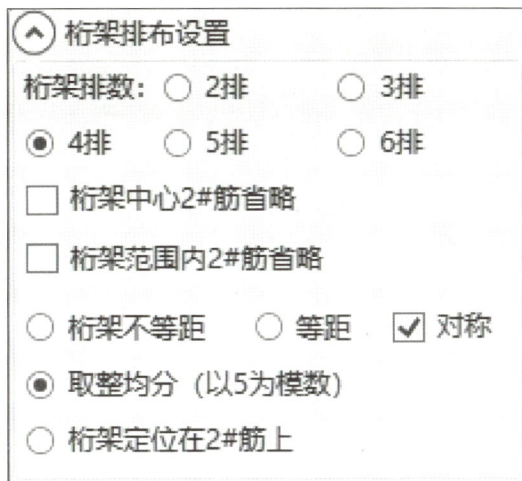

图 3-20　桁架排布设置

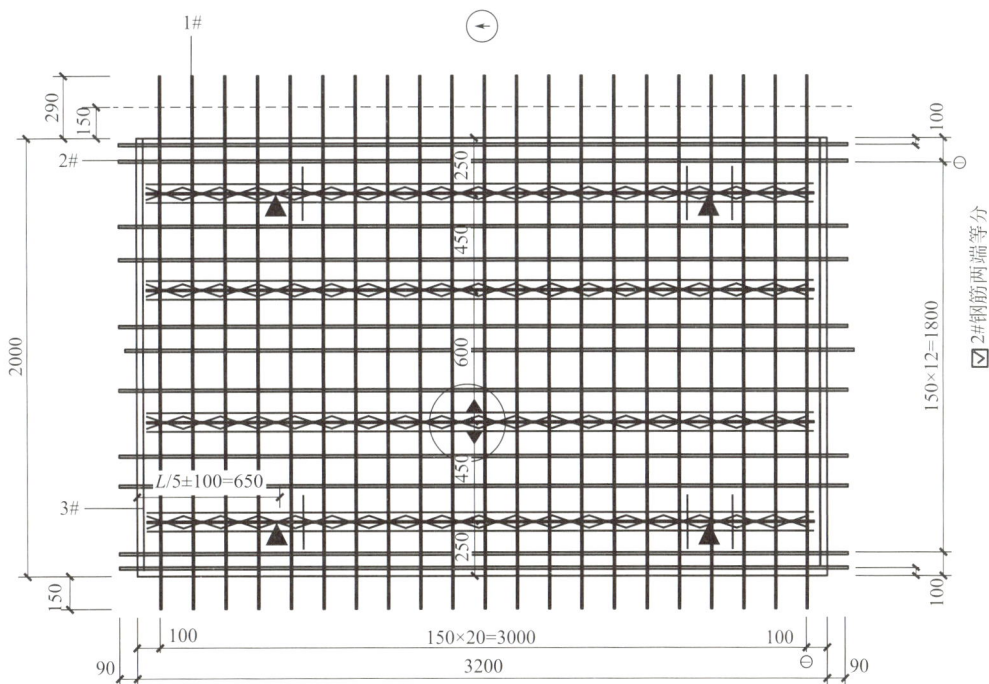

图 3-21　桁架间距调整布置图

可设置桁架的排数，同时用户可选择是否替换桁架范围内（或者中心）的 2# 筋，从而节约钢筋。桁架的间距设置也更加灵活，可以设置是否等距或者对称。还支持取整均分以及自动定位在 2 号上（图 3-22）。

图 3-22　桁架距边设置

桁架距边设置，可以对底板中的所有桁架进行统一的左距、右距设置；也可以勾选自由设置，在画布中对每一品桁架进行单独的左距、右距的设置。

【吊点／吊环设置】（图 3-23）

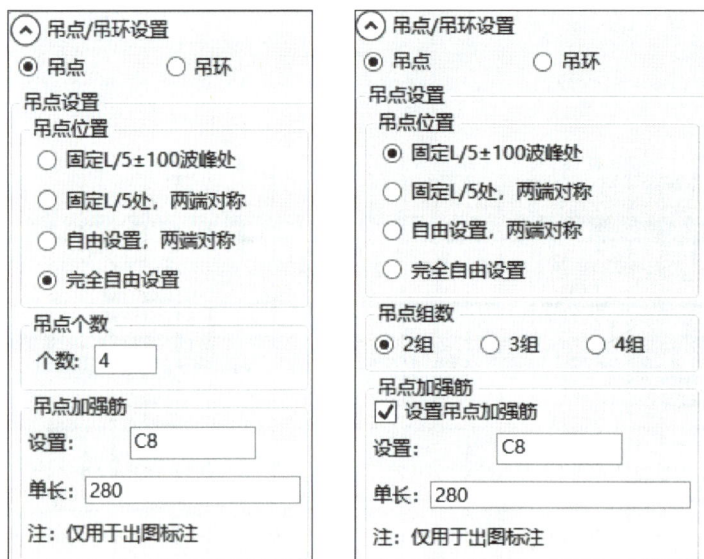

图 3-23　吊点／吊环设置

支持吊点个数自由设置，支持 2~3 组的吊环设置，开放吊点加强筋的直径和长度，当设置为吊点时，界面中吊点位置默认为 $L/5 \pm 100$ 的波峰处，当勾选"固定 $L/5$ 处，两端对称"的选项时，吊点位置为距离板边 $L/5$ 处，当勾选"自由设置，两端对称"的选项时，吊点位置可以自由设置，同时保持左右对称，当勾选"完全自由设置"的选项时，画布区，选择任意吊点位置可自由移动。

【钢筋设置】

支持 1#、2#、3#、4# 钢筋的参数及材质设置（图 3-24）。1# 和 2# 钢筋为了

　　·　　　　·　　　　装配式建筑构件深化设计

方便用户设置，以 A、C、D 分别代表 HPB300、HRB400、HRB500，C8@200 即表示直径为 8 的 HRB400，间距为 200。3#、4# 钢筋因为根数、位置固定，所以只需要输入钢筋级别和直径，当 3#、4# 钢筋不存在时，则钢筋设置中 3#、4# 钢筋的材质规格设置无效。

【1# 钢筋伸出设置】（图 3-25）

图 3-24　钢筋设置

图 3-25　1# 钢筋端部设置

支持"无弯钩""90°弯钩""135°弯钩"三种弯钩形式的设置，当选择弯钩伸出时，下拉可对弯钩平直段进行设置。

【2# 钢筋伸出设置】（图 3-26）

支持"无弯钩""90°弯钩""135°弯钩"三种弯钩形式的设置，当选择弯钩伸出时，下拉可对弯钩平直段进行设置。

【3# 钢筋设置】（图 3-27）

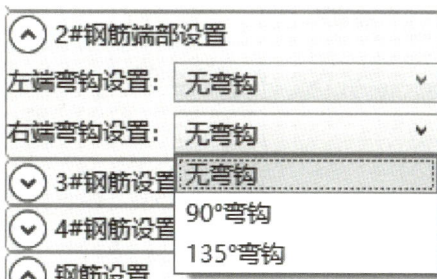

图 3-26　2# 钢筋端部设置

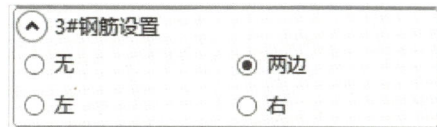

图 3-27　3# 钢筋设置

可设置 3# 钢筋的根数、位置，当 3# 钢筋设置为"无"时，1# 钢筋会代替 3# 钢筋的位置。

【4# 钢筋设置】（图 3-28）

可设置 4# 钢筋的根数、位置，当 4# 钢筋设置为"无"时，2# 钢筋会代替 4# 钢筋的位置。

【弯钩平直段设置】（图 3-29）

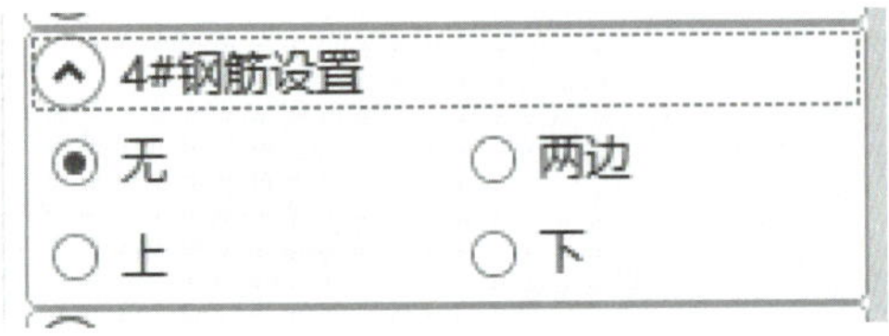

图 3-28　4# 钢筋设置

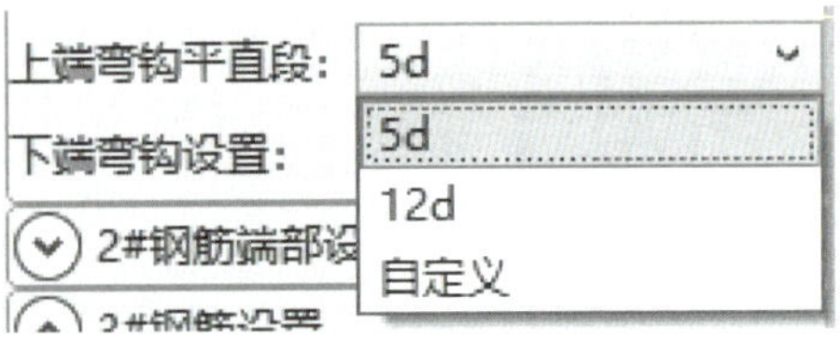

图 3-29　弯钩平直段设置

默认为 5d，客户可以根据设计要求自定义 1#、2# 钢筋弯钩平直段尺寸，也可以自定义一个数值。

【画布区】（图 3-30）

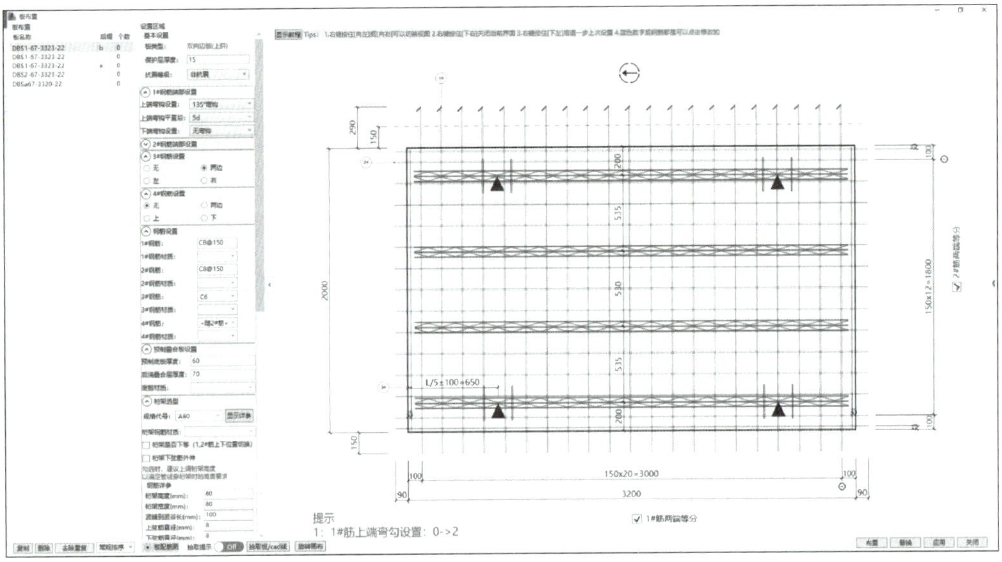

图 3-30　画布区

（1）用户可进行模板图和板配筋图的切换（可手势切换），画布区中，蓝色数字为可修改项，黑色数字为软件自动计算值，不可更改。用户可通过正数、负数控制钢筋的伸出长度设置。参数设置完成后，就可以点击【布置】建立模型了。小技巧：点击【布置】后，按空格键，可以将设置完成的叠合板进行逆时针旋转。

（2）点击画布中的安装方向箭头，可以改变板的安装方向（图 3-31）。

　　　·　　　　　·　　　　装配式建筑构件深化设计

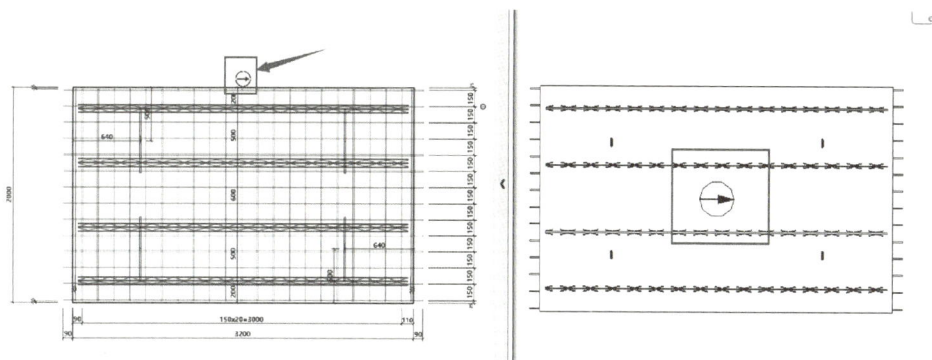

图 3-31　点击安装方向箭头

（3）画布中，可通过 +/- 符号进行钢筋根数的加减（图 3-32）。

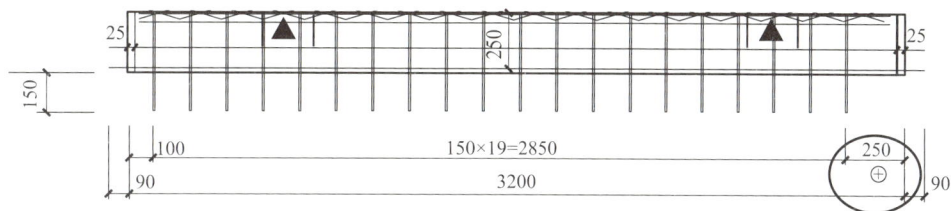

图 3-32　进行钢筋根数的加减

（4）画布中，可通过勾选项控制 1# 钢筋和 2# 钢筋两端值的等分情况（图 3-33）。

图 3-33　1 #、2 # 钢筋两端等分

（5）点击画布左下角【拾取板/CAD线】的功能，可拾取 Revit 楼板和链接 CAD 底图封闭线的长宽尺寸，应用到画布中，无需手输长宽参数，更加方便用户操作（图 3-34、图 3-35）。

注：暂只支持应用不带切角的板或线尺寸长宽。

图 3-34 拾取板轮廓

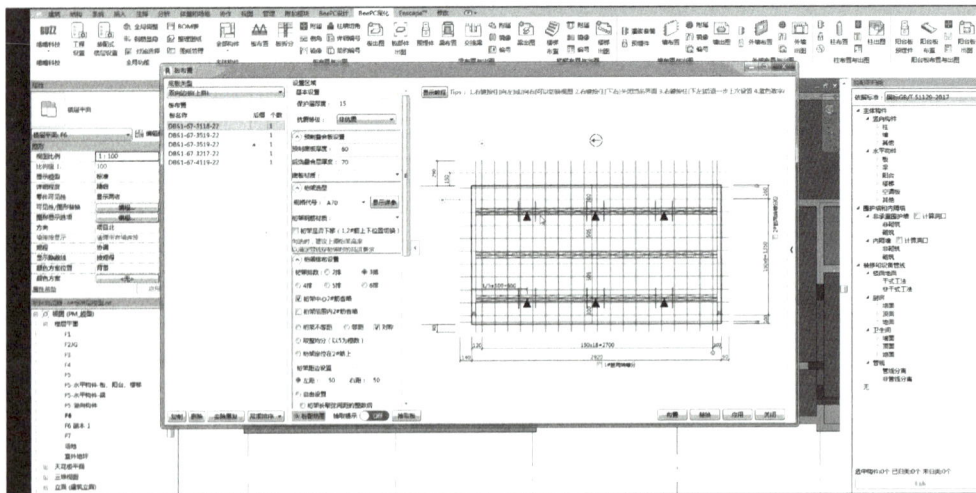

图 3-35 板轮廓拾取后长宽自动生成

装配式建筑构件深化设计

（6）点击【旋转画布】功能，逆时针旋转画布90°，桁架方向竖向显示，方便用户操作，对于需竖向布置的叠合板，不用转换思维进行设置，布置时还需按空格键旋转。

3.4.2 板拆分（图3-36）

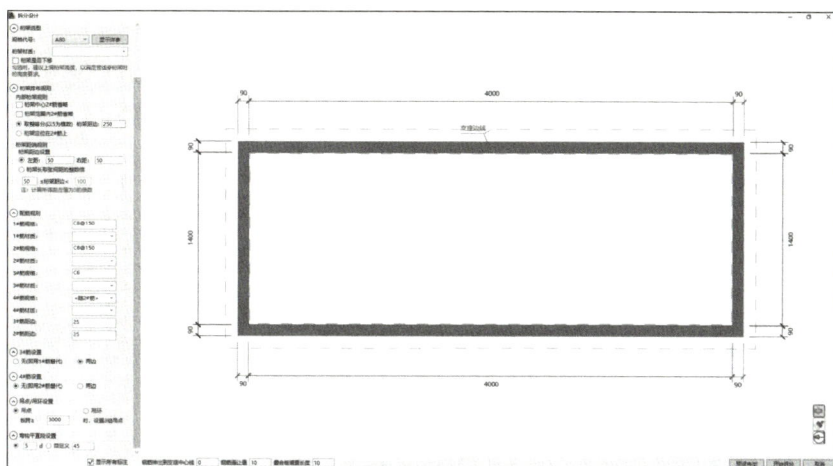

图3-36 板拆分

（1）软件支持Revit的建筑楼板、结构楼板，布置楼板后，点选命令，拾取板的尺寸。

（2）在左侧同叠合板布置功能一样，输入对应的板参数即可。

（3）可通过界面右下角，进行板拆分、填充、调整桁架方向。

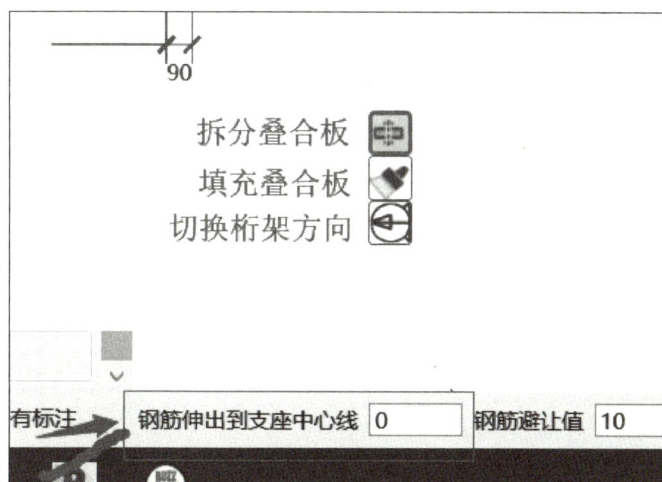

图3-37

这个 0 就是默认到支座中心的，有个别需要中心不到一点，可以输入 -10；具体出筋多少是在画布里面设置（图 3-37）。

3.4.3　板附属调整（图 3-38）

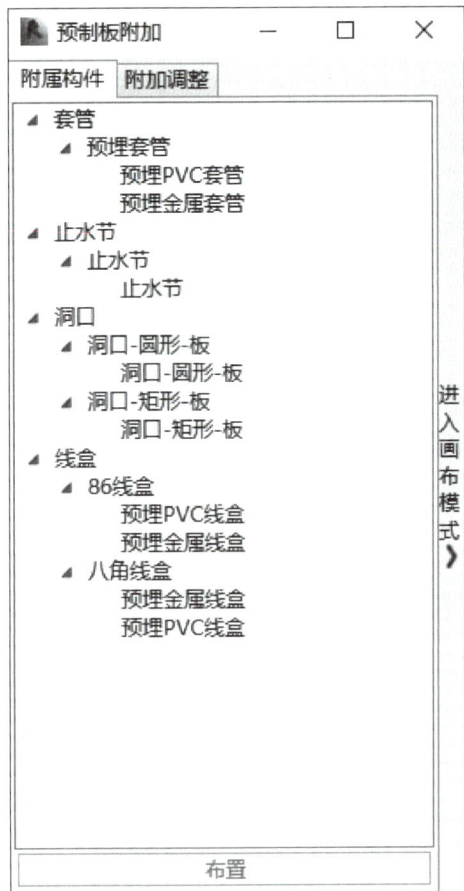

图 3-38　板附属调整

板附属功能分为：板附属构件、板附加调整。区别详见下方描述：

板附属构件分为两种布置方式，主要支持套筒、止水节、洞口、线盒的布置。

（1）若用户已经有 CAD 底图，可以在绘图区参照 CAD 底图构件的位置进行布置（图 3-39）。

（2）若没有 CAD 底图参照时，可以进入【画布模式】，选择对应的板后进行附属构件的布置（图 3-40）。

在左侧选择对应要布置的附属构件后，在右侧画布区进行绘制，布置后，右键结束，可继续布置其他附属构件。

绘制时的数据说明如下：

615+1245 表示：洞口边左侧距板边 615mm，右侧距板边 1245mm，方便用户定位。

1165+1935 表示：洞口边上侧距板边 1165mm，下侧距板边 1935mm，方便用户定位。

洞口的宽度和高度可任意调整，图形会随着参数发生变化。

布置完对应的附属构件，支持【应用到类型】、【应用到实例】两个选项，前者对所有相同类型的板一起生成附属构件，后者仅对当前选中的板布置附属构件。用户可根据需要进行选择。

　　　　　　　　　　　　　　装配式建筑构件深化设计

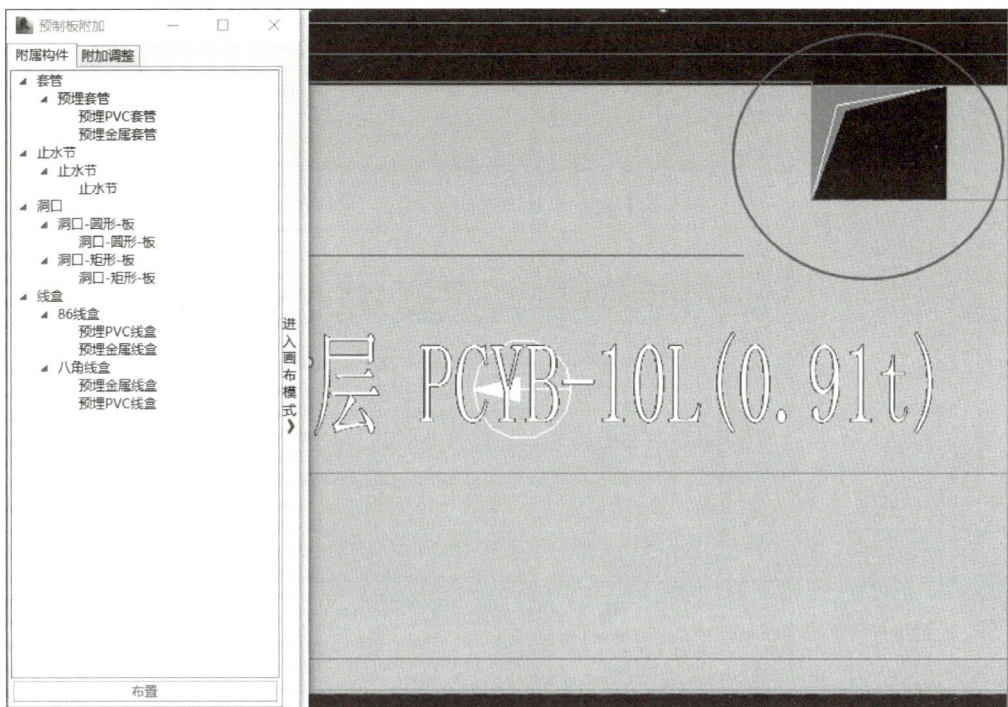

图 3-39

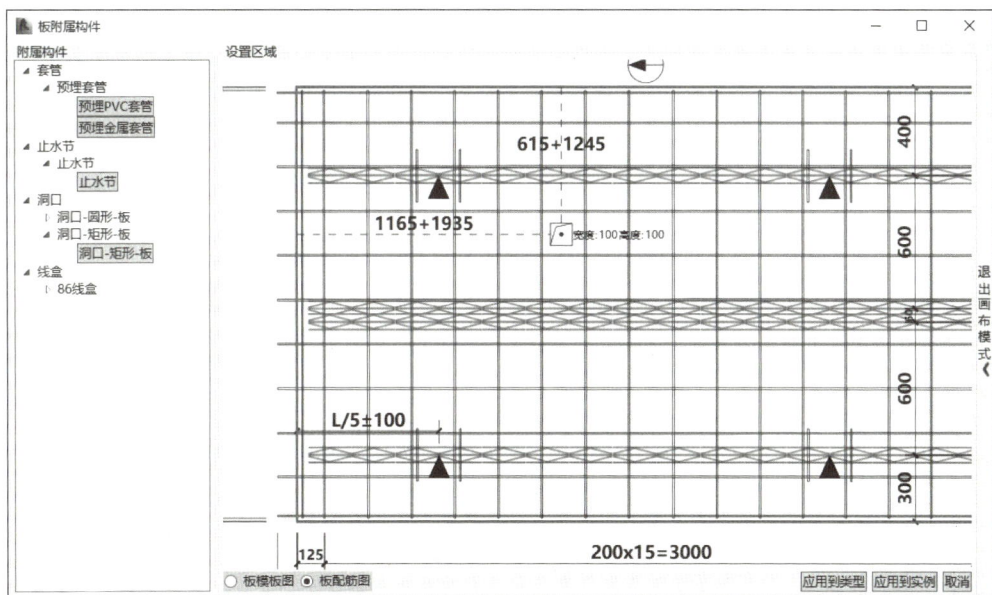

图 3-40　进行附属构件的布置

3.4.4 板附加调整（图 3-41）

图 3-41　板附加调整

【创建洞口】（图 3-42）

可支持圆形、矩形洞口两种类型。矩形最多支持布置 5 个洞口（圆洞为 3 个），现在只支持最先布置的两个洞口可以切桁架；区别于附属构件中的洞口，附加调整中的洞口会切掉桁架及钢筋。

操作步骤：点击创建洞口，会在画布中生成可以移动的洞口预览，点击布置。

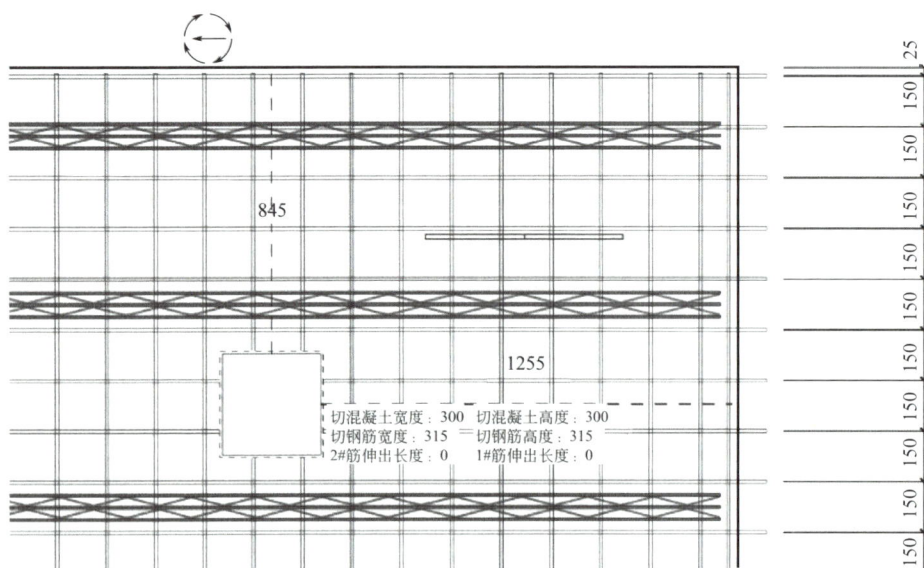

图 3-42　创建洞口

　　·　　·　　装配式建筑构件深化设计

现在族只支持两个洞口的布置，创建的洞口会自动剪切附近的桁架和底筋，选中洞口可以修改洞口的尺寸；水平间距、数值间距表示被切底筋、桁架距离洞口边缘的距离。

选中洞口，可以修改洞口的定位尺寸，以及洞口切混凝土、切钢筋和钢筋伸出洞口的伸出长度。

【创建钢筋（单）】

操作步骤：点击"创建钢筋（单）"鼠标移动到画布中，会生成单根钢筋的移动预览图，点击布置，鼠标右键取消布置，选中创建的钢筋（单），空格键可以切换方向，以及修改它与洞口的位置关系、该钢筋的长度和直径。

选中钢筋，会有一个格式刷功能，用户可以将改钢筋刷成和底筋同样形式的钢筋，格式刷功能只能刷钢筋的形式，不会改变附加钢筋的直径。

【创建钢筋（双）】

操作步骤：点击"创建钢筋（双）"鼠标移动到画布中，会生成双根钢筋的移动预览图，点击布置，鼠标右键取消布置，选中创建的钢筋（双），空格键可以切换方向，以及修改它与洞口的位置关系、该钢筋的长度和直径、两根钢筋之间的间距。

【创建桁架】

操作步骤：点击"创建桁架"鼠标移动到画布中，会生成桁架的移动预览图，点击布置，鼠标右键取消布置，选中创建的桁架，空格键可以切换方向。选中该桁架，可以修改该桁架的长度、距离板边的距离。创建的桁架的材质、类型都是和该底板中的桁架相同。

3.4.5 切角

当预制板四角需要开洞，或者和柱（包括软件自身的预制柱构件）相交时，需要进行切角，对应的混凝土和钢筋都需要变化，由于出现频率高、开洞情况多变，用传统方法操作烦琐，所以软件增加了楼板切角功能。

软件提供了两种方式：手动切角、自动切角。

（1）手动切角

优势：适合单板开洞。

操作：选择单个板，软件会根据选择板的类型自动判断可切角的边。

单向板（图3-43）：

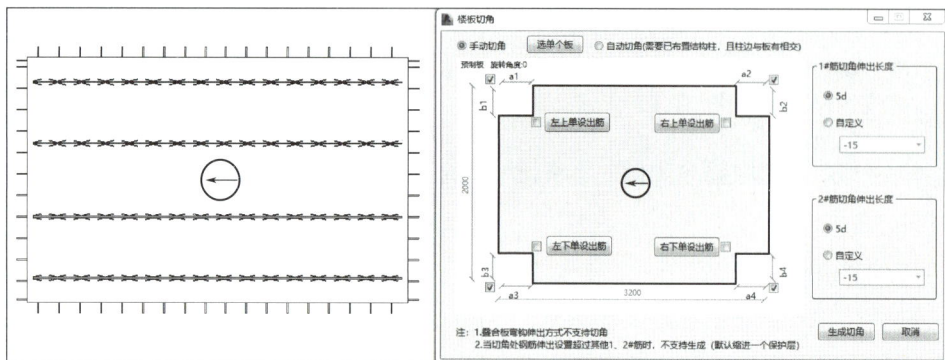

图 3-43　单向板手动切角

双向板（图 3-44）：

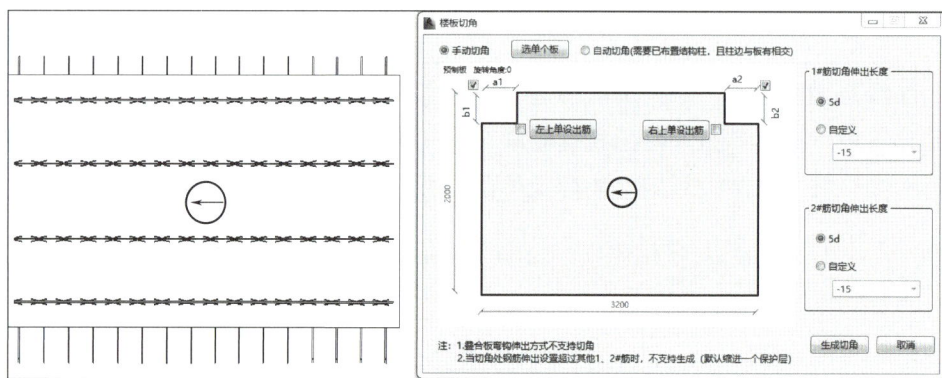

图 3-44　双向板手动切角

注：之前是在右边统一设置一块板的各个角的 1#、2# 钢筋的伸出长度。现在可以勾选某个角，对该角单设 1#，2# 钢筋的出筋；如果没有勾选并设置单设出筋的，依旧按照右侧的出筋设置进行出筋（图 3-45）。

图 3-45　出筋设置

　　　　　　　　　　　　　　　　　　　　　装配式建筑构件深化设计

（2）自动切角

优势：适合在有结构柱的情况下，批量操作。

操作：前提需要项目中已布置完成结构柱和预制板，框选构件范围，软件会根据柱与板边相交部分自动切角（图3-46～图3-49）。

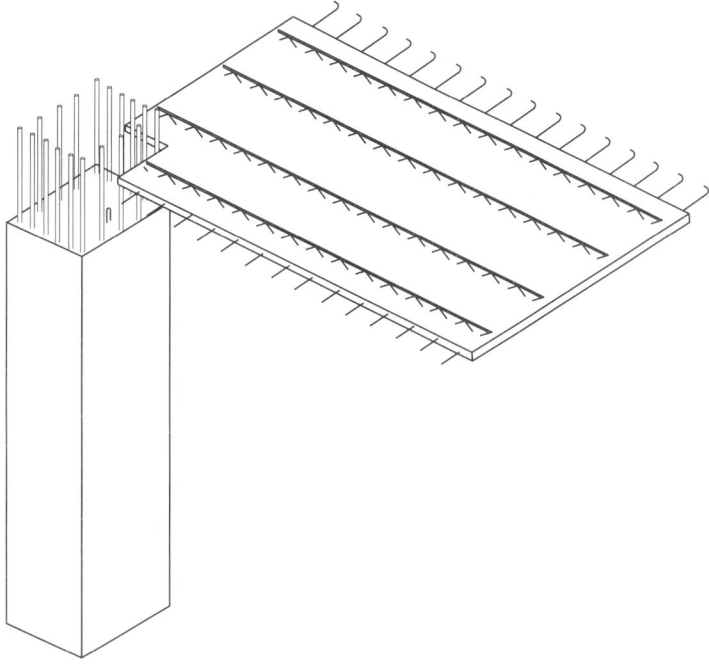

图3-46　自动切角1

图3-47　自动切角2

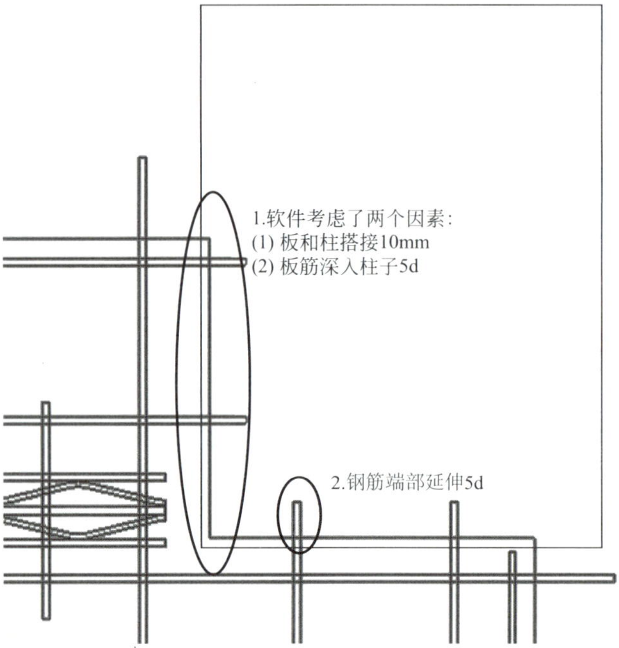

图 3-48 自动切角 3

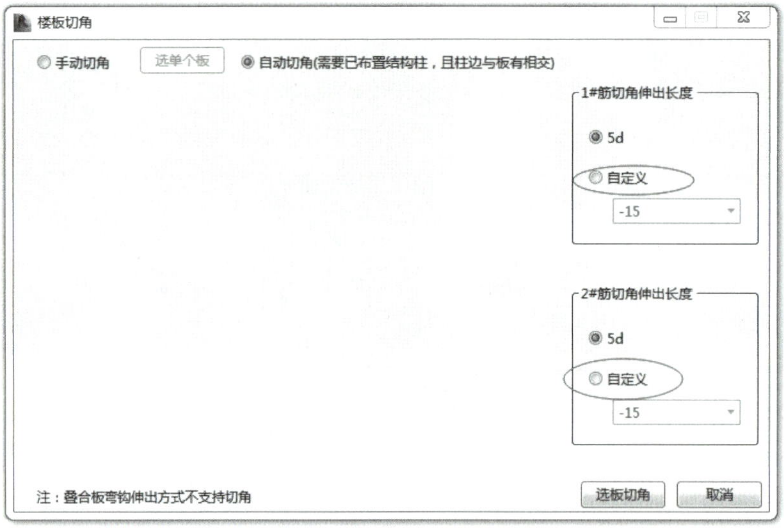

图 3-49 楼板自动切角

1#、2# 钢筋根据客户要求，可以自定义切角处钢筋伸出长度。

注意事项：

（1）若板切角时恰好切到钢筋，软件会自动弹出提示，方便用户调整尺寸（图 3-50、图 3-51）。

　　装配式建筑构件深化设计

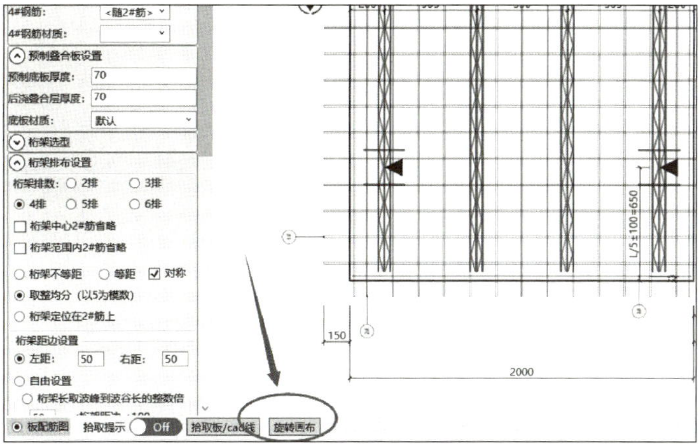

图 3-50　调整尺寸

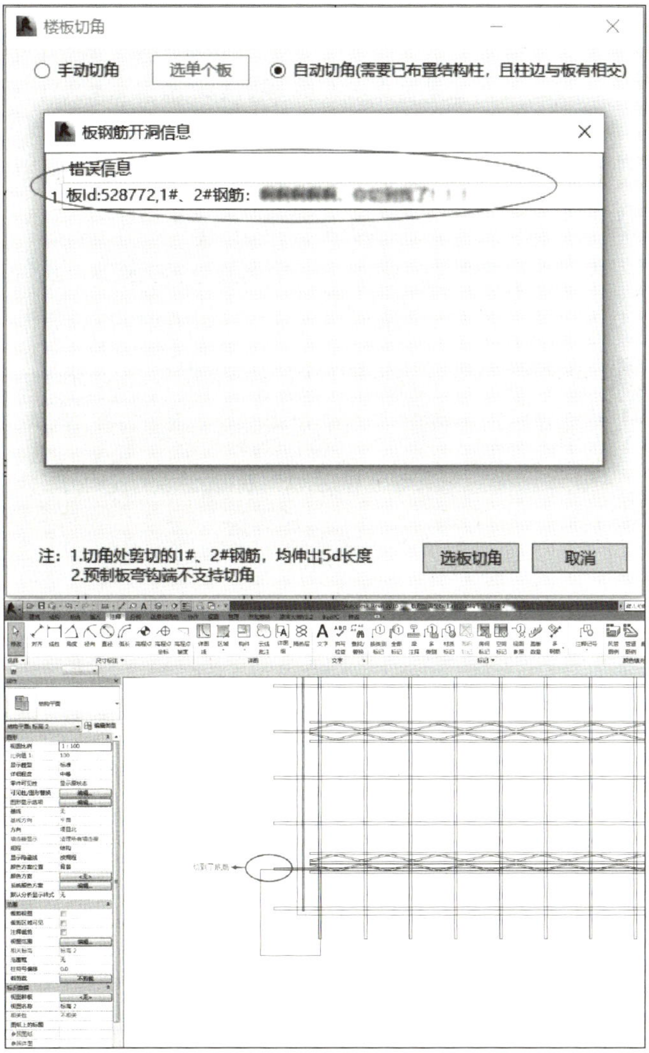

图 3-51

（2）选择构件后，点选左上角的【完成】进行确认（图 3-52）。

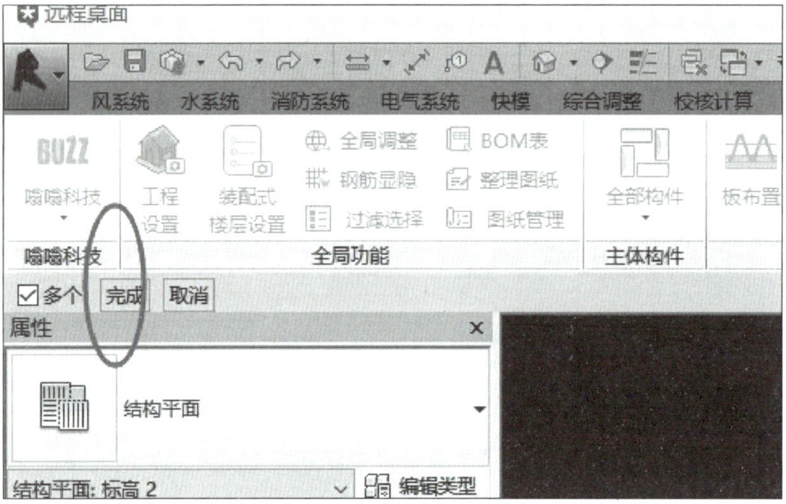

图 3-52　点选【完成】

3.4.6　板镜像

在装配式项目中，配筋相同，仅布置方向不同的构件很多，或者对称住宅，于是软件做了【板镜像】功能，相对于 Revit 本身的镜像功能对安装方向做了小优化（镜像后安装方向不变，图纸保持美观，板中的附属构件也会随之镜像）。另外跟出图规则也做了挂接，镜像后方向不一样的板都会单独出图（图 3-53、图 3-54）。

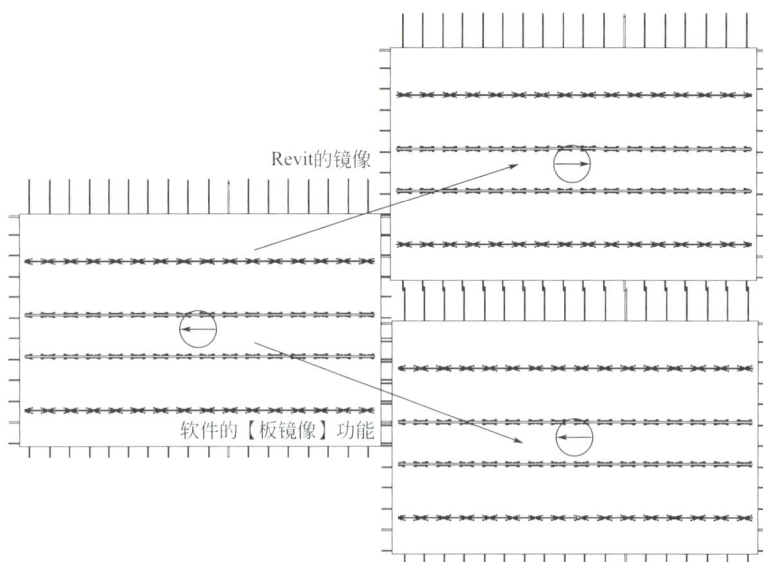

图 3-53

装配式建筑构件深化设计

图 3-54

操作流程：

（1）点选【板镜像】命令，根据下方命令行提示，选择需要镜像的板，可以单选或者框选，也可通过 Shift/Ctrl 进行增减。

（2）选择后，务必界面左上角选择【完成】。

（3）确认后，选择镜像轴（可以是图元也可以是 CAD 图层）完成镜像操作。

注意：切忌用 Revit 本身的镜像，否则程序无法出图且使用 Revit 本身镜像后会导致线盒无法布置（线盒基于特定面布置）。因为 Revit 本身的镜像关于对称、安装方向不做考虑，镜像后还要调整，而且此时不经过程序判断，类型容易混淆。

3.4.7　附属转化（图 3-55）

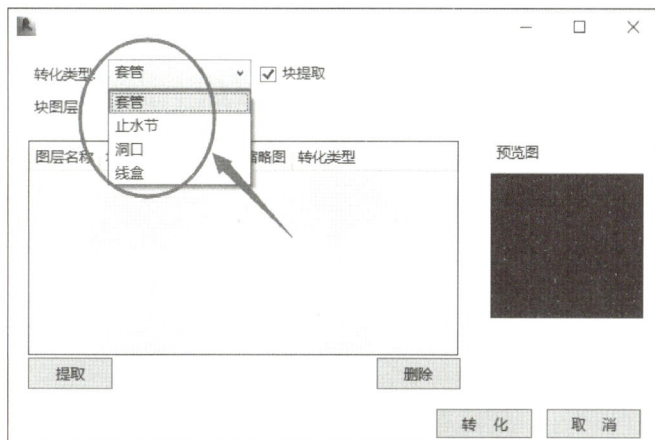

图 3-55　附属转化

支持转化套管、止水节、洞口、线盒四个类型的附属构件。布置叠合板之后可直接将 CAD 底图中的附属标识转化为 BeePC 附属构件，缩短了用户对线盒等附属构件单个布置的时间，大大提高了效率。

操作流程：点选【附属转化】命令，选择转化大类后，点击【提取】按钮，根据下方命令提示，单击选择图元上的点，按 ESC 键退出，提取完成后，可在界面中看到提取到的块图层，选择"转化类型"（与上面的大类不同，此处为例如选择金属或是 PVC 线盒的选择），确认后，点击【转化】，完成转化功能。

注意：（1）附属转化的 CAD 底图需为链接 CAD 且需保存项目。

（2）附属转化时需关闭 CAD 底图。

3.4.8 板边倒角

主要用于批量生成密拼倒角和非密拼倒角。软件会根据用户框选范围内的预制板自动判断符合条件的板边生成倒角（图 3-56、图 3-57）。

密拼倒角：两个预制板边缘相切（图 3-58）。

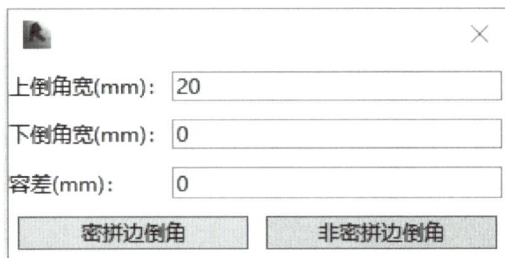

图 3-56　板边生成倒角（一）

图 3-57　板边生成倒角（二）

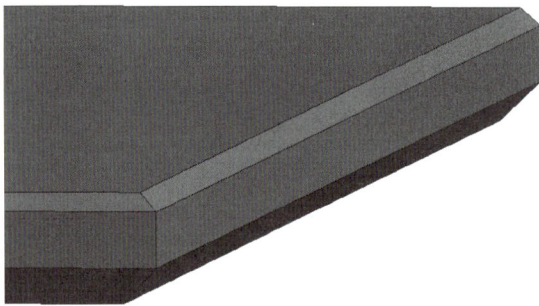

图 3-58　密拼倒角

非密拼倒角：和其他板无交集的板边缘。

注意：选择完板之后，需要点下左上角【完成】已确认（图 3-59）。

装配式建筑构件深化设计

图 3-59 确认【完成】

3.4.9 一键编号（图 3-60）

（1）编号顺序：

软件支持三种编号方式：

1）第一种是先"左→右"，后"上→下"：软件会根据选中的范围，按如图 3-61 所示方式进行编号。

2）第二种是先"上→下"，后"左→右"：软件会根据选中的范围，按如图 3-62 所示方式进行编号。

3）第三种是最为灵活的方式，自定义路线——绘制详图线排序，按如图 3-63 所示方式进行编号。

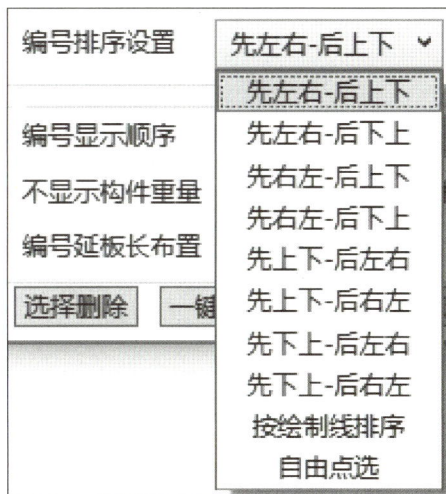

图 3-60 一键编号

（2）编号模式设置：

【傻瓜式编号】分为分层和整个模型两种统计方式，完全相同的板编号相同，简单点就是 PCB1、PCB2，一直往下，出图在一张图里面（会统计个数）；然后按类型出图（图 3-64）。

注：为层与层之间的区别，分层统计时，建议在名称里增加楼层信息，如2F-PCB。

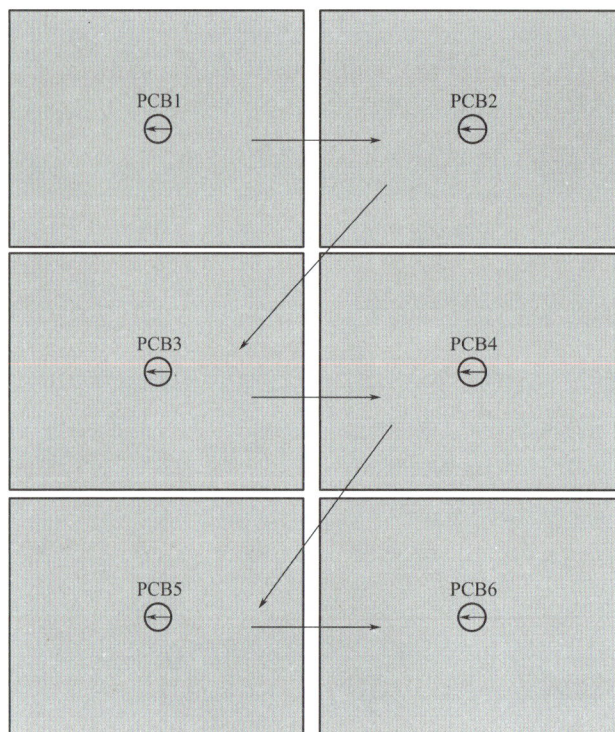

图 3-61 第一种编号方式

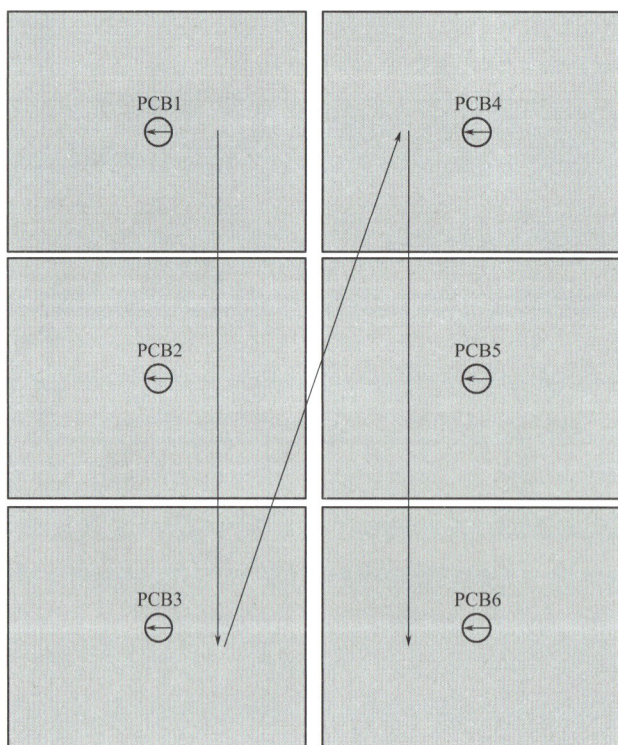

图 3-62 第二种编号方式

装配式建筑构件深化设计

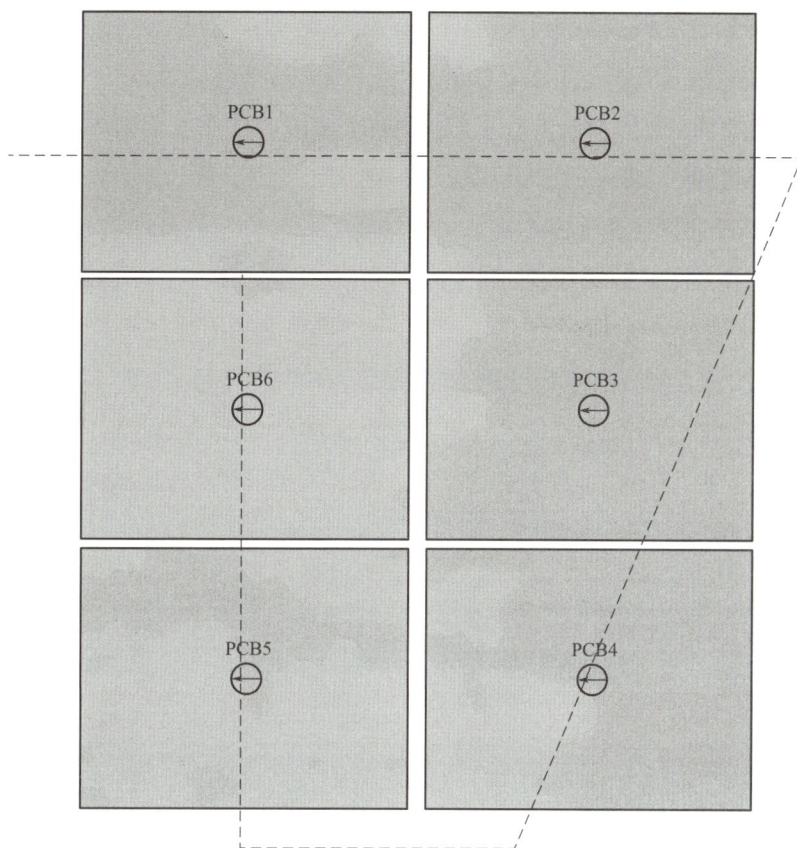

图 3-63 第三种编号方式

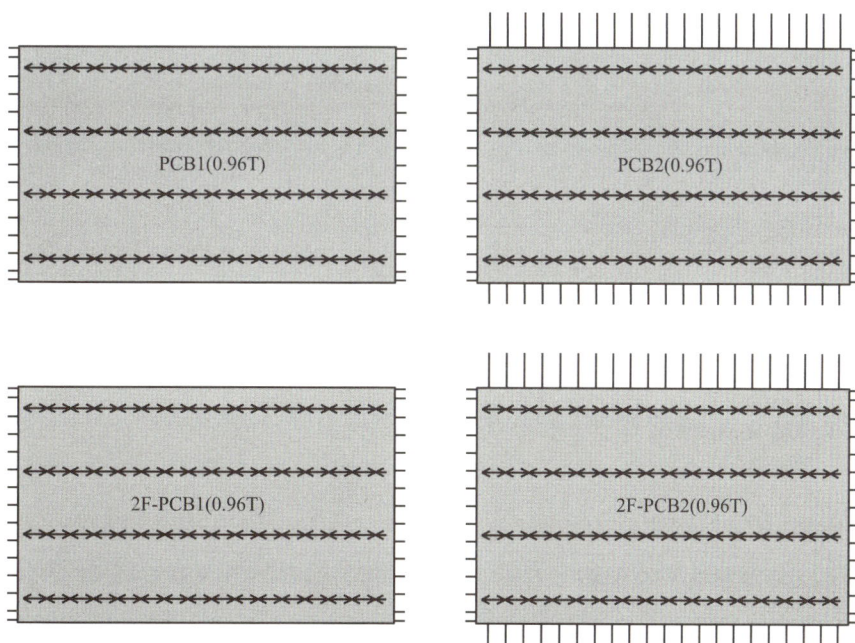

图 3-64 "傻瓜式"编号

【一板一号一图纸】每块板编号不同，都是唯一，图纸也是每张都出一遍（图3-65）；

选择【分层统计】，勾选【分 / 总模式】，按"楼层—名称—1/ 总量"的样式进行标记，例如：2F-PCB1-1/2、2F-PCB1-2/2，分母数字表示当前楼层相同板的总数。不勾选【分 / 总模式】，按"楼层—名称"的样式进行标记，例如：2F-PCB1、2F-PCB2，取消了相同板通过分数表达的形式，不同楼层编号排序从1开始。

选择【整个模型统计】，勾选【分 / 总模式】，按"名称—1/ 总量"的样式进行标记，例如：PCB1-1/2、PCB1-2/2，分母数字表示整个模型中相同板的总数。不勾选【分 / 总模式】，按"名称"的样式进行标记，例如 PCB1、PCB2，编号逐个向上递增，取消了相同板通过分数表达的形式。

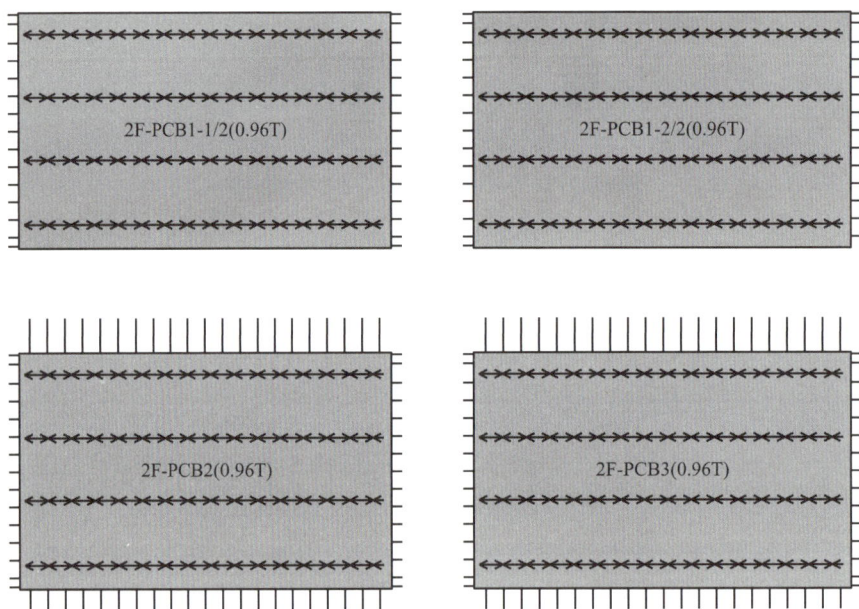

图 3-65　一板一号一图纸

3.4.10　新板编号（图 3-66）

新板编号中支持三种构件编号的方式【构件编号】、【按户型构件编号】、【增添共模标识】，前两者为独立的编号方式，第三种共模标识视为对前两种编号方式的补充。

【编号标识顺序】：下拉可选择编号显示排列方式及顺序，支持单行，双行和三行三种排列。

　　　　　　　　　　　　　装配式建筑构件深化设计

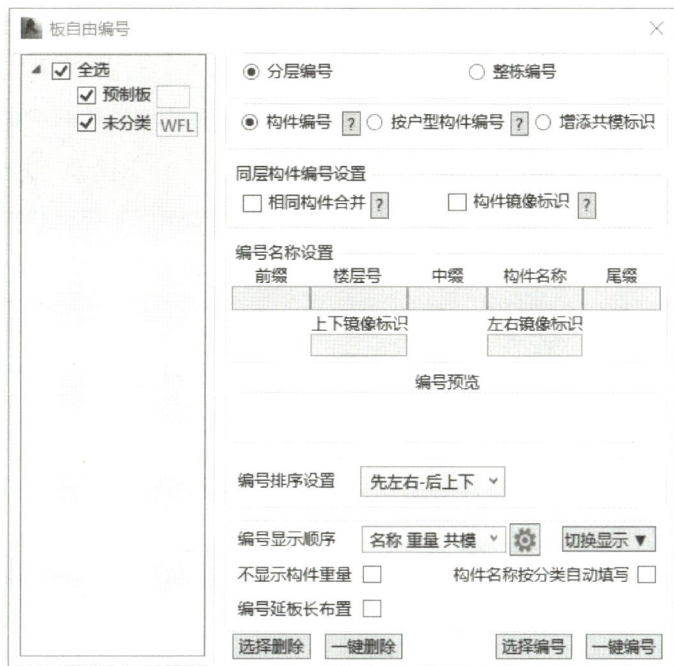

图 3-66　新板编号

【编号延板长布置】：勾选此选项，编号时编号自动延长方向显示。适用在项目中 Y 方向板长较长的情况下（图 3-67）。

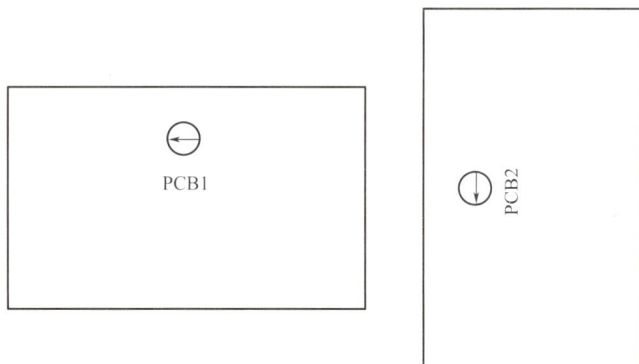

图 3-67　编号延板长布置

【同层构件编号设置】：如图 3-68 所示。

图 3-68　同层构件编号设置

3　叠合板的深化设计

【相同构件合并】勾选后，同层编号是将完全相同的构件合并一个编号（完全相同指，板的长宽尺寸、板内钢筋排列顺序、附属构件类型及位置都相同）。

【构件镜像标识】勾选该选项后，需在编号名称设置中对镜像标识样式进行设置。编号时，镜像后的板在编号显示上会增加镜像标识。左右、上下镜像后的镜像标识相同。若对一块板进行了上下、左右两次镜像，即视为第二次镜像后的板为新的板，编号不再带镜像标识（因镜像标识只有一个，故镜像后不同的板，不存在一个编号）（图3-69）。

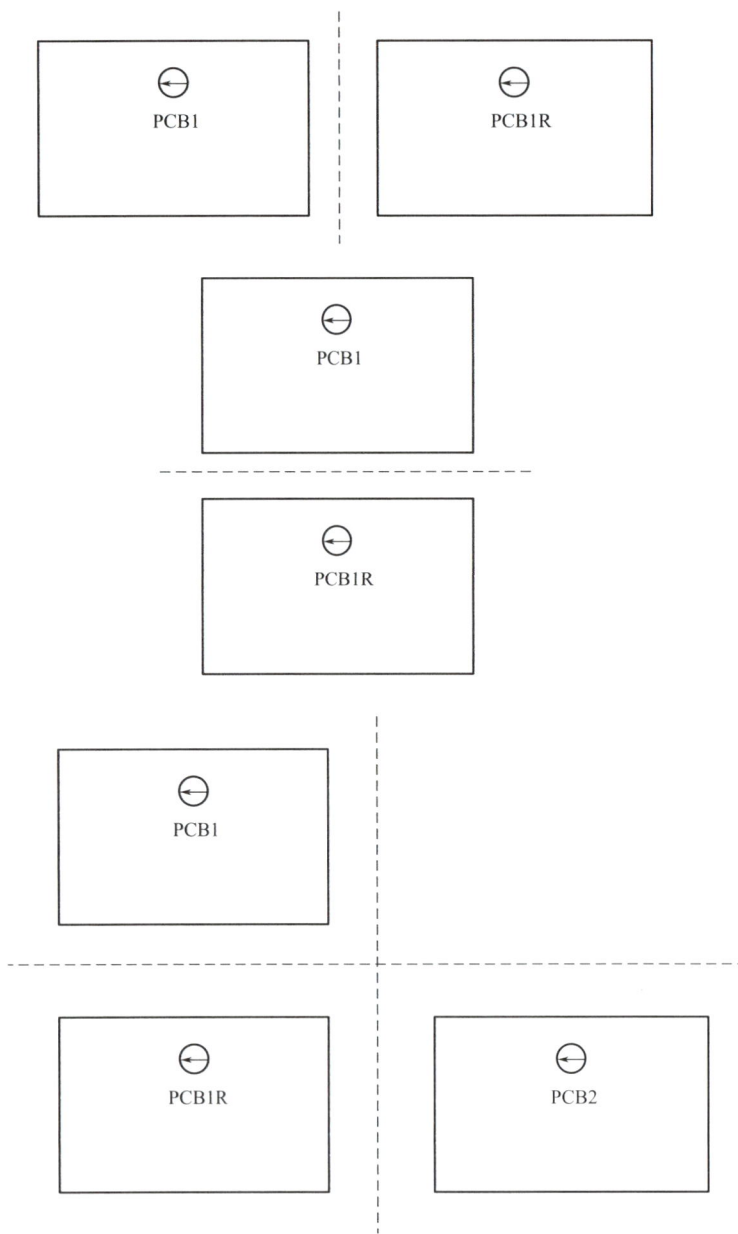

图3-69　构件镜像标识

　　　·　　　·　　　装配式建筑构件深化设计

【编号名称设置】：如图 3-70 所示。

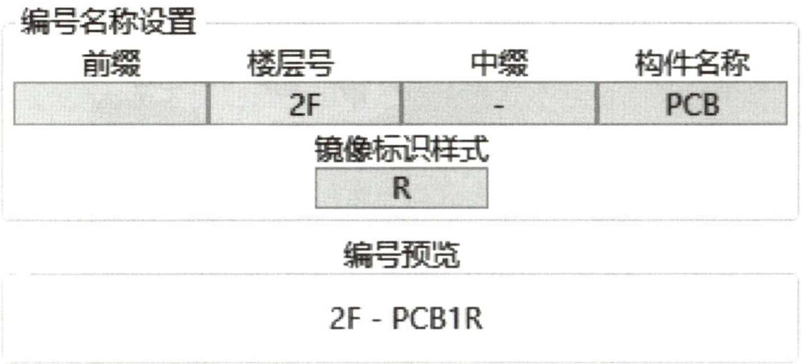

图 3-70　编号名称设置

可由"前缀"、"楼层号"、"中缀"、"构件名称"四种方式任意组合生成编号名称，用户自定义输入，满足多种复杂形式的编号要求，其中"构件名称"为必输入项；楼层号的设置，会在后续的 BOM 表中体现。勾选镜像标识后，需在镜像标识样式栏输入镜像后板所需标记。编号预览，即为当前设置编号的预览样式。

【编号顺序设置】：如图 3-71 所示。

图 3-71　编号顺序设置

编号顺序与一键编号相同，可以选择"先左右－后上下"，"先上下－后左右"和"按绘制线排序"三种编号顺序。

注：选择绘线标号的时候，绘制的线必须贯穿整块板，才可以编号成功。

【显示构件重量】：勾选后编号，编号标记显示构件重量，默认不勾选。

【延续当前编号】：在已有编号的情况下，勾选该选项，后续编号会从当前编号的最大值加一往后自动延续。

【选择删除】&【选择编号】：点击功能后，点选或框选相应的板对其编号标记进行删除和编号，适用于用户对部分板编号，修改和重新标号的操作。

【一键删除】&【一键编号】：点击相应功能后，当前视图平面上的板都会进行编号和删除已有编号，适用于用户初始编号和全部删除重新编号。

3.4.11 板出图

当绘制完所有的预制板后，需要进行出图并交付给工厂生产（图 3-72）。

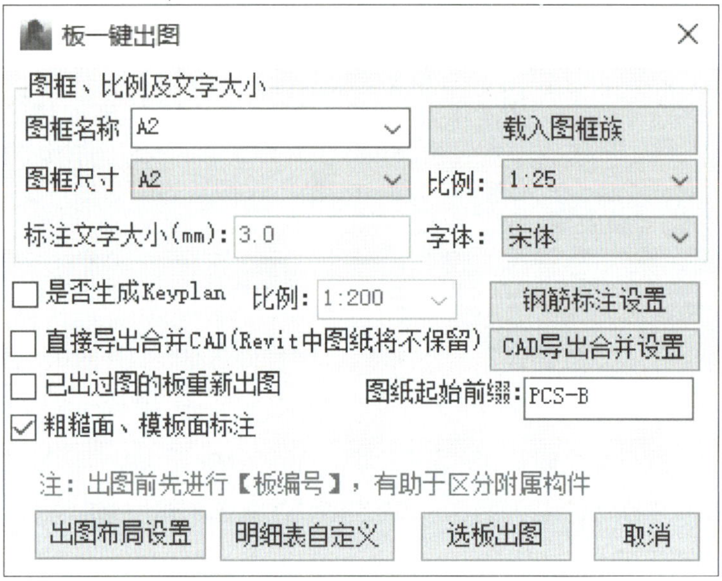

图 3-72　板一键出图

【图框名称】：可以选择已经载入的图框名称。

【载入图框族】：可以载入 rfa 格式的图框族。

【图框尺寸】：用于调整出图布局设置，应该与载入的图框的大小一致。

【比例】：用于调整出图时的视图比例，默认 1：25。

【标注文字大小（mm）】：标注文字的大小会更具比例的调整自动变化。

【字体】：可以调节出图时尺寸标注中的字体。

【是否生成 Keyplan】：通过勾选项控制是否需要生成 Keyplan。勾选后可选择出图时所需的 Keyplan 比例大小。

【直接导出 CAD（Revit 中图纸不保留）】：通过勾选控制是否需要直接将图纸导出到 CAD，弹出 CAD 导出合并设置，可对导出及合并的相关内容进行设置，设置完成后，图纸会直接导出到选择的对应文件夹，Revit 中没有图纸。

V3.2.7750 后版本增加【导出 dwg】：可在 Revit 已生成图纸的情况下，导出合并图纸。一键出图，不需要再进行布局转模型及合并的操作（图 3-73）。

勾选【是否合并】可对图纸的合并要求进行设置。

【排列顺序】：支持竖向和横向两种排列方式。

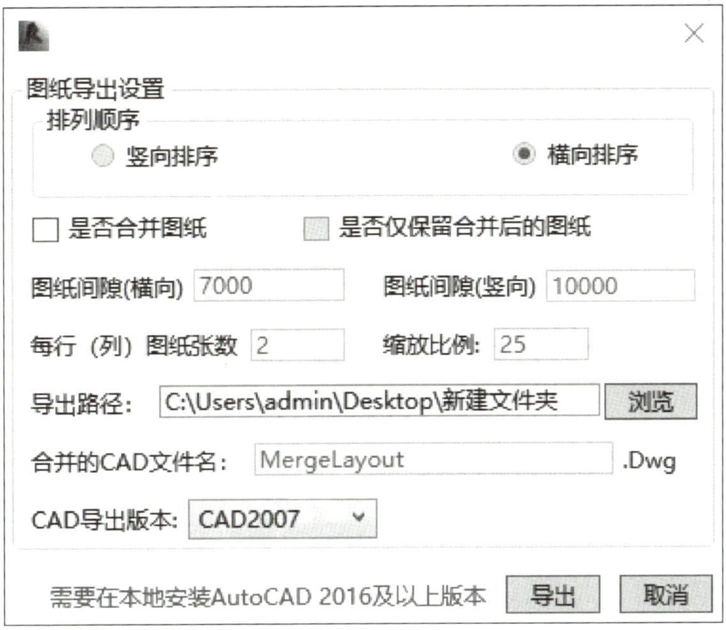

图 3-73 图纸导出设置

【是否保留合并后的图纸】：勾选后保留全部导出图纸及合并后的图纸；不勾选，仅保留合并后的图纸，单张详图文件不保留。

【图纸间隙（横 / 竖向）】：设置图纸合并时横向和竖向的排列间距。

【每行（列）图纸张数】：设置合并时图纸每行或每列排列的最大张数。

【缩放比例】：输入出图时选择的视图比例，合并时软件会自动调整比例。

【导出路径】："浏览"选择需要导出合并文件所在的位置。

【合并的 CAD 文件名】：用户可自定义设置导出合并后的文件名称。

【CAD 版本】：下拉可选择导出的 CAD 版本，支持 2007、2010、2013、2018 四种版本的选择。

注：（1）软件无法识别选择文件夹中已有 dwg 文件的内容，若仅保留合并后的图纸，建议新建文件后，进行合并操作。

（2）因布局转模型时，低版本的 CAD 会有视图缺失的情况，需确认电脑上是否安装 CAD2016 及以上版本。

【粗糙面、模板面】：勾选出图后相应视图中会有粗糙面、模板面的标记，不勾选则没有。

【钢筋标注设置】：

可以单独设置每种钢筋出图时加工尺寸栏中的标注为外包标注还是中轴线标注，方便工厂下料。但不论何种标注样式，钢筋单根长度不变（图 3-74）。

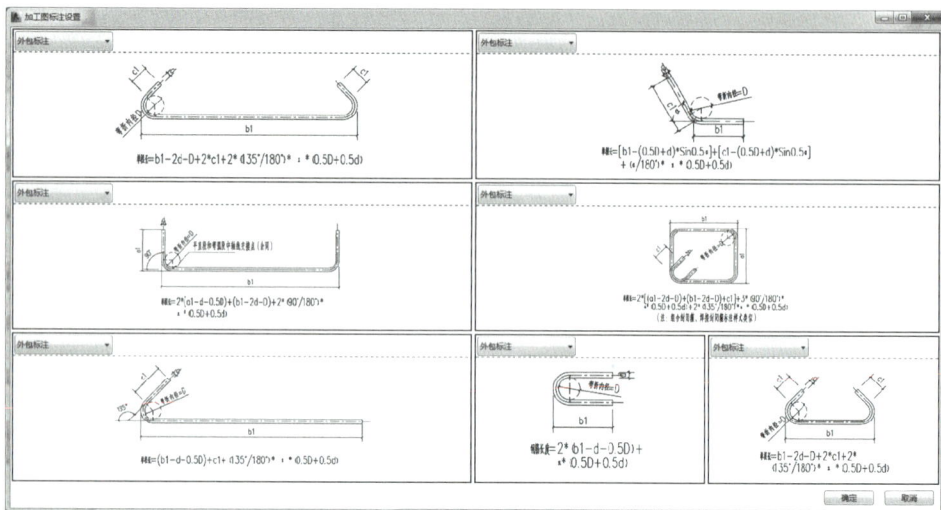

图 3-74　钢筋标注设置

【图纸起始前缀】：可以自定义起始前缀，出图的时候，图纸名称会增加起始前缀并生成 1、2、3……方便用户对图纸进行整理（图 3-75）。

图 3-75　图纸起始前缀

【已出过图的板重新出图】：用于当用户已经对当前项目中的板出过一次图后，对单独或者局部的板做了修改之后，此时可以通过勾选此项，仅对修改的板单独出图即可，用于节约出图时间。

【出图布局设置】：因为不同的设计单位或者厂家对图纸有自己常用的排版格式，在此软件提供对出图布局可以自主灵活调整（可以进行布图的位置的移动，也可以通过拖动增加视口或者选中视口 DELETE 删除视图），如图 3-76 所示。

在此需要注意：出图前先进行【板编号】操作，有助于区分附属构件。

设置完成后，选择出图范围，软件会根据附属构件不同、楼层不同进行出图。如图 3-77 所示。

【补充说明】：出图布局里各个视口的尺寸含义：外面红色的框是固定的，按实际 A1、A2 的尺寸设的（目的方便用户参照），但是里面小框，因为每个构件的尺寸不一样、平面图大小不一样，所以是没有办法做到统一设置出图的尺寸（也就是布局里的尺寸和实际每个构件、Keyplan 出图的尺寸是对不上的）。最终出图的视口大小

　　　　　　　　　　　　　　　　　　　　　装配式建筑构件深化设计

是和实际构件的尺寸关联。故只能作为大致的出图定位以及排版布局用，并不表示和最终出图的视口尺寸一模一样。

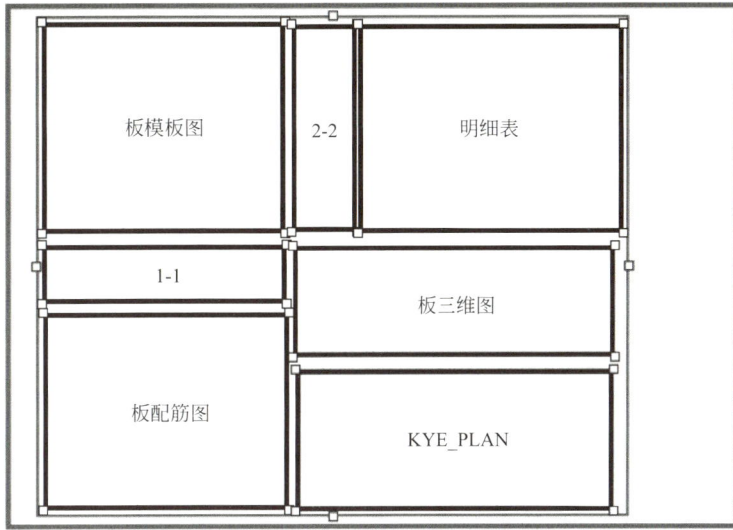

图 3-76　出图布局设置

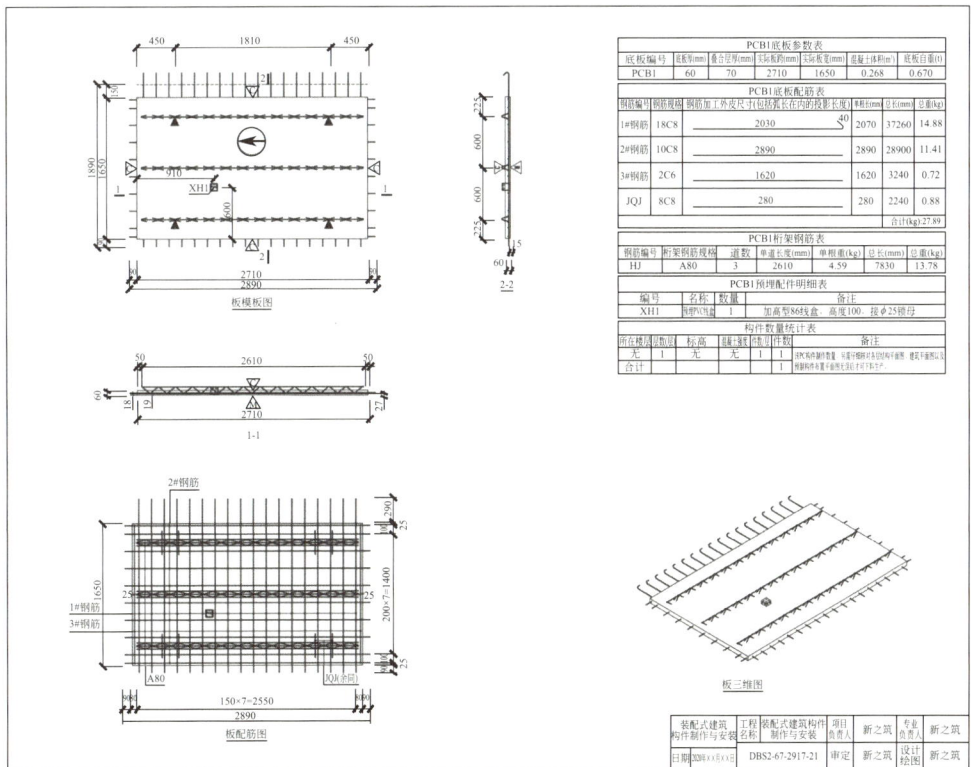

图 3-77　出图

【明细表自定义】：点击明细表自定义，会新增如图 3-78 所示的设置框，可以调节明细表中的文字大小、字体。默认勾选"生成构件数量统计表"，当勾选"明细表精简模式时"，出图中的明细表的重量列都会取消，整体间距会调小。

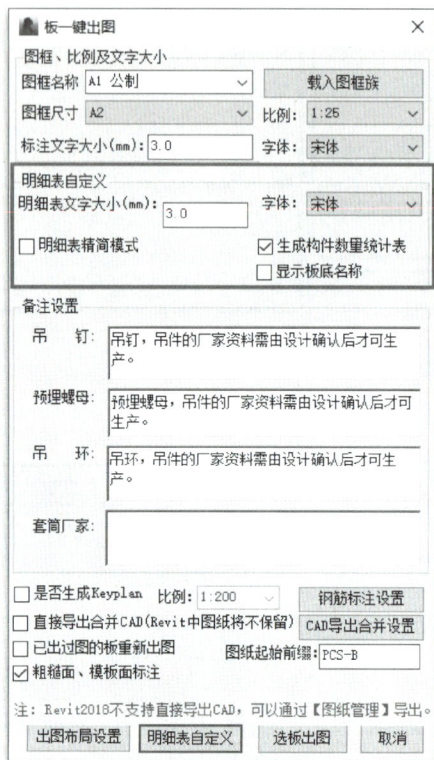

图 3-78　明细表自定义

本章小结

　　本章主要介绍了叠合板的基础知识、叠合板的深化详图识图、叠合板深化设计的原则和内容，以及 BeePC 装配式深化设计软件中关于叠合板深化设计操作方法的简介，让读者在了解叠合板深化设计相关知识的基础上，能够更加准确地利用 BeePC 软件绘制出符合国家规范的叠合板深化设计加工图纸。

　　　　　　　　　　　　　　　　　　　装配式建筑构件深化设计

4

叠合梁的
深化设计

4.1 叠合梁基础知识

4.1.1 叠合梁的概念

叠合梁（图4-1）即为在装配整体式结构中分两次浇捣混凝土的梁。第一次在预制场内进行，做成预制梁；第二次在施工现场进行，当预制楼板搁置在预制梁上之后，再浇捣梁上部的混凝土使楼板和梁连接成整体。叠合梁按受力性能又可分为"一阶段受力叠合梁"和"二阶段受力叠合梁"两类。前者是指施工阶段在预制梁下设有可靠支撑，能保证施工阶段作用的荷载全部传给支撑；后者则是指施工阶段在简支的预制梁下不设支撑，施工阶段的全部荷载完全由预制梁承担。

叠合梁通常与叠合板配合使用，浇筑成整体楼盖。叠合梁具有良好的结构性能和经济效益，是未来混凝土梁体结构的主要发展方向。装配式混凝土整体式建筑可采用框架结构、剪力墙结构、框架－剪力墙结构及框架－核心筒结构体系。本章主要介绍装配式混凝土整体式框架结构体系的叠合梁。

图4-1 叠合梁

4.1.2　叠合梁的优点

叠合梁作为一种结合了整浇式钢筋混凝土梁和装配式钢筋混凝土梁两者优点的结构，具有以下优点：

（1）叠合梁一部分受力构件在 PC 工厂内制造生产的，因此其机械化程度高，构件质量好。

（2）叠合梁的预制部分的模板可以重复使用，在进行现浇部分的施工时的模板和脚手架可以使用预制构件代替，具有省料、省工、省时的特点。

（3）叠合梁根据其各个截面的受力情况使用不同成分和不同构件代替，可以节约水泥用量。

（4）叠合梁由于其使用强度等级较高的钢材，通常不需要设置预应力钢筋，因此其抗裂性能好，同时也节省钢材。

4.1.3　叠合梁的构造要点

（1）叠合梁截面形式

叠合梁预制部分可采用矩形或凹口截面形式。采用叠合梁时，楼板一般采用叠合板，梁、板的后浇层一起浇筑。当板的总厚度不小于梁的后浇层厚度要求时，可采用矩形截面预制梁；当板的总厚度小于梁的后浇层厚度要求时，为增加梁的后浇层厚度，可采用凹口截面预制梁。某些情况为方便施工，预制梁也可采用其他截面形式，如倒 T 形截面或者花篮梁形式。

在装配整体式框架结构中，当采用叠合梁时，框架梁的后浇混凝土叠合层厚度不宜小于 150mm，次梁的后浇混凝土叠合层厚度不宜小于 120mm；当采用凹口截面预制梁时，凹口深度不宜小于 50mm，凹口边厚度不宜小于 60mm。叠合框架梁截面示意图如图 4-2 所示。

（2）叠合梁箍筋形式

叠合梁可采用整体封闭箍筋或组合封闭箍筋的形式。在施工条件允许的情况下，箍筋宜采用闭口箍筋。当采用闭口箍筋不便安装上部纵筋时，可采用组合封闭箍筋，即开口箍筋加箍筋帽的形式（图 4-3）。

抗震等级为一、二级的叠合框架梁的梁端箍筋加密区宜采用整体封闭箍筋。采用组合封闭箍筋的形式时，开口箍筋上方应做成 135° 弯钩；非抗震设计时，弯钩端部平直段长度不应小于 5d（d 为箍筋直径）；抗震设计时，平直段长度不应小于 10d。

现场应采用箍筋帽封闭开口箍，箍筋帽末端应做成 135° 弯钩；非抗震设计时，弯钩端头平直段长度不应小于 5d；抗震设计时，弯钩端头平直段长度不应小于 10d。

图 4-2　叠合梁截面示意
（a）矩形截面预制梁；（b）凹口截面预制梁
1—后浇混凝土叠合层；2—预制梁；3—预制板

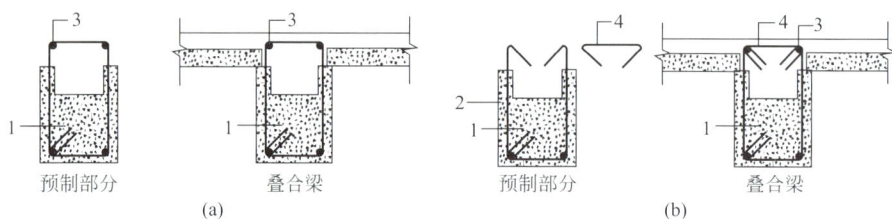

图 4-3　叠合梁箍筋构造示意
（a）采用整体封闭箍筋的叠合梁；（b）采用组合封闭箍筋的叠合梁
1—预制梁；2—开口箍筋；3—上部纵向钢筋；4—箍筋帽

图 4-4　叠合梁连接节点示意
1—预制梁；2—钢筋连接接头；3—后浇段

（3）叠合梁对接连接

叠合梁可采用对接连接，连接处应设置后浇段，后浇段的长度应满足梁下部纵向钢筋连接作业的空间需求；梁下部纵向钢筋在后浇段内宜采用机械连接、套筒灌浆连接或焊接连接；后浇段内的箍筋应加密，箍筋间距不应大于 5d（d 为纵向钢筋直径），且不应大于 100mm。叠合梁连接如图 4-4、图 4-5 所示。

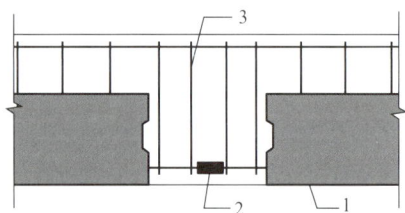

（4）主次梁连接

主梁与次梁采用后浇段连接时，在端部节点处，次梁下部纵向钢筋伸入主梁后浇段内的长度不应小于 12d。次梁上部纵向钢筋应在主梁后浇段内锚固，当采用弯折锚固或锚固板时，锚固直段程度不应小于 0.6l_{ab}；当钢筋应力不大于钢筋强度设计值的 50% 时，锚固直段长度不应小于 0.35l_{ab}；弯折锚固的弯折后直段长度不应小于 12d

　　装配式建筑构件深化设计

（d 为纵向钢筋直径）。在中间节点处，两侧次梁的下部纵向钢筋伸入主梁后浇段内长度不应小于 12d（d 为纵向钢筋直径）；次梁上部纵向钢筋应在现浇层内贯通。主梁与次梁连接节点构造如图 4-6、图 4-7 所示。

图 4-5　叠合梁的拼接

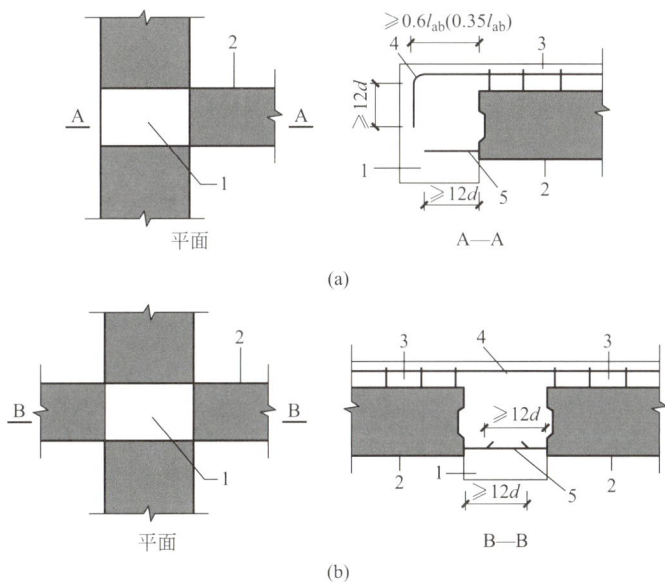

(a)

(b)

图 4-6　主次梁连接节点构造示意

（a）端部节点；（b）中间节点

1—主梁后浇段；2—次梁；3—后浇段混凝土叠合层；4—次梁上部纵向钢筋；5—次梁下部纵向钢筋

（5）叠合梁结合面

叠合梁预制部分与后浇混凝土叠合层之间的结合面设置为粗糙面（预制构件结合面上的凹凸不平或骨料显露的表面），预制梁端面设置键槽，如图 4-8、图 4-9 所示。键槽的尺寸和数量按照《装配式混凝土结构技术规程》JGJ 1—2014 中相关规定计算确定；键槽的深度 t 不宜小于 30mm，宽度 w 不宜小于深度的

图 4-7　主次梁现场连接

4　叠合梁的深化设计

3 倍且不宜大于深度的 10 倍；键槽可贯通截面，当不贯通时槽口距离截面边缘不宜小于 50mm；键槽间距宜等于键槽宽度；键槽端部斜面倾角不宜大于 30°。粗糙面的面积 ≥ 结合面的 80%，预制梁端的粗糙面凹凸深度 ≤ 6mm。

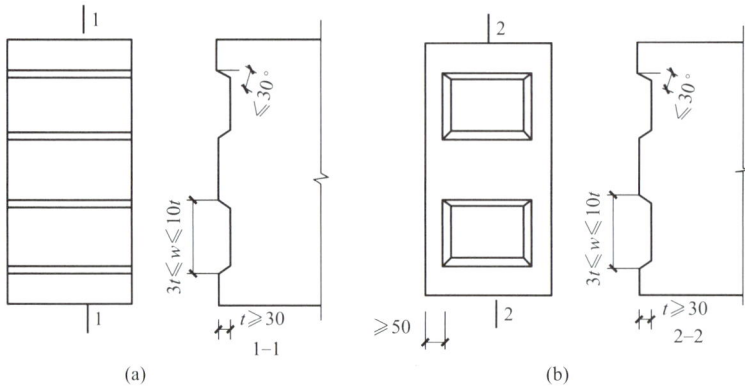

图 4-8 预制梁端键槽构造示意

（a）键槽贯通截面；（b）键槽不贯通截面

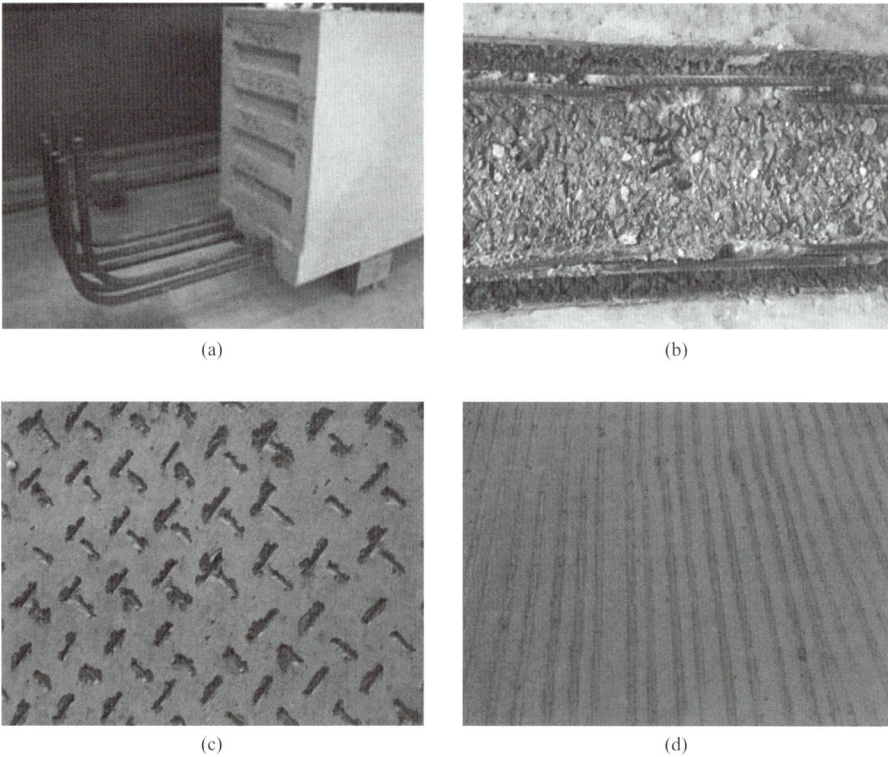

图 4-9 结合面做法

（a）键槽；（b）露骨料粗糙面；（c）刻花粗糙面；（d）拉毛粗糙面

　　　　　　　　装配式建筑构件深化设计

4.2　叠合梁识图

4.2.1　叠合梁的表示方法

（1）叠合梁编号

叠合梁编号由代号和序号组成，表达形式应符合表 4-1 的规定。

叠合梁编号 表 4-1

名称	代号	序号
预制叠合梁	DL	XX

【例】DL1，表示叠合梁编号为 1。

（2）叠合梁表示方法以设计单位或深化设计单位习惯为主，主要是方便表达和理解。

4.3　叠合梁深化设计原则

4.3.1　叠合梁的拆分设计

叠合梁的拆分原则如下：

（1）被拆分的叠合梁宜符合模数协调原则，优化尺寸，减少开模数量，节约成本。

（2）梁与梁、梁与柱连接处构造宜简单可靠，且符合计算简图要求。

（3）被拆分的叠合梁长及自重应加以控制，便于吊装、运输、施工安装。

（4）拆分时应避免设置在预制次梁处，预制主次梁的连接处理复杂。

（5）拆分应全过程基于 BIM 模型进行，在模型中检查并解决钢筋碰撞问题、构件内部钢筋与预埋件碰撞问题等。

叠合梁的拆分位置处宜设置在构件受力最小的地方，拆分时除依据套筒的种类、结构塑性铰位置来确定外，还应考虑生产能力、道路运输、吊装能力以及方便施工。叠合梁拆分位置可以设置在梁端，也可以设置在梁跨中，拆分位置在梁的端部时，梁纵向钢筋套筒连接位置距离柱边不宜小于 1.0h（h 为梁高），并不应小于 0.5h（考虑塑性铰，塑性铰区域内存在套筒连接，不利于塑性铰转动）。图 4-10 所示为框架结构－梁、柱拆分示意。

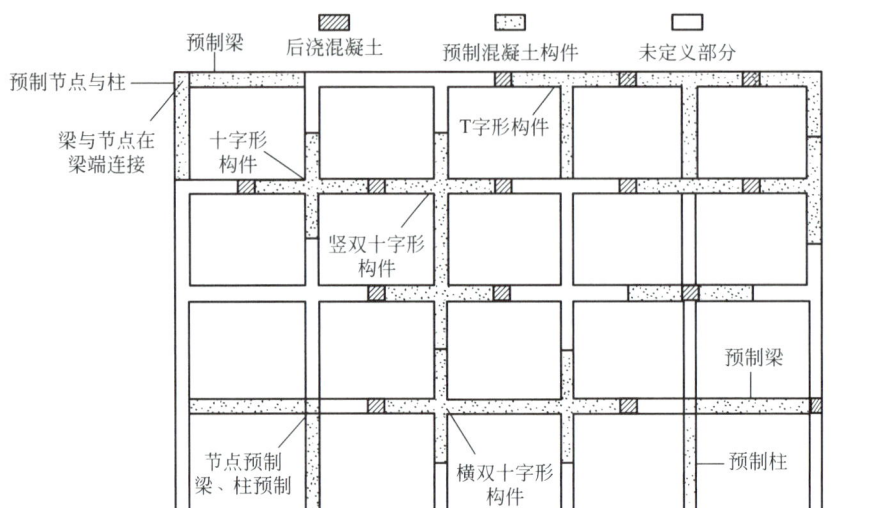

图 4-10　框架结构－梁、柱拆分示意

4.3.2　叠合梁的搭接长度

叠合梁的分割需要考虑运输车辆、起重机械、施工空间以及结构本身的力学性能、构件混凝土保护层厚度等方面的限制。叠合梁分割常见方式为梁—柱结构与梁—梁接头处进行分割（图 4-11），具体要求包括：①主梁跨柱头，搭接长度为 25mm；②主梁跨主梁，搭接长度为 10mm；③次梁跨主梁，搭接长度为 10mm。

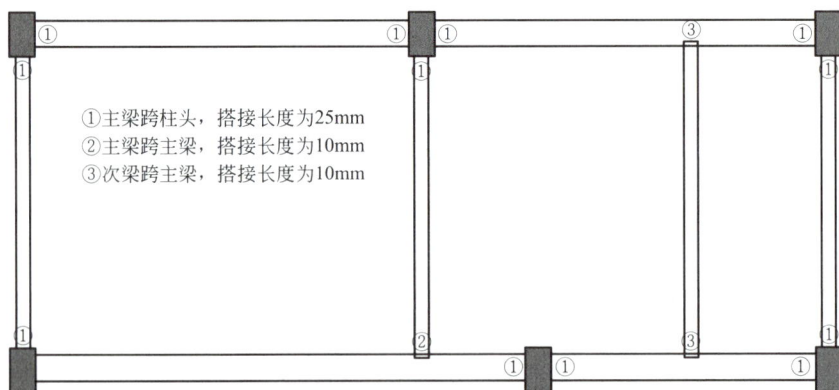

图 4-11　叠合梁分割示意图

　　装配式建筑构件深化设计

当预制构件端部伸入支座放置时，应综合考虑制作偏差、施工安装偏差、标高调整方式和封堵方式等确定 a、b 的数值，a 不宜大于 20mm，b 不宜大于 15mm。如图 4-12 所示。

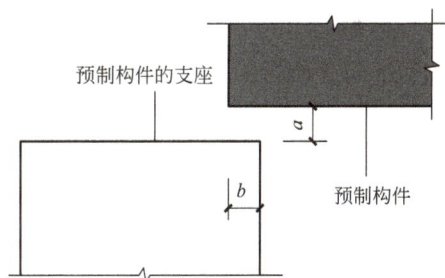

图 4-12　叠合梁端部在支座处放置构造

4.3.3　叠合梁安装布置图

依据结构平面图，按照梁主筋形式，主梁尺寸及埋件的类型，给整个预制工程的梁构件编号，统计梁的数量并绘制梁的安装布置图。梁安装布置图需要标明梁编号，指定布置面并给出数量统计表。同一项目中梁编号的原则应统一，需考虑梁的形状、长度、截面尺寸、配筋及预埋件的类型（图 4-13）。

4.3.4　吊装顺序及支撑布置图

叠合梁在脱模、翻转、运输、安装等各个环节的设计验算是不能忽视的。这主要是由于：①在此阶段叠合梁的受力状态和计算模式经常与使用阶段不同；②叠合梁的混凝土强度等级在此阶段尚未达到设计强度；因此叠合梁的配筋不是使用阶段的设计计算起控制

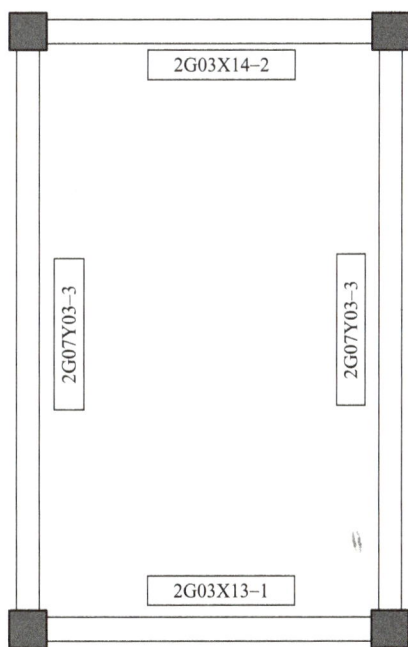

图 4-13　叠合梁安装布置图

作用，而是此阶段的设计计算起控制作用。所以，叠合梁应考虑施工阶段的附加要求，对制作、运输、安装过程中的安全性进行分析。

如图 4-14 所示，编号为①的叠合梁先吊装，编号为②的叠合梁后吊装，叠合梁①底筋在叠合梁②底筋的下面。另外叠合梁在吊装时，为了确保在施工荷载作用下叠合梁的变形满足规范要求且不出现开裂，需要在叠合梁底设置支撑。因此，在深化设计时需要在叠合梁底标出支撑点位置，图中阴影区域即表示支撑点位置。

4.3.5 叠合梁上层钢筋平面布置图

梁上层筋可分为工厂制作和现场制作，为了确保上层筋的配置满足设计及规范的要求，同时，确保上层筋的布置不与柱的纵筋碰撞，需要在深化设计时绘制出梁上层筋平面布置图。梁上层筋平面布置图中，需标出套筒的位置和支座钢筋截断的位置（图 4-15）。

4.3.6 叠合梁详图

可以根据具体情况将叠合梁模板图与配筋图合并在一张详图中完成。原因如下：①模板图与钢筋图中有重复表达的内容，增加设计人员的工作量；②一处图纸中修改，

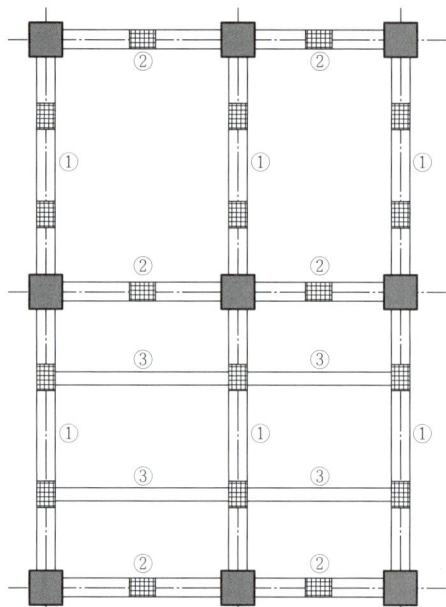

图 4-14 叠合梁吊装及支撑布置示意

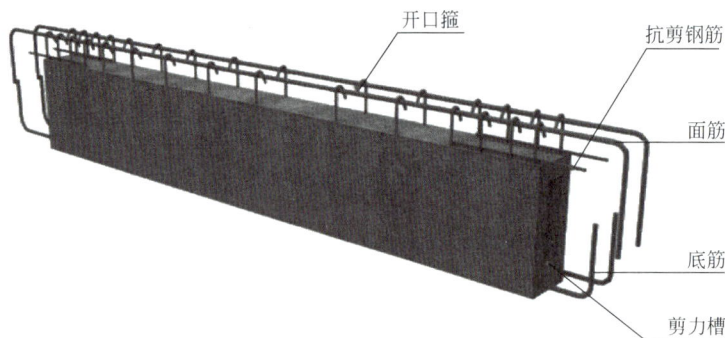

图 4-15 叠合梁上层钢筋构造示意

设计人员需要修改对应的模板图、钢筋图等，图纸过多容易造成漏改；③图纸量大大增加，不便于现场施工人员翻阅；④校核人员在校核图纸时，需要同时看施工配筋图、模板图、钢筋图等，容易出错；⑤工厂工人绑扎钢筋及布置埋件时，需要同时看模板图、钢筋图，看图不方便，容易看错图纸。

详图中需要表达的内容主要有：

（1）构件的轮廓。

（2）埋件的示意图及埋件的编号或名称。

（3）构件的尺寸标注及埋件的定位标注。

（4）下层筋的形状（双线图），下层筋定位标注、尺寸标注及编号。

（5）上层筋的形状（双线图），上层筋的编号。

（6）箍筋的形状（双线图），箍筋的定位标注及编号。

4.4 叠合梁深化设计操作（图4-16）

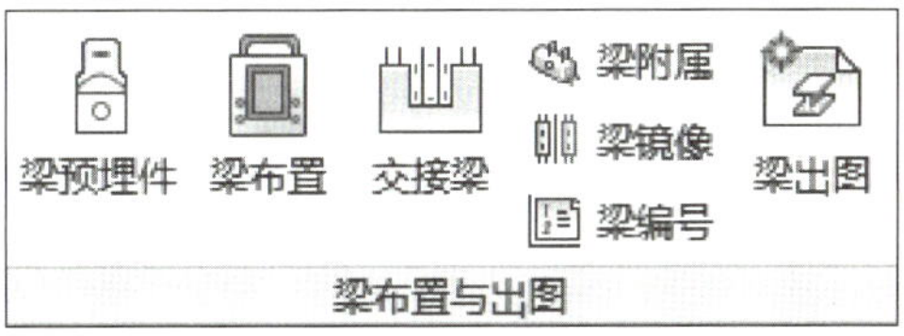

图4-16 梁布置与出图

4.4.1 梁预埋件（图4-17）

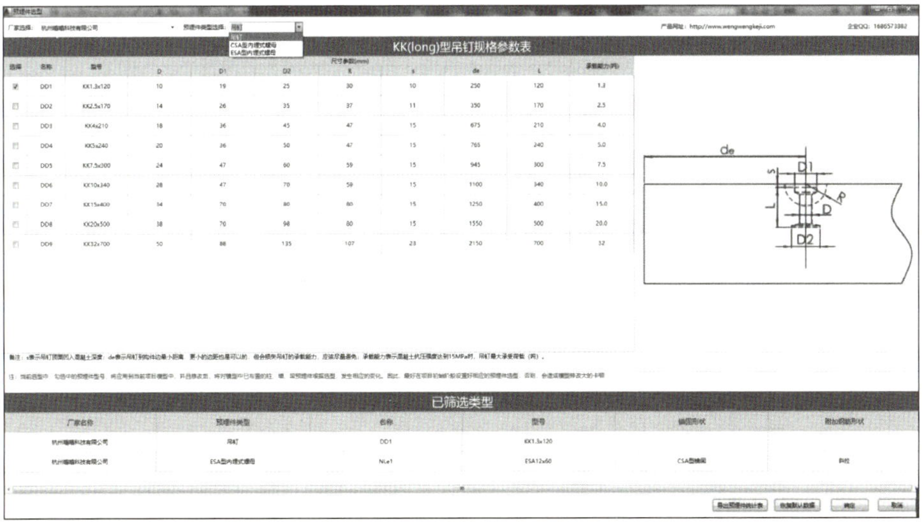

图4-17 梁预埋件

【预埋件类型选择】：有吊钉、ESA型内埋式螺母、CSA型内埋式螺母三种，用户可以选择所需要的埋件类型。勾选的类型会出现在下方："已筛选类型"列表中。

当选择吊钉时：

每种型号的D、D1、D2、R、s、de、L、承载能力的对应值都可以修改（表4-2）。

KK（long）型吊钉规格参数表　　　　表 4-2

选择	名称	型号	尺寸参数（mm）							
			D	D1	D2	R	s	de	L	承载能力(吨)
☑	DD1	KK1.3×120	10	19	25	30	10	250	120	1.3
☐	DD2	KK2.5×170	14	26	35	37	11	350	170	2.5
☐	DD3	KK4×210	18	36	45	47	15	675	210	4.0
☐	DD4	KK5×240	20	36	50	47	15	765	240	5.0
☐	DD5	KK7.5×300	24	47	60	59	15	945	300	7.5
☐	DD6	KK10×340	28	47	70	59	15	1100	340	10.0
☐	DD7	KK15×400	34	70	80	80	15	1250	400	15.0
☐	DD8	KK20×500	38	70	98	80	15	1550	500	20.0
☐	DD9	KK32×700	50	88	135	107	23	2150	700	32

当选择 CSA 型内埋式螺母、ESA 型内埋式螺母时，Rd，ϕD，e，ϕf，h，起吊平面 0° ≤β≤ 45°，ods（mm）、dBr（mm）、L（mm）对应值都可以修改。

4.4.2　梁布置（图 4-18）

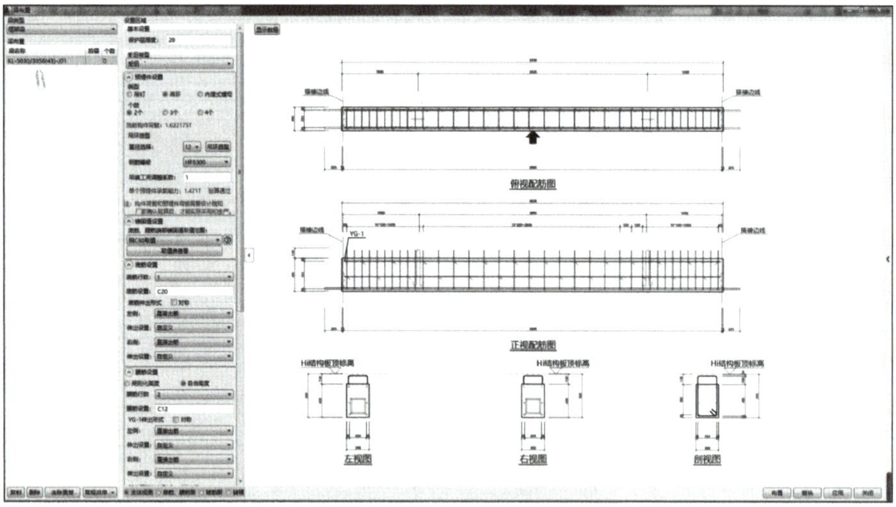

图 4-18　梁布置

【梁类型】：下拉分为“框架梁”和“次梁”，后续会增加“连梁”；切换不同的“梁类型”时，下方“梁名称”的前缀 KL、L 会对应切换；另外设置区域的一些关联的参数设置和下拉选项会有相应变化，都是随梁类型按规范要求变化，如底筋、腰筋出筋方式，平直段伸出长度 l_{aE} 和 l_a，箍筋拉筋末端弯钩构造等。

【梁名称】（表4-3）：

梁名称 表4-3

梁名称	后缀	个数
KL-5000/3056（43）-J01		3
KL-5000/3056（43）-J01	a	0
KL-5000/3056（43）-J01	b	0
KL-5000/3056（43）-J01	R	1
KL-5000/3056（43）-J01	C	1
KL-5000/3056（43）-J01	d	0

梁名称的命名格式为：KL/L 按前面"梁类型"对应；图中代号所示：5000 为梁的名义全长；30 为梁实际宽度，以厘米表示，表示300mm 宽度；56 为梁的整高，以厘米表示，表示560mm 高度；（43）为预制梁的高度，以厘米表示，用括号划分，如（43），表示预制梁的高度为430mm；J01 只要是梁名称相同的梁，右边参数设置有不一样就自动往上 +1，如 J02，在实际操作中需要用户先复制一个梁；"后缀"这一列是当梁名称相同时，但实际上梁的尺寸是有小数的差别时，会自动生成 a、b、c 等后缀以区分；"个数"为当前模型中该种梁类型的实例个数，方便用户判断该种梁类型是否有布置，布置的个数，修改会影响多个等情况；同时用户选中某个梁类型，当前模型中的该种梁类型的实例都会被选中亮显，方便用户查看定位（图4-19）。

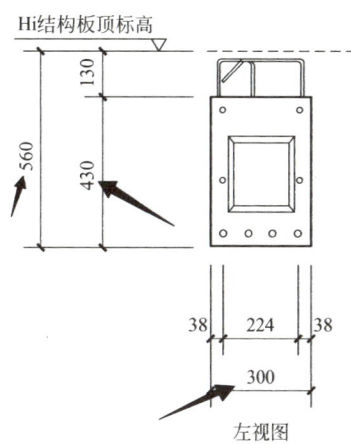

图4-19 梁类型实例

当前界面可以不退出命令，在画布中用户若修改了上述尺寸标注，对应的梁名称会自动匹配变化。

【复制】：选中一个梁类型，会复制生成另一个；梁的复制默认为后缀加 a、b、c 等。

注：当复制后的构件参数梁的尺寸没有变，而右侧参数设置里的参数有变化时，则 J01，02 会自动变化，而后缀 a、b、c 取消；右侧参数设置没有变化而梁尺寸有变化则分两种情况，梁名称没变实际尺寸有差别，后缀 a、b、c 保留；梁名称有变化

则后缀取消。

【删除】：可以删除个数为 0 的梁类型，已经有布置了的梁类型，不能删除。

【去除重复】：对不同的名称的梁，但里面实际的设置一模一样时，可以不必要分开类型并去出图，点此按钮，可以合并为一个命名最为合适简单的其中的一种梁类型。

【常规排序 / 名称排序】：默认为常规排序，为用建模的时候先后顺序；但模型里面类型比较多时，可以用名称排序去，将名称比较接近的类型排在附近。

【设置区域】：如图 4-20 所示，设置区域可以切换为多个不同的视图，而不同视图上，用户可以去修改蓝色的标注结合左列的参数设置，去直观的修改梁参数；用户可以右键鼠标手势向左、向右切换视图，下左撤回上一步，下右关闭画布；另外类似 Revit 中，鼠标中键双击充满画布，按住鼠标中间移动画布。

图 4-20　切换视图

【保护层厚度】：默认为 20，用户可以自行修改。

【受扭类型】：下拉可以选择"受扭"和"非受扭"；默认"箍筋及拉筋末端弯钩构造"受扭时按 135° max（10d，75），非受扭时按 135° 5d 设置。

【吊装埋件设置】：如图 4-21 所示。"埋件个数"目前用 2、3、4 个内置埋件个数；"埋件类型"目前内置吊钉、吊环、预埋螺母；选择不同的埋件个数和类型时，可以在右侧的预览图相应变化，默认吊点距边侧为梁长的 1/5 左右，且以 50、100 的数字结尾，避免有小数；当梁的长度有变化时，吊点的长度会自动按梁长的 1/5 变化。当选择为"吊环"时，"吊环"直径可修改，以满足不同梁荷载的要求；支持验算当前构件荷载和单个预埋件承载能力。

【锚固值设置】：如图 4-22、图 4-23 所示。

此处的问号展开后，会提示此处的混凝土强度只是用来锚固值取值依据；为的是工厂统一生产时，为了效率生产，有时会选择该幢楼的最低等级的混凝土强度的要求的锚固值来生产钢筋；比如某幢楼仅 2、3 层为 C35，其他都为 C30；工厂统一锚固值取值为 C30；而不用将 2、3 层的分开生产，特别是梁的主体尺寸都一致，仅钢筋锚固值不同时；点击"显示表格"，会显示各种情况的锚固长度的规范表格，表格数据参照《混凝土结构施工图平面整体表示方法制图规则和构造详图》22G101。

【底筋设置】：设置的参数结合画布中的标注参数修改，可以修改梁底筋行数、列数、间距、直径、避筋方式、避筋距离、底筋伸出方式和伸出长度等。

　　　·　　　　·　　　　装配式建筑构件深化设计

图 4-21　吊装预埋件设置

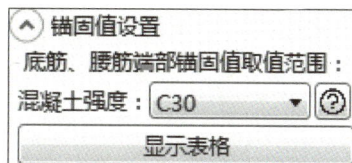

图 4-22　锚固值设置

图 4-23　提示

【底筋行数】：支持 1、2、3、4 行数；可在左视图中去设置行距；如图 4-24 所示。

【底筋列数】：需要在底筋、腰筋图中设置，可手动设置列间距，如图 4-25 所示。

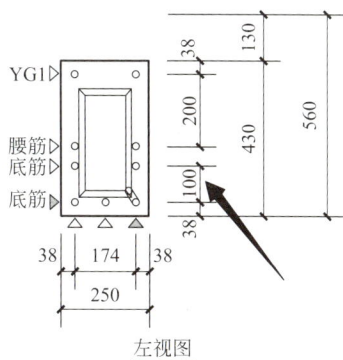

图 4-24　底筋行数

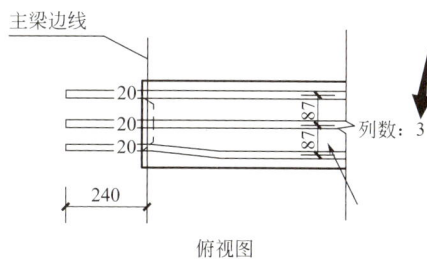

图 4-25　底筋列数

点击如图 4-26 所示的三角箭头，俯视图会发生相应的变化，可以修改此剖面处钢筋参数。

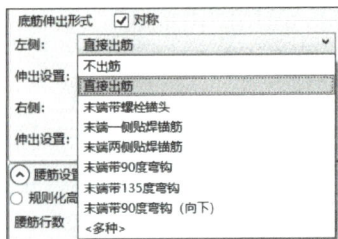

图 4-26　修改参数

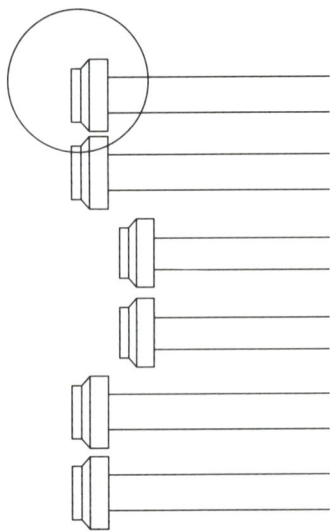

图 4-27　底筋设置

【底筋设置】：可以输入 C20，主要设置底筋的钢筋等级和钢筋直径。其中 A、B、C、D 分别为 HPB300、HRB335、HRB400、HRB500；20 为底筋直径。

注：此处的直径设置为对所有底筋的直径统一设置，主要是为了方便批量修改；在画布图 4-27 中可以对单根（单选）、多根（可多点选，也可在左视图框选）去随意选择，并在俯视和正视图上会亮显直径并可以修改；默认每排底筋最多支持两种不同的钢筋直径。当有多种直径时，在"底筋设置"中的 C20 输入处则显示为 <多种>。

【底筋伸出形式】：梁的左右如果避筋和伸出形式、伸出长度等一致时，可以勾选上"对称"；并以左侧设置为基准，不勾选"对称"则分别左、右设置；而伸出形式有多种如图，端锚板的大小会根据钢筋直径变化。在梁"受扭"、"非受扭"时或"框架梁"与"次梁"的选择不同时，下拉的底筋伸出方式也会

装配式建筑构件深化设计

不同；端锚板的大小会根据钢筋直径变化。

【底筋伸出设置】：主要设置底筋伸出长度的设置，如图4-28所示。根据受扭、非受扭和梁类型会有所变化，而选择自定义时，则在画布中俯视图可以手动修改尺寸，如图4-29。

图4-28　底筋伸出设置

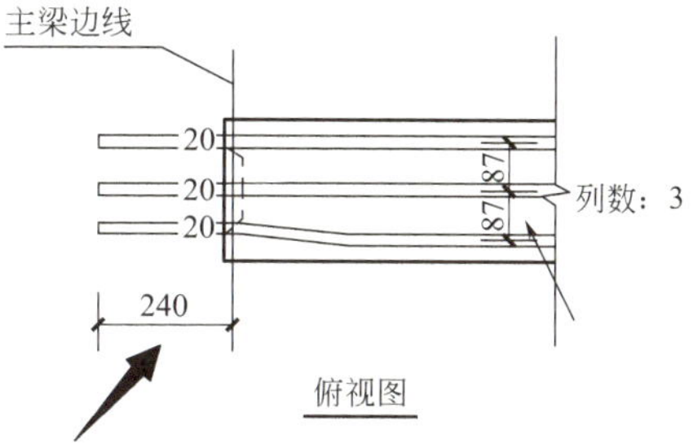

图4-29　修改尺寸

【底筋避筋】：在俯视图中可以水平向设置避筋距离，在正视图中可以竖向设置避筋距离，如图4-30所示。避筋的距离可以输入正数和负数，代表的是避筋的方向。

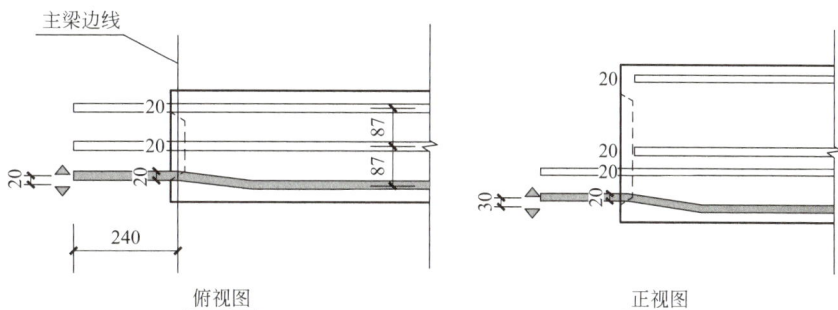

图4-30　底筋避筋

【腰筋设置】：腰筋里面分为两种腰筋，一种为YG-1，此构造腰筋主要是梁顶部用来吊装时防止梁顶开裂设置的构造腰筋，默认不伸出梁端；剩下的腰筋为另一种，受扭时为受扭腰筋，非受扭时为构造腰筋；在出图时会分开标注；因此如图4-31所示，YG-1与其他腰筋分开设置伸出形式和伸出长度。

"对称"、YG-1、其他腰筋的伸出形式、伸出长度设置等功能和上述底筋的效果一致；只是具体的内容根据各自钢筋类型特性有所不同。

注：腰筋设置里面有个"规则化高度"设置，主要是根据底筋（如有多排底筋，则是底筋中心开始）至预制梁顶的 H_w 来自动计算要几排腰筋，并且腰筋间距要求小于200。"自由高度"则可以设置腰筋行数和腰筋间距，方便用户自由调整。

【箍筋/拉筋设置】：里面的参数设置和画布中的尺寸标注结合可以用来设置箍

图 4-31　腰筋设置

筋的具体钢筋等级、钢筋直径、箍筋加密类型、箍筋封闭形式、箍筋肢数、箍筋、拉筋末端弯钩要求等。

【箍筋、拉筋设置】可以输入 C8，主要设置底筋的钢筋等级和钢筋直径。其中 A、C、D 分别为 HPB300、HRB400、HRB500；8 为箍筋及拉筋直径。

【箍筋加密类型】：下拉 　　　　　　　　　　，可以选择设置箍筋的加密类型。

而具体的左右侧的加密长度和加密间距等可以在画布的"正视配筋图"中去具体直观设置；而中间的非加密区的长度为除去加密区剩下的部分，非加密区的间距也可以设置。

注：非加密区的右侧最后两个会以均分的形式标注表达。

【箍筋封闭形式】：可以选择"非加密区封闭形式"或"加密区封闭形式"下拉，

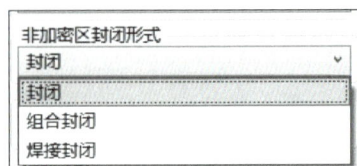

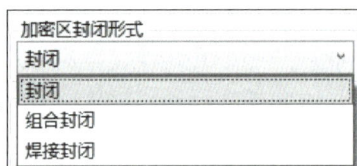

 及 不同的箍筋封闭形式，画布中的箍筋样式会发生变化，从而支持用户不同的箍筋样式要求。

【箍筋肢数】：可以选择 2、3、4；箍筋图中会相应的变化箍的肢数，点击中间的当箍肢数大于 2 肢时，中间的肢箍上方会出现红色方向三角箭头，并且可以点击三角箭头移动中间的肢箍；如图 4-32 所示。

注：中间的肢箍约束在下方的底筋位置上，所以移动只能根据底筋的位置变化；另外当肢数为 3 肢时，用户可以点击"转向"（出现在中间肢箍的中间端），箍筋的方向会反向。

【箍筋、拉筋末端弯钩要求】：当为框架梁时，弯钩角度都为 135°，弯钩长度为 max（10d，75）；当为次梁类型并且"非受扭"时则弯钩角度为 135°，弯钩长度为 5d。

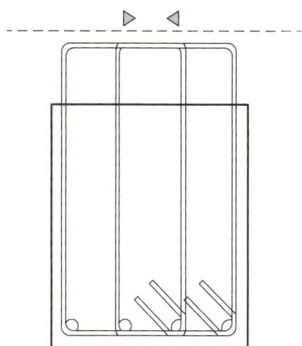

图 4-32　箍筋肢数

【材质设置】：对梁主体、底筋、腰筋、箍 / 拉筋等分开进行材质设置。

【布置】点击布置，用户切换到绘图区域，去布置梁。当已经有该类型的梁布置的话，会出现如图 4-33 的提示，因为用户很容易在原来的梁类型上去修改梁的具体参数来布置下一种梁，但往往忘了先复制出来；所以有如上图的提示确认；当确实是对当前梁作修改则会把该梁类型下的所有的梁实例都覆盖修改，并进行下一个修改；取消则返回画布，不进行布置。

【替换】：当点击"替换"，如果选中的梁当前有多个实例时，会弹出如图 4-34 提示：原理和布置的类似，确认后，需要用户去项目中选择一个梁实例去替换；取消则返回界面。

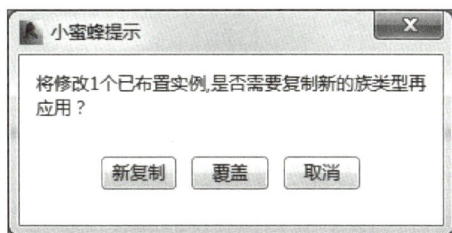

图 4-33　布置提示

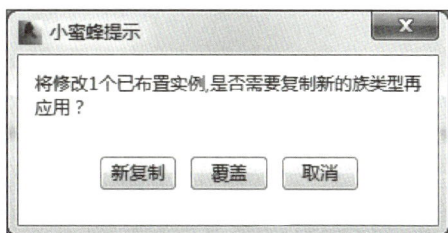

图 4-34　替换提示

【应用】：用于修改参数后，应用到当前梁的族类型，不进行其他布置、替换等操作。

【关闭】：关闭当前界面，也可以在鼠标激活界面时，按 Esc 关闭界面；当有参数修改时，会弹出如图 4-35 所示，提示是否保存当前修改；放置用户修改了参数后没有

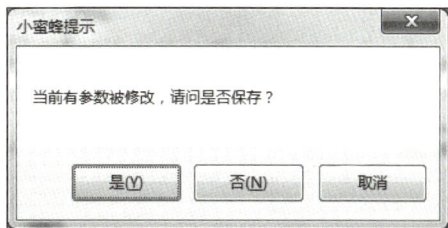

图 4-35　关闭提示

保存或误修改参数后可以不点击保存。

注：点击切换梁名称时，如果当前梁类型参数有修改过，会弹窗提示如图 4-36 所示，确认应用或不应用后继续切换；另外在参数修改后，画布下方会出现哪些参数修改的提示，如图 4-37 所示，以方便用户知道哪些会发生修改。

图 4-36　切换提示

左视图

提示
1：梁宽：300->350
2：梁高：660->680
3：CH：248.5->258.5
4：CH-34：214.5->224.5
5：CH右：248.5->258.5
6：CH-34右：214.5->224.5
7：0底筋间距01：224->274
8：1底筋间距01：224->274
9：2底筋间距01：224->274
10：3底筋间距01：224->274

图 4-37　参数修改提示

4.4.3　交接梁（图 4-38）

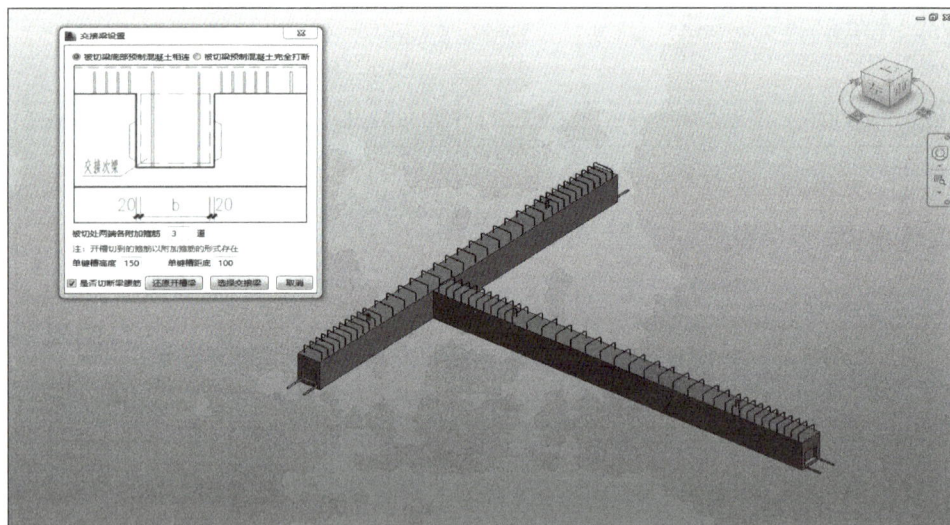

图 4-38　交接梁

当两个梁彼此相交时，可进行交接梁的开槽。最多支持一根梁上开三个槽。

操作步骤：布置两根相交梁之后→点击交接梁→设置参数，选择交接梁→先选主梁、后选次梁。

装配式建筑构件深化设计

4.4.4 梁附属构件（图4-39）

【操作步骤】：点击命令弹出界面，点击"进入画布模式"，选择一个梁实例，会弹出梁的俯视配筋图和正视配筋图的画布，如图4-40所示。

其中内置了"预埋管道套管"和"预埋线管套管"，两种套管又分别内置PVC和镀锌钢套管两种材质；另外每个下拉菜单的类型根据公称直径的不同，分为多个常用公称直径的类型。

【预埋管道套管】：点击预埋管道套管，会在画布上的正视配筋图上出现可以随鼠标移动布置的预览，如图4-41所示。

点击可以布置预埋管道套管，同时在正视配筋图和俯视配筋图都有相应效果。管道的预埋套管只能在正视配筋图修改具体的定位（点选中套管，右键取消选中状态），而线管的预埋套管只能在俯视配筋图中去布置和修改具体定位。

【应用到类型】：点击"应用到类型"，会把该种梁

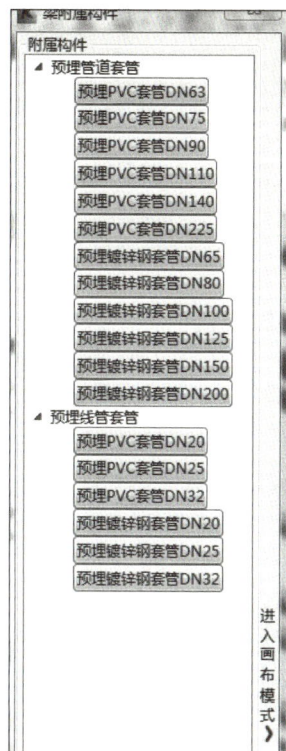

图4-39 梁附属构件

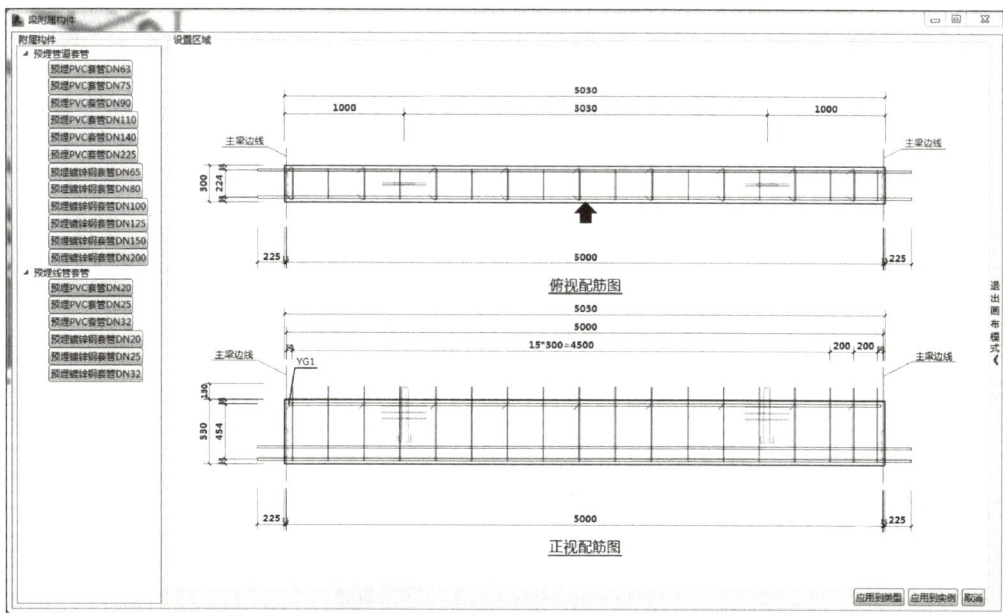

图4-40 点击"进入画布模式"

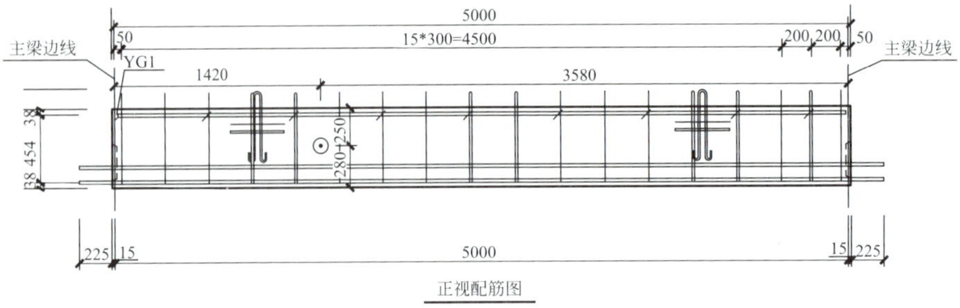

图 4-41　预埋管道套管

上的附属构件应用到所有该种梁的实例中去；方便用户如果该种梁都相同时的效率操作。

【应用到实例】：点击"应用到实例"，会把该种梁上的附属构件应用到所选梁的实例中，其他的该种梁类型的实例没有变化。

注：在梁的附属构件画布中，原来的梁的很多可以修改的蓝色参数会变成黑色，因为在附属构件中主要还是侧重附属构件的布置和定位。

4.4.5　梁镜像

【操作步骤】：点击命令，左下角提示"请选择需要镜像的预制梁"，去选择需要镜像的梁；选择完成后（可以用来整体镜像，比如镜像的户型，梁上的附属构件也会一同镜像），去点击左上角的"完成"按钮，完成选择后，需要用户去选择一个线（可以是 CAD 的底图或模型的边缘线，轴线），支持左右镜像和上下镜像。

注：镜像后的构件的安装方向不发生镜像，这样方便出图、生产和施工吊装时统一方向。

左右镜像需要判断的参数和值如下：

（1）底筋、腰筋伸出形式、伸出长度；

（2）底筋、腰筋的钢筋等级、钢筋直径；

（3）底筋、腰筋的避筋方式；

（4）吊点的位置参数；

（5）箍筋的加密类型。

上下镜像要判断的参数和值如下：

（1）箍筋肢数及箍筋在底筋上的相对位置；如图 4-42 所示。3 肢箍时，箍筋方向会镜像，防止箍筋间的碰撞；4 肢箍时，方向不变；

　装配式建筑构件深化设计

（2）底筋、腰筋伸出形式、伸出长度；

（3）底筋、腰筋的钢筋等级、钢筋直径；

（4）底筋、腰筋的避筋方式；

（5）键槽的 CB 参数（距边）。

以上参数，只要是不对称的，都需要左右或上下对称设置参数。

注：①镜像时，如果原本构件完全对称，则命名不变，直接复制；如果不对称，命名往右镜像梁类型后缀加 R，向左加 L，向上加 U，向下加 D；如果已经有带 R 的，再往右镜像，会自动用之前已经布置过的原来的梁类型；带 R 的往上镜像，则为 RU（图 4-43）。②箍筋非加密区最右边剩下的两道箍筋是均分的，镜像时不做镜像。

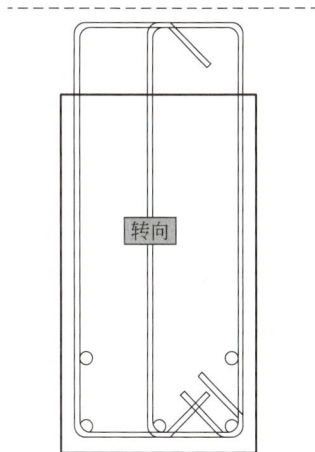

图 4-42　相对位置

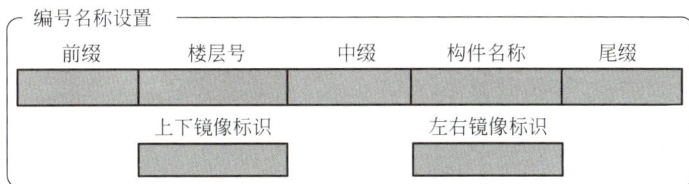

图 4-43　编号名称设置

4.4.6　梁编号（图 4-44）

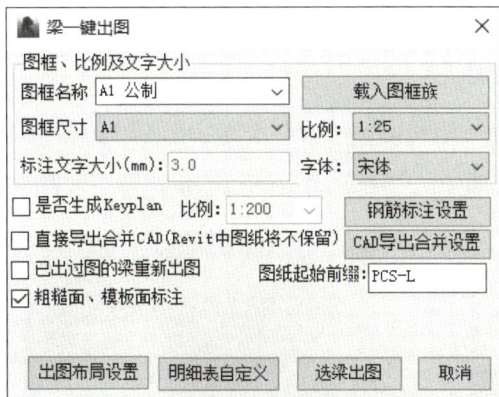

图 4-44　梁一键出图

先"左右"，后"上下"如图 4-45 所示。

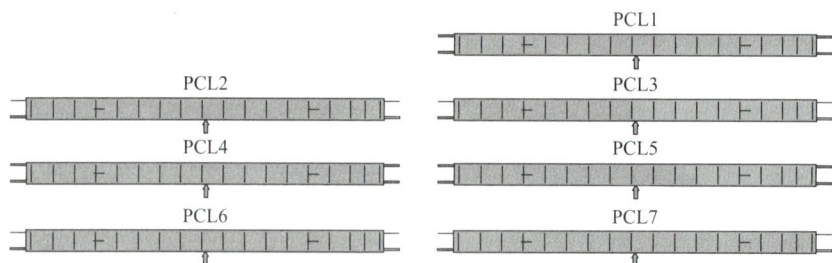

图 4-45　先"左右"后"上下"

先"上下"，后"左右"如图 4-46 所示。

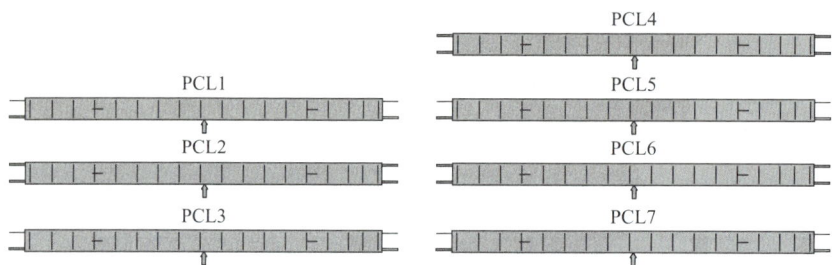

图 4-46　先"上下"后"左右"

【傻瓜式编号】：选择傻瓜式编号进行编号时，编号以 PCL1、PCL2 形式一直往下排列，完全相同的梁编号相同，出图在一张图纸里（会统计个数），出图还是按类型出图。

【一构件一号一图纸】：选择该种编号方式进行编号时，每堵墙的标号都不相同，都是唯一的。相同的墙，编号以 PCL1-1/2、PCL1-2/2 分数的形式表达，出图时每根梁都会出一张图纸。现编号中的分母为当层相同梁的总数，建议在名称自定义中增加楼层前缀。

标记的设置分为单行和两行（两行时重量会单独成一行），并且支持不同形式的标记；单行的预览样式如图 4-47 所示，两行的预览样式如图 4-48 所示。

图 4-47　单行的预览样式

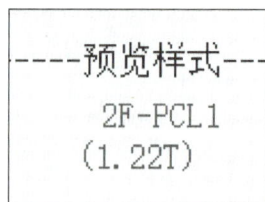

图 4-48　两行的预览样式

4.4.7 梁出图

【操作步骤】：点击命令，弹出界面，如图 4-49 所示。

【图框名称】：下拉可以选择当前项目中载入的图框族，点击右边的"载入"，用户可以自由去载入需要的图框。

【图框尺寸】：下拉可以选择对应匹配的图框尺寸（图 4-50），出图布局也会自动联动变化。

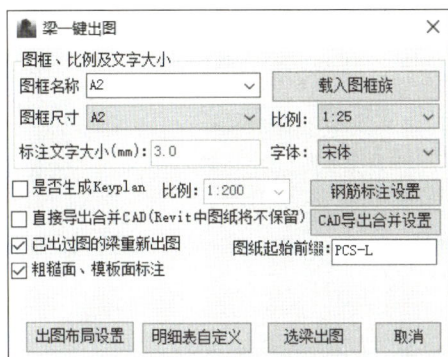

图 4-49　梁出图界面

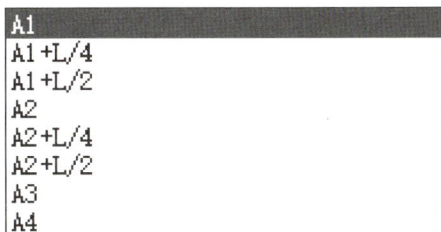

图 4-50　图框尺寸

【图纸起始前缀】：可以自定义起始前缀，出图的时候，图纸名称会增加起始前缀并生成 1、2、3……方便用户对图纸进行整理。

【已出过图的梁重新出图】：设置此项的原因是，在出图时，会向梁构件植入程序出图需要判断的属性，如果用户在出完图后，只是修改了某个梁的少数参数时（特别是没有修改附属构件的位置和个数、种类时），可以只针对修改过的梁去出图；但如果修改的梁种类或附属构件有相关变化时，需要勾选对已出过图的梁重新出图（重新植入相关参数），主要是附属构件变化或梁的位置等变化时，梁的编号和梁的后缀F1、F2 等会发生一定的变化。

注：出图建议在项目完全完成之后再完整出图。中间过程需要出图效果的查看，最后则勾选"已出过图的梁重新出图"这样最为准确。

【出图布局设置】：如图 4-51 所示。点击，根据所选择的图纸的大小，左侧是项目中的可以一键生成的视图，用户可以点视图或点击右侧视图中的框及文字，可以移动视口的具体位置，以及框的大小等；点击保存后，后面的梁出图会根据设置，排布视图出图。

【选梁出图】：点击按钮，用户选择需要出图的梁，可以单选、多选和框选，也可以在三维图中框选整个当前的项目去出图；出图时，会整个项目去判断，图纸的名称则是按编号里面除去前缀的命名。

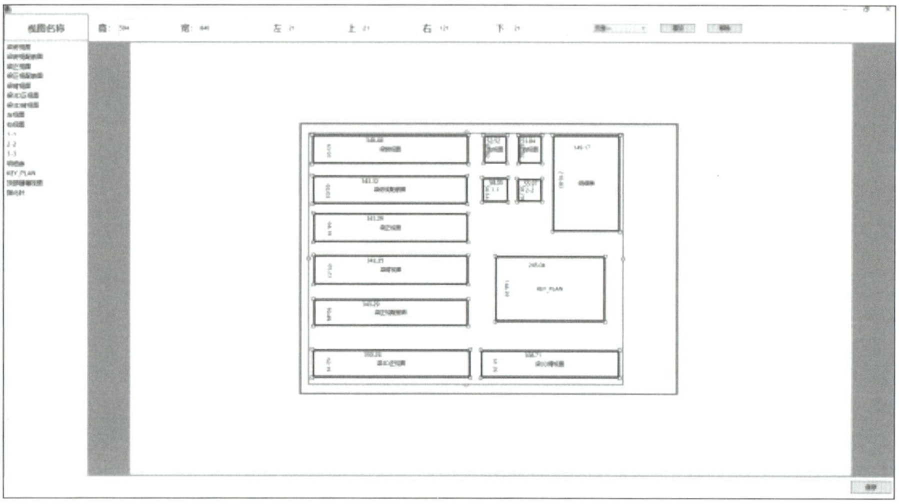

图 4-51　梁出图布置设置

注：当用户分楼层分模型建模时，出图的编号只会根据当前层去编号判断和出图；会在混凝土强度的明细表里有该板的所属楼层。这样就是严格按楼层分开统计出图了。

出图布局中，3-3 剖面，仅针对交接梁时才生成，普通梁默认不生成。1-1 剖面用于定位梁底筋，2-2 剖面用于定位梁腰筋。

本章小结

　　本章主要介绍了叠合梁的基础知识、叠合梁的深化详图识图、叠合梁深化设计的原则和内容，以及BeePC装配式深化设计软件中关于叠合梁深化设计操作方法的简介，让读者在了解叠合梁深化设计相关知识的基础上，能够更加准确地利用BeePC软件绘制出符合国家规范的叠合梁深化设计加工图纸。

　　　　　　　　装配式建筑构件深化设计

5.1 预制柱基础知识

5.1.1 预制柱的概念和特点

预制混凝土柱（图5-1）是指在预制工厂预先按设计规定尺寸制做好模板，然后浇筑成型，通过现场装配的混凝土柱。

图5-1 预制柱

装配整体式框架结构中，一般部位的框架柱采用预制柱，重要或关键部位的框架柱应现浇，如穿层柱、跃层柱、斜柱、高层框架结构中地下室部分及首层柱。

预制柱以工厂化生产，通过现场装配的方式，作为装配式建筑的主要预制承重构件，对保证结构的刚度和整体性具有关键作用。现阶段预制框架柱，通常是通过预埋于柱底内的钢筋灌浆套筒注入无收缩灌浆料拌合物，通过拌合物硬化形成整体并实现传力，使得上下层主筋对接连接，改善了其整体性和抗震性能。按照截面形式分为普通柱和带袖板柱（柱子两侧伸出的翼缘称为袖板，用于围成窗洞）。

5.1.2 预制柱的优点

预制柱依据其解决的技术问题划分，主要有三大优点。

（1）提升施工效率。设置榫槽结构快速定位，钢骨架或内置钢结构伸出柱体以便采用螺栓连接等，能够更方便、快速地与相邻构件组装连接；其中借鉴现浇混凝土柱的钢筋布置，通过对设连接钢筋和预留的灌浆通道的方式提高连接强度，同时避免现场支模，施工更加方便快捷。灌浆套筒预制柱施工如图 5-2 所示。

图 5-2　灌浆套筒预制柱施工

（2）改善受力性能。用型钢柱体中的钢筋，使用高强混凝土替代普通混凝土，改变关键截面的形状以提高惯性矩，加强连接部位的强度等，在空间结构不变的情况下提高承载力或提高主体受力的整体性。

（3）提高经济效益。优化结构设计节约材料，采用成本更低或更环保的材料替代骨架材料等，在保证施工要求和受力安全的情况下，降低生产成本、安装成本或节约原材料等。

5.1.3 预制柱的构造要点

预制柱的设计应满足现行国家标准《混凝土结构设计标准（2024 年版）》GB/T 50010—2010 的要求，并应符合下列规定：

（1）截面要求：矩形柱截面边长不宜小于 400mm，圆形截面柱直径不宜小于 450mm，且不宜小于同方向梁宽的 1.5 倍。

（2）纵筋要求：柱纵向受力钢筋直径不宜小于 20mm，纵向受力钢筋的间距不宜大于 200mm 且不应大于 400mm。柱的纵向受力钢筋可集中于四角配置且宜对称布置。柱中可设置纵向辅助钢筋且直径不宜小于 12mm 和箍筋直径；当正截面承载力计算不计入纵向辅助钢筋时，纵向辅助钢筋可不伸入框架节点（图 5-3）。

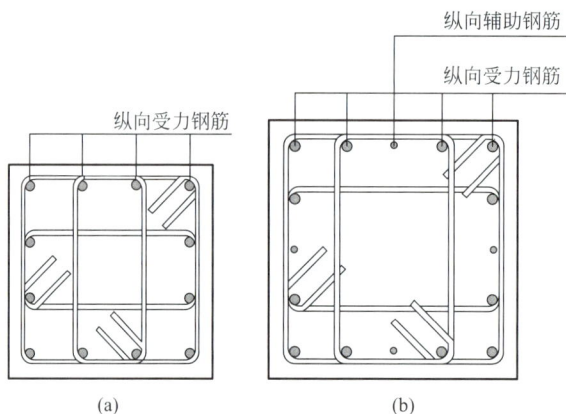

图 5-3 柱配筋平面示意

（a）纵筋均匀布置；（b）纵筋集中于四角

（3）箍筋要求：预制柱箍筋可采用连续复合箍筋。

柱纵向受力钢筋在柱底连接时，柱箍筋加密区长度不应小于纵向受力钢筋连接区域长度与 500mm 之和；当采用套筒灌浆连接或浆锚搭接连接等方式时，套筒或搭接段上端第一道箍筋距离套筒或搭接段顶部不应大于 50mm（图 5-4）。

当上、下层相邻预制柱纵向受力钢筋采用挤压套筒连接时（图 5-5），柱底后浇

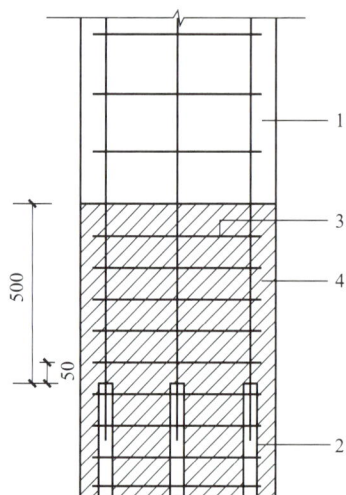

图 5-4 柱底箍筋加密区域构造示意

1—预制柱；2—连接接头（或钢筋连接区域）；
3—加密区箍筋；4—箍筋加密区（阴影区域）

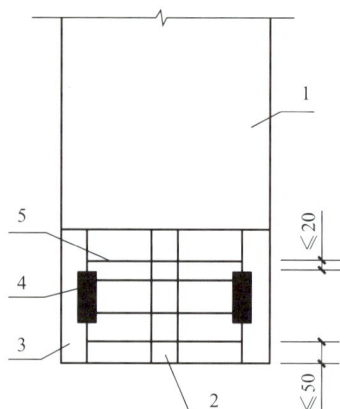

图 5-5 柱底后浇段箍筋配置示意

1—预制柱；2—支腿；3—柱底后浇段；
4—挤压套筒；5—箍筋

装配式建筑构件深化设计

段的箍筋应满足下列要求：

1）套筒上端第一道箍筋距离套筒顶部不应大于20mm，柱底部第一道箍筋距柱底面不应大于50mm，箍筋间距不宜大于75mm。

2）抗震等级为一、二级时，箍筋直径不应小于10mm，抗震等级为三、四级时，箍筋直径不应小于8mm。

（4）键槽与粗糙面设置：预制柱的底部应设置键槽且宜设置粗糙面，键槽应均匀布置，键槽深度不宜小于30mm，键槽端部斜面倾角不宜大于30°，柱顶应设置粗糙面，凹凸深度不小于6mm。柱顶亦同样设置（图5-6、图5-7）。

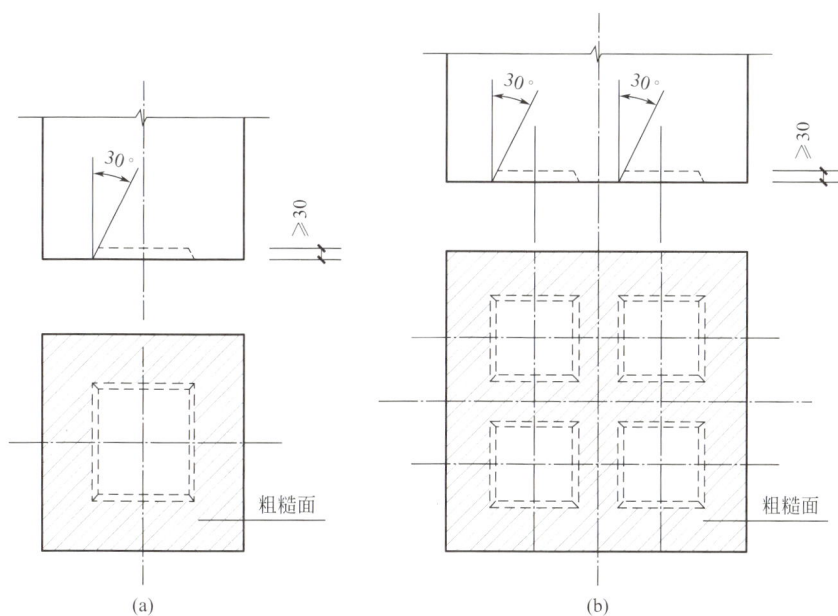

图5-6 预制柱底部键槽示意

（a）柱底设置一个键槽；（b）柱底设置多个键槽

图5-7 预制柱底部键槽

（5）预埋件设置：预制柱需设置吊装预埋件与支撑预埋件。吊装预埋件设置在柱顶，一般设置 3 个，呈三角形，也可设置 2 个；水平吊点设置在正面，对称布置，一般设置 4 个或 2 个；临时支撑预埋件设置在正面相邻侧面中间部位。柱顶部有时需设置支模套筒。此外，在柱底部中心部位需设置灌浆排气孔。

5.2　预制柱识图

由于目前国家没有出预制柱图集，预制柱的表示方法一般以设计单位或深化设计单位习惯为主，主要是方便表达和理解。读者可参考本书提供的实际工程案例的表示方法。

5.3　预制柱深化设计原则

5.3.1　预制柱的拆分设计

预制柱一般按层高进行拆分。根据《预制预应力混凝土装配式整体式框架结构技术规程》JGJ 224—2010 中的相关规定，柱也可以拆分为多节柱（图 5-8）。由于多节柱的脱膜、运输、吊装、支撑都比较困难，且吊装过程中钢筋连接部位易变形，从而使构件的垂直度难以控制。设计中柱多按层高拆分为单节柱（图 5-9），以保证柱垂直度的控制调节，简化预制柱的制作、运输及吊装，保证质量。

图 5-8　多节柱　　　　　　　　　　　图 5-9　单节柱

装配式建筑构件深化设计

预制柱的拆分应做到安全适用、经济合理、保证质量、方便施工，主要遵循以下原则：

（1）预制柱拆分部位宜设置在构件受力较小处。

（2）预制柱拆分要考虑构件生产与安装可实现性和便利性，如预制柱拆分点设置在层高处。

（3）预制柱拆分要考虑生产能力，例如工厂台模尺寸、起重机的吨位和厂房高度等是否满足构件生产要求。

（4）预制柱拆分要考虑运输工具和道路限制。

（5）预制柱拆分尺寸尽量标准化，要考虑模具种类及复杂程度，做到规格少、减少开模数量、构件外形简洁，节约成本。

5.3.2　预制柱深化设计内容

预制柱深化设计的深度应满足建筑、结构和机电设备等各专业以及构件制作、运输、安装等各环节的综合要求。在预制柱加工制作阶段，应将各专业、各工种所需的预留洞、预埋件等一并完成，避免在施工现场进行剔凿、切割，伤及预制构件，影响质量或观感。因此，在一般情况下，装配式结构的施工图完成后，还需要进行预制构件的深化设计，以便于预制构件的加工制作。

预制柱的深化设计主要分为验算和图纸两个部分，具体包括：

（1）预制柱的模板图、配筋图、预埋吊件及预埋件的细部构造详图等；

（2）设备专业留洞图；

（3）带饰面砖或饰面板预制柱的排砖图或排板图；

（4）复合保温板的连接件布置图及保温板排板图；

（5）预制柱脱模、翻转过程中混凝土强度、构件承载力、构件变形以及吊具、预埋吊件的承载力验算。

5.3.3　预制柱深化设计图的要求

（1）图中应包含构件位置示意图，显示该构件在整个结构中的位置，以及视图方向；

（2）图中应有三维透视示意图，表示构件的 6 个面视图方向；

（3）钢筋用双线图表示，带肋钢筋要用满外值表示（按照钢筋加工最大正误差）；

（4）套筒连接的钢筋，钢筋表要求有加工误差要求，要与套筒对接钢筋的误差要求相匹配，钢筋的最短值也在套筒连接的允许范围内；

（5）预埋件数量统计；

（6）构件的重量信息。

5.4 预制柱深化设计操作

5.4.1 灌浆套筒

在柱布置之前，首先要对灌浆套筒进行选型（图5-10）。

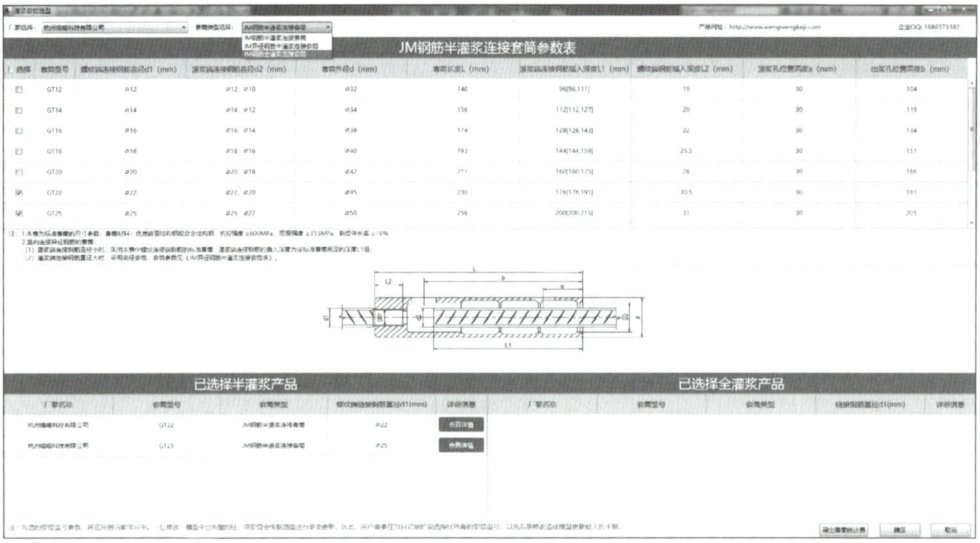

图5-10 灌浆套筒选型

【厂家选择】：各厂家灌浆套筒的参数表。

【套筒类型选择】：有钢筋半灌浆连接套筒、异径钢筋半罐浆连接套筒、钢筋全灌浆连接套筒。

勾选的套筒型号会生成在界面的下方。参数表中的套筒外径 d、套筒长度 L、灌浆端连接钢筋插入深度 L_1、螺纹端钢筋插入深度 L_2，灌浆孔位置高度 L_2、灌浆孔位置高度 a、出浆孔位置高度 b，这些数值都是支持修改的，修改的参数会联动到画布以及出图的图纸当中。

装配式建筑构件深化设计

注：勾选的套筒型号参数，将应用到当前项目中。一旦修改，模型中已布置的柱、墙套筒会根据选型进行联动更新。因此，用户需要在项目的初始阶段选择好所需要的套筒型号，以免后期修改造成模型更新较大的卡顿。

5.4.2　柱布置（图 5-11）

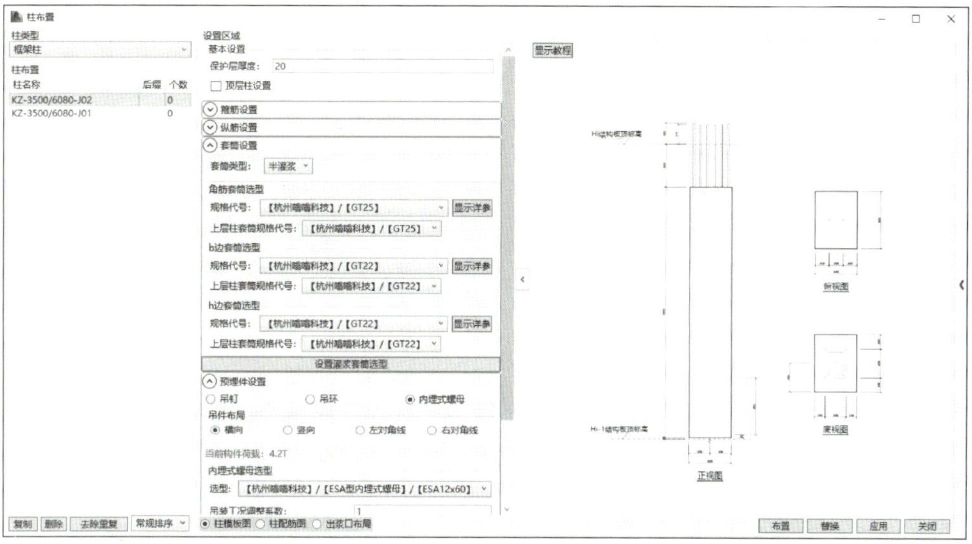

图 5-11　柱布置

【柱类型】：目前仅有框架柱，后续会支持其他类型。

【柱名称】：KZ-3580/6080-J01，KZ 表示框架柱，3580 表示柱子预制部分的高度为 3580mm，60 表示柱子截面的宽度为 600mm，80 表示柱子截面的高度为 800mm。

J01：只要是柱名称相同的柱，右边参数设置有不一样就自动往上 +1，如 J02；实际操作中需要用户先复制一根柱出来；"后缀"这一列是当柱名称相同时，会自动生成 a、b、c 等后缀以区分；"个数"为当前模型中该种柱类型的实例个数，方便用户判断该种柱类型是否有布置，布置的个数，修改会影响多个等情况；同时用户选中某个柱类型，当前模型中的该种柱类型的实例都会被选中亮显，方便用户查看定位。并且当前界面可以不退出命令；画布中用户若修改了上述尺寸标注，则对应的柱名称会自动匹配变化。

【复制】：选中一个柱类型，会复制生成另一个；柱的复制默认为后缀加 a、b、c 等。

【删除】：可以删除个数为 0 的柱类型，已经有布置了的柱类型，不能删除。

【去除重复】：柱命名有区别，但里面参数设置一模一样时，不需要分开类型去出图，点此按钮，可以合并为一个命名最为合适简单的其中的一种柱类型。

【常规排序/名称排序】：默认为常规排序，按建模的时候的先后顺序排序；但模型里面类型比较多时，可以用名称去排序，将名称比较接近的类型排在附近。

【顶层柱设置】：如图5-12所示。

当勾选顶层柱设置时，画布中柱钢筋的上端会生成锚固板。可以自定义钢筋伸出 H_i 层标高的尺寸。

图5-12 设置区域

【预埋件设置】：支持吊钉、吊环、内埋式螺母三种类型埋件，如图5-13所示。

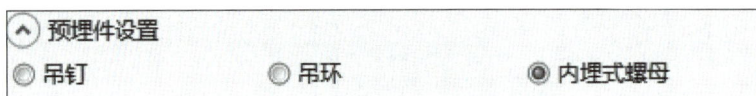

图5-13 预埋件设置

【套筒设置】：角筋、B边、H边套筒选型会根据设置的纵筋的直径，以及选择的套筒进行自动生成。上层柱套筒规格代号会根据之前所选择的套筒型号，以及纵筋规格，筛选一部分满足要求的套筒型号，用户下拉选择所需要的套筒型号。点击"显示详参"可以查看当前选择的套筒的参数。

【设置灌浆套筒选型】：点击会进入灌浆套筒选型的界面，用户也可以在柱布置这个界面直接进行灌浆套筒的选型，如图5-14所示。

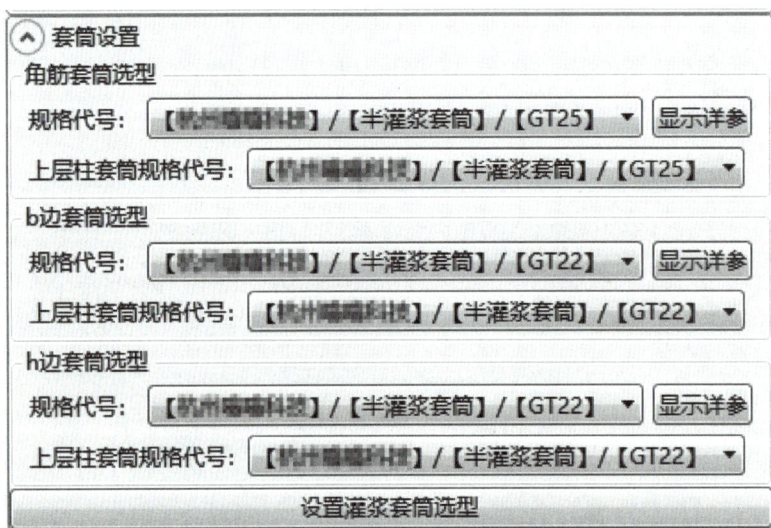

图5-14 设置灌浆套筒选型

装配式建筑构件深化设计

【纵筋设置】：纵筋与角筋的排布形式支持中心对齐和边缘对齐，可以对角筋、B 边、H 边的纵筋规格进行设置。例如 C25 中 C 表示钢筋级别为 HRB400，25 表示钢筋的直径为 25mm。也可以对柱 B 边、H 边单侧纵筋的根数进行设置。在画布的柱配筋图中可以对纵筋的间距进行设置。

【箍筋直径】：例如 C10 中 C 表示钢筋级别为 HRB400，10 表示箍筋的直径为 10mm。

【箍筋复合形式】：如图 5-15 所示。

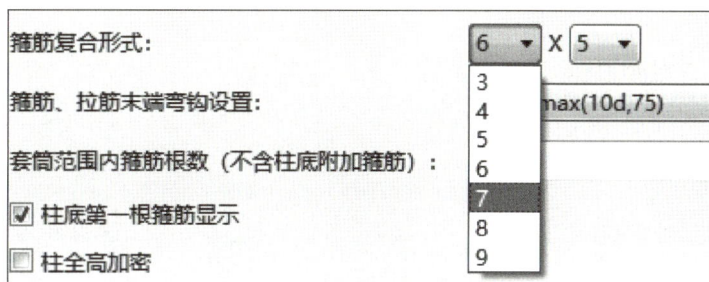

图 5-15　箍筋复合形式

箍筋肢数可以自由组合，设置的箍筋可以在画布中用三角符号去移动箍筋位置，如图 5-16 所示。

【箍筋、拉筋末端弯钩设置】：有"135°、max（10d，75）""135°、5d"两个选项。

【套筒范围内箍筋根数（不含柱底附加箍筋）】：自定义输入正整数，但输入的数值 x 范围为 $2 \leq x \leq 6$（x 为正整数）。

【柱底第一根箍筋显示】：可以对柱底第一根箍筋的显示进行控制。

【柱全高加密】：可以将柱子设置为全高加密。

【材质设置】：可以对柱身、角筋、b 侧纵筋、h 侧纵筋，以及箍筋的材质进行设置。

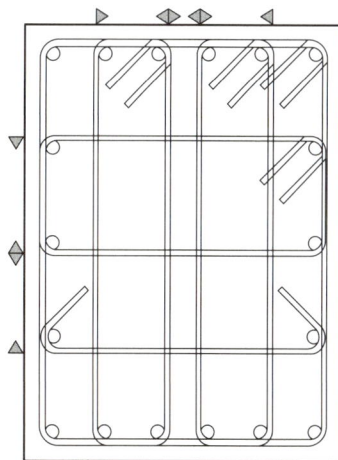

图 5-16　设置箍筋

【其他设置】：可以对柱底排气孔的位置进行向左或者向右设置。

【底部是否有粗糙面】：当勾选时，画布中柱模板图中，正视图会有粗糙面的标志，出图中也会有这个标志；不勾选时，画布以及出图中都不存在粗糙面的标志。

【柱模板图】：在这个视图中可以修改柱截面尺寸、柱高度、吊点位置、键槽位置、坐浆厚度、排气孔高度。

【柱配筋图】：可以修改加密区和非加密区的间距、纵筋间距、保护层厚度。

【出浆口布局】：可对软管的位置进行调整，在每次修改柱子截面的时候，都应该在出浆口布局中对软管布局进行调整，用户也可以拖动软管自由调整软管的位置，画布里面可以自由修改软管的转弯半径。

5.4.3　柱附属构件

支持"线盒""脱模及斜撑内预埋螺母"两种类型的附属构件布置，支持柱子的4个侧面布置，如图 5-17 所示。

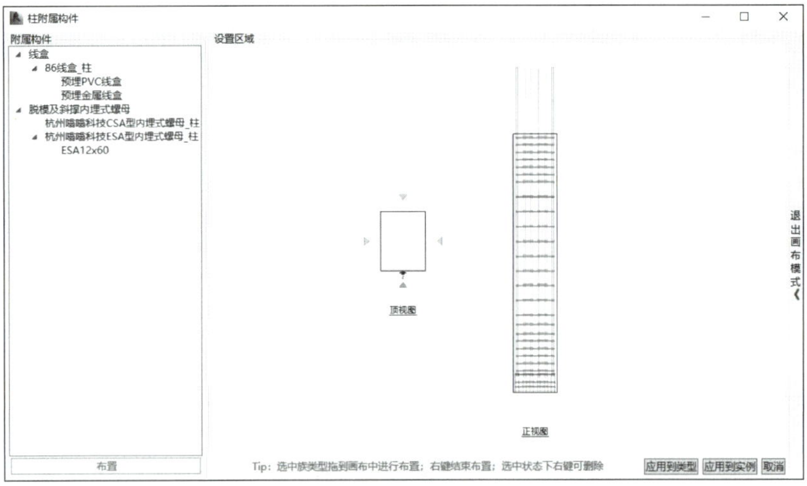

图 5-17　柱子布置

可以在顶视图中通过三角按钮切换不同的视图，在不同视图下面进行附属构件的布置。

5.4.4　柱镜像

【操作步骤】：点击命令，左下角提示"请选择需要镜像的预制柱"，去选择需要镜像的柱；选择完成后（可以用来整体镜像，比如镜像的户型），去点击左上角的"完成"按钮，完成选择后，需要用户去选择一个线（可以是 CAD 的底图或模型的边缘线，轴线），支持左右镜像和上下镜像。镜像柱中的附属构件也会一同镜像；镜像的时候安装方向不发生镜像，防雷柱标志也会一同镜像，但是防雷柱位置不发生镜像（图 5-18）。

　　　　　　　　　　　　　　　　　　　　　　装配式建筑构件深化设计

图 5-18　柱镜像

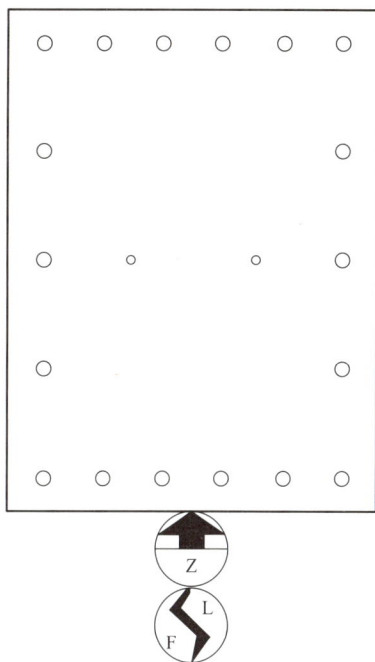

图 5-19　防雷柱设置

5.4.5　防雷柱设置

选中一根柱子，点击防雷柱设置，左上角点击完成，（需要将视图切换到精细模式下）会生成防雷柱的标志，出图时可以对该防雷柱进行单独的深化出图（图5-19）。

5.4.6　柱编号（图5-20）

先"左→右"、后"上→下"，先"上→下"、后"左→右"以及"绘制详图线"排序参前面板、梁介绍。

编号模式设置：

【傻瓜式编号】选择傻瓜式编号进行编号时，编号以 PCZ1、PCZ2 的形式一直往下排列，完全相同的墙编号相同，出图在一张图纸里（会统计个数），出图还是按类型出图。

【一构件一号一图纸】选择该种编

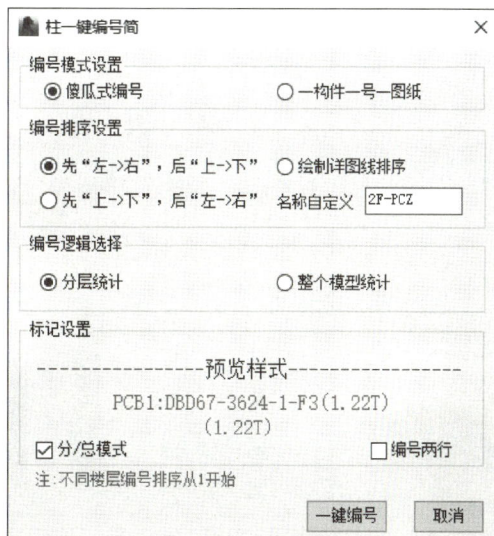

图 5-20　柱编号

号方式进行编号时，每根柱的标号都不相同，都是唯一，相同的柱，编号以 PCZ1-1/2、PCZ1-2/2 分数的形式表达，出图时每根柱都会出一张图纸。现编号中的分母为当层相同柱的总数，建议在名称自定义中增加楼层前缀。

标记的设置分为单行和两行（两行时重量会单独成一行），并且支持不同形式的标记；单行的预览样式如图 5-21 所示；两行的预览样式如图 5-22 所示。

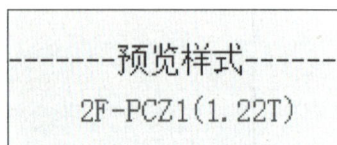

图 5-21　单行的预览样式

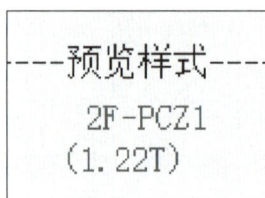

图 5-22　两行的预览样式

5.4.7　柱出图

【操作步骤】：点击命令，弹出界面，如图 5-23 所示。

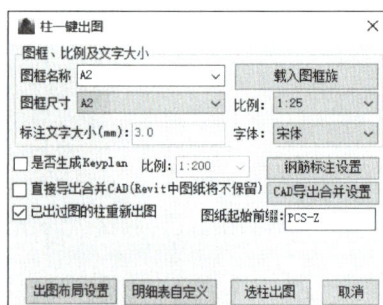

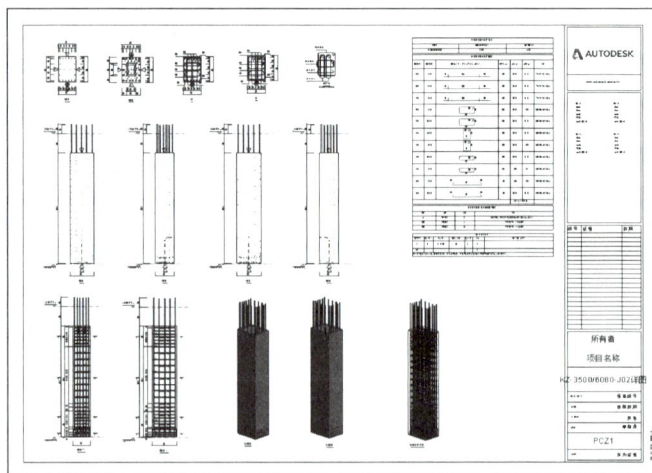

图 5-23　柱出图操作步骤

装配式建筑构件深化设计

【图框名称】：下拉可以选择当前项目中载入的图框族，点击右边的"载入"，用户可以自由去载入需要的图框。

【图框尺寸】：下拉可以选择对应匹配的图框尺寸，出图布局也会自动联动变化（图5-24）。

| A1 |
| A1+L/4 |
| A1+L/2 |
| A2 |
| A2+L/4 |
| A2+L/2 |
| A3 |
| A4 |

图5-24　图框尺寸

【已出过图的柱重新出图】：对已经出过图的柱再次去重新出图。

注：出图建议在项目完全完成之后再完整出图。中间过程需要出图效果的查看，删掉已有的再重新出图最为正确，并且出图之前要编完号。

【图纸起始前缀】：可以自定义起始前缀，出图的时候，图纸名称会增加起始前缀并生成1、2、3……方便用户对图纸进行整理。

【出图布局设置】：出图布局原理同前面的楼板、梁说明。

【选柱出图】：点击按钮，用户去选择需要出图的柱，可以单选、多选和框选，也可以在三维图中框选整个当前的项目去出图；出图时，会整个项目去判断，图纸的名称则是按编号里面除去前缀的命名。

注：当用户分楼层分模型建模时，出图的编号只会根据当前层去编号判断和出图；会在混凝土强度的明细表里有该板的所属楼层，这样就是严格按楼层分开统计出图了。

📊 **本章小结**

　　本章主要介绍了预制柱的基础知识、预制柱的深化详图识图、预制柱深化设计的原则和内容，以及BeePC装配式深化设计软件中关于预制柱深化设计操作方法的简介，让读者在了解预制柱深化设计相关知识的基础上，能够更加准确的利用BeePC软件绘制出符合国家规范的预制柱深化设计加工图纸。

6

预制剪力墙的
深化设计

6.1 预制剪力墙基础知识

6.1.1 预制剪力墙的概念

（1）预制剪力墙外墙板

预制剪力墙外墙板是指在工厂预制完成的，内叶板为预制混凝土剪力墙、中间夹有保温层、外叶板为钢筋混凝土保护层的预制混凝土夹心保温剪力墙墙板。预制混凝土剪力墙外墙板内外两层混凝土板采用拉结件可靠连接，内叶板侧面在施工现场通过预留钢筋与现浇剪力墙边缘构件连接，底部通过钢筋灌浆套筒与下层预制剪力墙预留钢筋相连（图6-1）。

图6-1 预制剪力墙外墙板

（2）预制剪力墙内墙板

预制剪力墙内墙板是指在工厂预制完成的混凝土剪力墙构件。预制混凝土剪力墙内墙板侧面在施工现场通过预留钢筋与现浇剪力墙边缘构件连接，底部通过钢筋灌浆套筒与下层预制剪力墙预留钢筋相连（图6-2）。

图6-2 预制剪力墙内墙板

6.1.2 预制剪力墙的优缺点

预制剪力墙的优缺点及适用范围见表6-1。

预制剪力墙优缺点　　　　　　　　　　　　　　　　　表6-1

类型		优缺点	技术成熟度	主体结构工业化程度	国内应用情况	适用范围
装配整体式剪力墙结构	竖向钢筋套筒灌浆连接	连接可靠；成本高、施工烦琐，不便施工检验	成熟，有规范依据	一般～较高	较多	住宅高层建筑
	竖向钢筋浆锚搭接连接	成本较低；不宜用于动载、一级抗震结构；加工较难、不便施工检验	较成熟，规范依据尚不足	一般～较高	较多	
	底部预留后浇区竖向分布钢筋连接	连接可靠，检验方便；后浇混凝土量增加；构件制作难度增加	较成熟，无规范依据	一般～较高	试点	
	竖向钢筋在水平后浇带内采用环套搭接连接和机械连接等方式	钢筋连接性能研究不充分；施工较方便；质量检验方便	研发阶段，相关规范正在编制中	一般～较高	试点	
内浇外挂体系		安全可靠；施工难度较低，便于检验	较成熟，有规范依据	一般	较多	住宅高层建筑
叠合板剪力墙结构		使用建筑物高度低；生产、施工效率高；成本较低，便于检验	较成熟，有规范依据	较高	较少	住宅多层及高层建筑

　　　　　　　　　　　　　　　　　　　　　　　　　装配式建筑构件深化设计

6.1.3 预制剪力墙的应用

装配整体式剪力墙结构，全部或部分剪力墙采用预制墙板构建成的装配整体式混凝土结构，具有较高的装配率，是我国装配式建筑应用量最大的技术体系。预制剪力墙的应用见表6-2。

预制剪力墙的应用 表6-2

结构竖向受力构件现浇	结构竖向受力构件全部或部分预制
叠合剪力墙（PCF）体系 预制外墙模（含外饰面，外墙叠合）+ 现浇剪力墙	装配整体式框架体系 装配整体式框架 – 剪力墙体系 装配整体式剪力墙体系
现浇外挂体系 竖向受力构件（柱、墙）现浇，外挂围护墙板，外墙板不叠合	

6.1.4 预制剪力墙接合面连接

预制剪力墙节点的连接分为干式连接和湿式连接。采用干式连接，可能实现承载力及刚度与现浇结构类似，但是其延性及恢复力性能难以与现浇节点等同，因此不能应用于等同现浇的预制剪力墙结构中；采用湿式连接，即节点区主筋及构造加强钢筋全部连接，节点区采用后浇混凝土及灌浆材料将预制构件连为整体，才可能实现与现浇节点性能的等同，"等同现浇"的原则，关键在于混凝土的连接接近现浇的结构构造。在进行合理准确的设计计算的前提下，湿式连接（用于装配整体式混凝土结构）和干式连接（用于全装配式混凝土结构）方式并没有受力性能包括抗震性能的优劣之分。实际工程中，需要根据设计要求、加工及安装的可行性和便捷性、成本、施工周期等方面综合考虑选用；结构中也可以根据需要，两种连接方式结合使用，见表6-3。

预制剪力墙连接方式 表6-3

构件相互关系	连接形式
PC 构件之间	干式连接 – 通过预埋件焊接或螺栓连接、搁置、销栓等方式
	湿式连接 – 钢筋连接、后浇混凝土或灌浆结合为整体
PC 构件与现浇或后浇混凝土之间	钢筋连接或锚固、混凝土接合面粗糙面或键槽

预制剪力墙的顶部和底部与后浇混凝土的结合面应设置粗糙面，侧面与后浇混凝土的结合面应设置粗糙面、槽键。粗糙面的面积不宜小于结合面的80%，粗糙面凹

凸深度不应小于6mm。槽键深度不宜小于20mm，宽度不应小于深度的3倍，且不宜大于深度的10倍，槽键间距宜等于宽度（图6-3）。

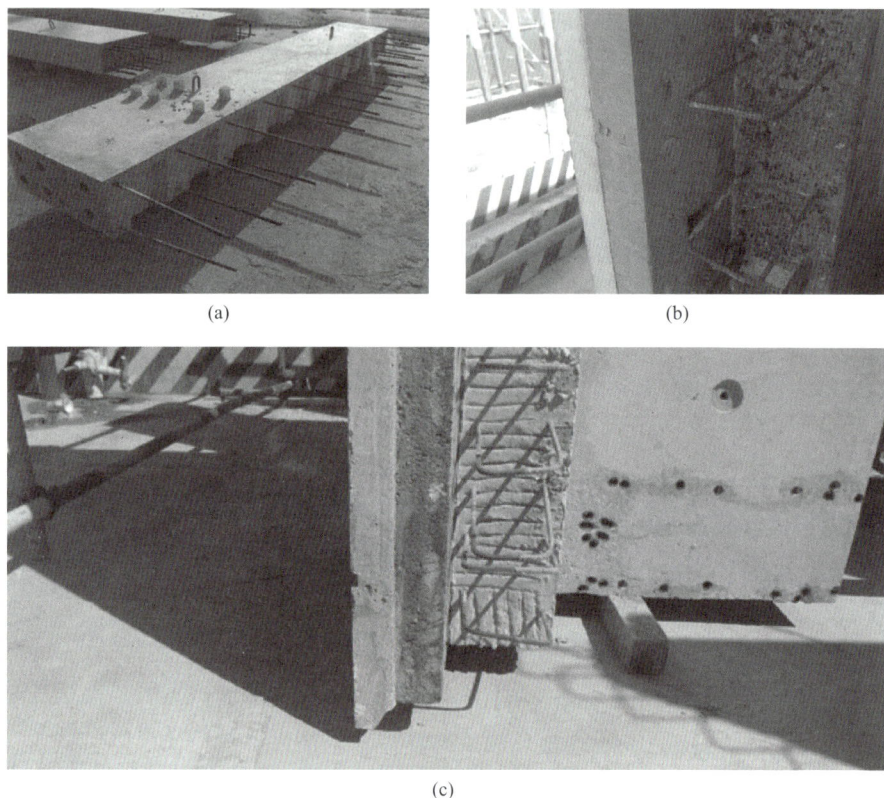

(a)

(b)

(c)

图6-3 键槽、粗糙面
（a）键槽；（b）露骨料粗糙面；（c）拉毛粗糙面

6.1.5 预制剪力墙构造要求

（1）预制剪力墙构造要求

1）预制剪力墙宜采用一字形，也可采用L形、T形或U形；开洞预制剪力墙洞口宜居中布置，洞口两侧的墙肢宽度不应小于200mm，洞口上方连梁高度不宜小于250mm。

2）预制剪力墙的连梁不宜开洞；当需开洞时，洞口宜预埋套管，洞口上、下截面的有效高度不宜小于梁高的1/3，且不宜小于200mm；被洞口削弱的连梁截面应进行承载力验算，洞口处应配置补强纵向钢筋和箍筋；补强纵向钢筋的直径不应小于12mm。

装配式建筑构件深化设计

3）预制剪力墙开有边长小于 800mm 的洞口且在结构整体计算中不考虑其影响时，应沿洞口周边配置补强钢筋；补强钢筋的直径不应小于 12mm，截面面积不应小于同方向被洞口截断的钢筋面积。

4）当采用套筒灌浆连接时，自套筒底部至套筒顶部并向上延伸 300mm 范围内，预制剪力墙的水平分布筋应加密（图 6-4），加密区水平分布筋的最大间距及最小直径应符合表 6-4

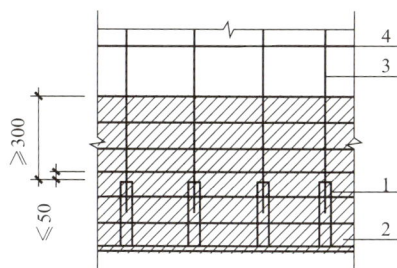

图 6-4　钢筋套筒灌浆连接部位水平分布钢筋的加密构造示意

1—灌浆套筒；2—水平分布筋加密区域（阴影区域）；3—竖向筋；4—水平分布筋

的规定，套筒上端第一道水平分布钢筋距离套筒顶部不应大于 50mm。

加密区水平分布钢筋的要求　　　　　　　　　　　　　　　　表 6-4

抗震等级	最大间距（mm）	最小直径（mm）
一、二级	100	8
三、四级	150	8

5）端部无边缘构件的预制剪力墙，宜在端部配置 2 根直径不小于 12mm 的竖向构造钢筋；沿该钢筋竖向应配置拉筋，拉筋直径不宜小于 6mm、间距不宜大于 250mm。

6）当预制外墙采用夹心墙板时，应满足下列要求：

① 外叶墙板厚度不应小于 50mm，且外叶墙板应与内叶墙板可靠连接；

② 夹心外墙板的夹层厚度不宜大于 120mm；

③ 当作为承重墙时，内叶墙板应按剪力墙进行设计。

（2）预制剪力墙连接要求

1）楼层内相邻预制剪力墙之间应采用整体式接缝连接，且应符合下列规定：

① 当接缝位于纵横墙交接处的约束边缘构件区域时，约束边缘构件的阴影区域（图 6-5）宜全部采用后浇混凝土，并应在后浇段内设置封闭箍筋。

② 当接缝位于纵横墙交接处的构造边缘构件区域时，构造边缘构件宜全部采用后浇混凝土（图 6-6）；当仅在一面墙上设置后浇段时，后浇段的长度不宜小于 300mm（图 6-7）。

③ 边缘构件内的配筋及构造要求应符合现行国家标准《建筑抗震设计标准》GB/T 50011 的有关规定；预制剪力墙的水平分布钢筋在后浇段内的锚固、连接应符合现

行国家标准《混凝土结构设计标准》GB/T 50010 的有关规定。

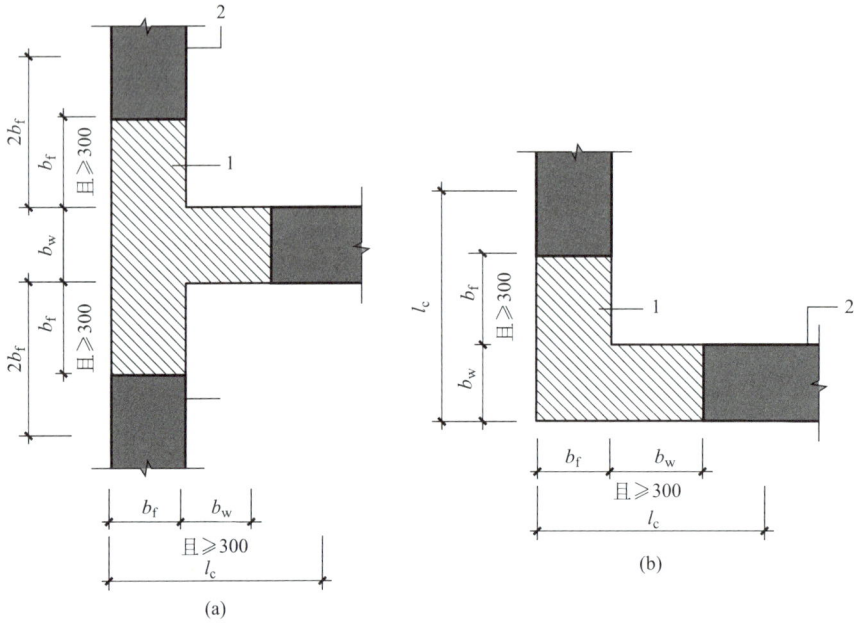

图6-5　约束边缘构件阴影区域全部后浇构造示意

（a）有翼墙；（b）转角墙

l_c—约束边缘构件沿墙肢的长度；1—后浇段；2—预制剪力墙

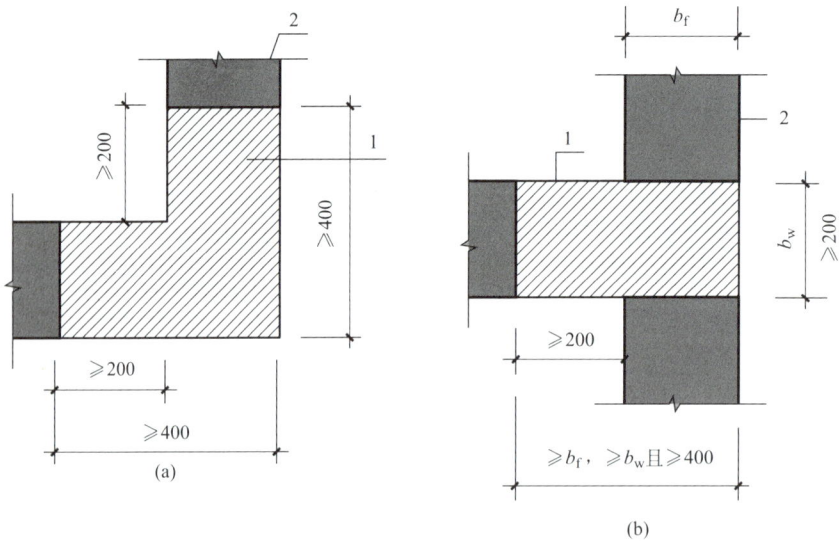

图6-6　构造边缘构件全部后浇构造示意（阴影区域为构造边缘构件范围）

（a）转角墙；（b）有翼墙

1—后浇段；2—预制剪力墙

　　装配式建筑构件深化设计

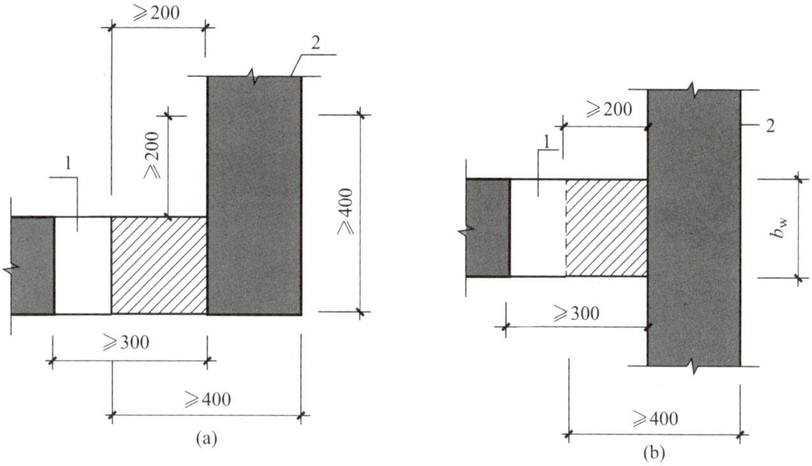

图 6-7 构造边缘构件部分后浇构造示意（阴影区域为构造边缘构件范围）

（a）转角墙；（b）有翼墙
1—后浇段；2—预制剪力墙

④ 非边缘构件位置，相邻预制剪力墙之间应设置后浇段，后浇段的宽度不应小于墙厚且不宜小于 200mm；后浇段内应设置不少于 4 根竖向钢筋，钢筋直径不应小于墙体竖向分布筋直径且不应小于 8mm；两侧墙体的水平分布筋在后浇段内的锚固、连接应符合现行国家标准《混凝土结构设计标准》GB/T 50010 的有关规定。

2）屋面以及立面收进的楼层，应在预制剪力墙顶部设置封闭的后浇钢筋混凝土圈梁（图 6-8），并应符合下列规定：

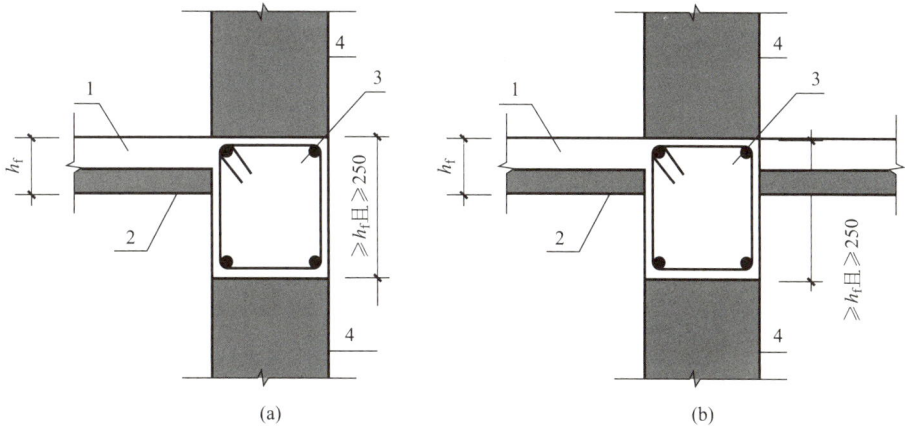

图 6-8 后浇钢筋混凝土圈梁构造示意

（a）端部节点；（b）中间节点
1—后浇混凝土叠合层；2—预制板；3—后浇圈梁；4—预制剪力墙

① 圈梁截面宽度不应小于剪力墙的厚度，截面高度不宜小于楼板厚度及 250mm

的较大值，圈梁应与现浇或者叠合楼、屋盖浇筑成整体。

②圈梁内配置的纵向钢筋不应少于 4φ12，且按全截面计算的配筋率不应小于 0.5%和水平分布筋配筋率的较大值，纵向钢筋竖向间距不应大于 200mm；箍筋间距不应大于 200mm，且直径不应小于 8mm。

3）各层楼面位置，预制剪力墙顶部无后浇圈梁时，应设置连续的水平后浇带（图 6-9）；水平后浇带应符合下列规定：

①水平后浇带宽度应取剪力墙的厚度，高度不应小于楼板厚度；水平后浇带应与现浇或者叠合楼、屋盖浇筑成整体。

②水平后浇带内应配置不少于 2 根连续纵向钢筋，其直径不宜小于 12mm。

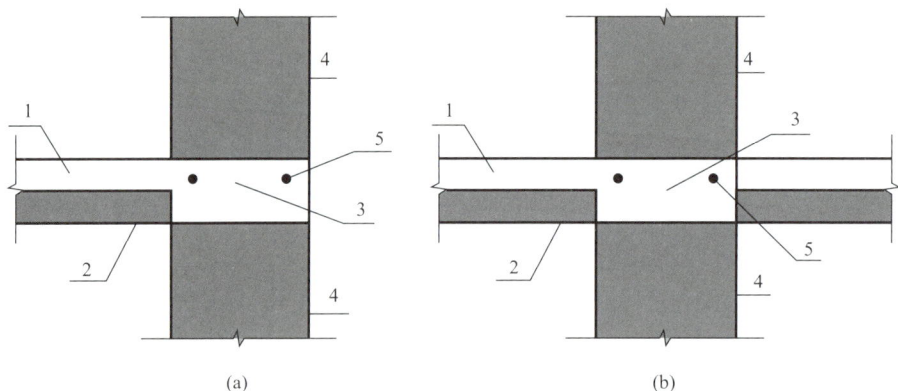

图 6-9　水平后浇带构造示意
（a）端部节点；（b）中间节点
1—后浇混凝土叠合层；2—预制板；3—水平后浇带；4—预制墙板；5—纵向钢筋

4）当采用套筒灌浆连接或浆锚搭接连接时，预制剪力墙底部接缝宜设置在楼面标高处。接缝高度不宜小于 20mm，宜采用灌浆料填实，接缝处后浇混凝土上表面应设置粗糙面。

5）上下层预制剪力墙的竖向钢筋连接应符合下列规定：

①边缘构件的竖向钢筋应逐根连接。

②预制剪力墙的竖向分布钢筋宜采用双排连接，当采用"梅花形"部分连接时，连接钢筋的配筋率不应小于现行国家标准《建筑抗震设计标准》GB/T 50011 规定的剪力墙竖向分布钢筋最小配筋率要求，连接钢筋的直径不应小于 12mm，同侧间距不应大于 600mm，且在剪力墙构件承载力设计和分布钢筋配筋率计算中不得计入未连接的分布钢筋；未连接的竖向分布钢筋直径不应小于 6mm；"梅花形"套筒灌浆连接构造如图 6-10 所示，"梅花形"挤压套筒分布钢筋连接构造如图 6-11 所示。

　　装配式建筑构件深化设计

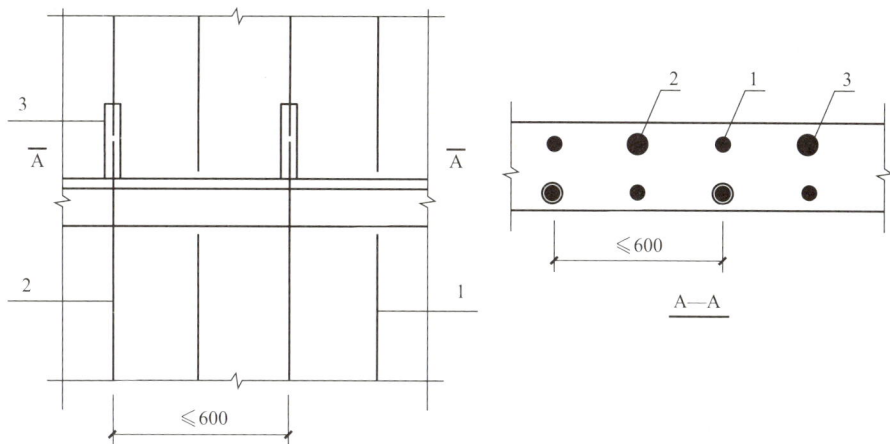

图6-10 竖向分布钢筋"梅花形"套筒灌浆连接构造示意
1—连接的竖向分布钢筋；2—未连接的竖向分布钢筋；3—挤压套筒

图6-11 竖向分布钢筋"梅花形"挤压套筒连接构造示意
1—未连接的竖向分布钢筋；2—连接的竖向分布钢筋；3—灌浆套筒

③ 抗震等级为一级的剪力墙,轴压比大于0.3的抗震等级为二、三、四级的剪力墙,一侧无楼板的剪力墙,一字形剪力墙、一端有翼墙连接但剪力墙非边缘构件区长度大于3m的剪力墙以及两端有翼墙连接但剪力墙非边缘构件区长度大于6m的剪力墙,以上情况其竖向分布钢筋应采用双排连接。

墙体厚度不大于200mm的丙类建筑预制剪力墙的竖向分布钢筋可采用单排连接。当采用单排连接时,剪力墙两侧竖向分布钢筋与配置于墙体厚度中部的连接钢筋搭接连接,连接钢筋位于内、外侧被连接钢筋的中间；连接钢筋受拉承载力不应小于上下层被连接钢筋受拉承载力较大值的1.1倍,间距不宜大于300mm。下层剪力墙连接钢筋自下层预制墙顶算起的埋置长度不应小于$1.2l_{aE} + b_w/2$(b_w为墙体厚度),上层剪力墙连接钢筋自套筒顶面算起的埋置长度不应小于l_{aE}上层连接钢筋顶部至套筒底部的长度尚不应小于$1.2l_{aE} + b_w/2$,l_{aE}按连接钢筋直径计算。钢筋连接长度范围内应配置拉筋,同一连接接头内的拉筋配筋面积不应小于连接钢筋的面积；拉筋沿竖向的间距不应大于水平分布钢筋间距，且不宜大于 150mm；拉筋沿水平方向的间距不应大于竖向分布钢筋间距，直径不应小于 6mm；拉筋应紧靠连接钢筋，并钩住最外层分布钢筋，且在计算分析时不应考虑剪力墙平面外刚度及承载力。

④抗震等级为一级的剪力墙以及二、三级底部加强部位的剪力墙，剪力墙的边缘构件竖向钢筋宜采用套筒灌浆连接。

6.2　预制剪力墙识图

6.2.1　预制剪力墙的表示方法

（1）预制混凝土剪力墙平面布置图应按标准层绘制，内容包括预制剪力墙、现浇混凝土墙体、后浇段、现浇梁、楼面梁、水平后浇带或圈梁等。

（2）剪力墙平面布置图应标注结构楼层标高表，并注明上部结构嵌固部位位置。

（3）在平面布置图中，应标注未居中承重墙体与轴线的定位，需标明预制剪力墙的门窗洞口、结构洞的尺寸和定位，还需标明预制剪力墙的装配方向。

（4）在平面布置图中，还应标注水平后浇带或圈梁的位置。

6.2.2　预制剪力墙编号规定

预制剪力墙编号由墙板代号、序号组成，表达形式见表 6-5。

预制剪力墙编号　　　　　　　　　　　　　　　　　表 6-5

预制墙板类型	代号	序号
预制外墙	YWQ	××
预制内墙	YNQ	××

在编号中，如预制剪力墙的模板、配筋、各类预埋件完全一致，仅墙厚与轴线的关系不同，可将共编为同一预制剪力墙编号，但应在图中注明与轴线的几何关系。

序号可为数字，或数字加字母。【例】YWQ1：表示预制外墙，序号为 1。

【例】YNQ5a：某工程有一块预制混凝土内墙板与已编号的 YNQ5 除线盒位置

外，其他参数均准同，为方便起见，将该预制内墙板序号编为5a。

6.2.3 预制剪力墙列表注写方式

为表达清楚、简便，装配式剪力墙墙体结构可视为由预制剪力墙、后浇段、现浇剪力墙身、现浇剪力墙柱、现浇剪力墙梁等构件构成。其中：现浇剪力墙身、现浇剪力墙柱和现浇剪力墙梁的注写方式应符合《混凝土结构施工图平面整体表示方法制图规则和构造详图（现浇混凝土框架、剪力墙、梁、板）》22G101-1的规定。

对应于预制剪力墙平面布置图上的编号，在预制墙板表中，选用标准图集中的预制剪力墙，或引用施工图中自行设计的预制剪力墙；在后浇段表中，绘制截面配筋图并注写几何尺寸与配筋具体数值。

6.2.4 预制墙板表中表达的内容

（1）注写墙板编号。

（2）注写各段墙板位置信息，包括所在轴号和所在楼层号、所在轴号应先标注垂直于墙板的起止轴号，用"~~"表示起止方向；再标注墙板所在线轴号，二者用"/"分隔，如图6-12所示。如果同一轴线、同一起止区域内有多块墙板，可在所在轴号后用"-1" "-2"……顺序标注。

同时，需要在平面图中注明预制剪力墙的装配方位，外墙板以内侧为装配方向，不需特殊标注，内墙板用▼表示装配方向，如图6-12（b）所示。

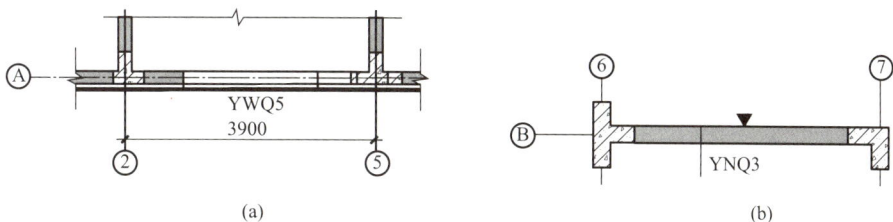

图6-12 所在轴号示意图

（a）外墙板YWQ5所在轴号为②～⑤；（b）内墙板YNQ3所在轴号为⑥～⑦（装配方向如图所示）

（3）注写管线预埋位置信息，当选用标准图集时，高度方向可只注写低区、中区和高区，水平方向根据标准图集的参数进行选择；当不可选用标准图集时，高度方向和水平方向均应注写具体定位尺寸，其参数位置所在装配方向为X、Y，装配方向背面为 X′、Y′，可用下角标编号区分不同线盒，如图 6-13 所示。

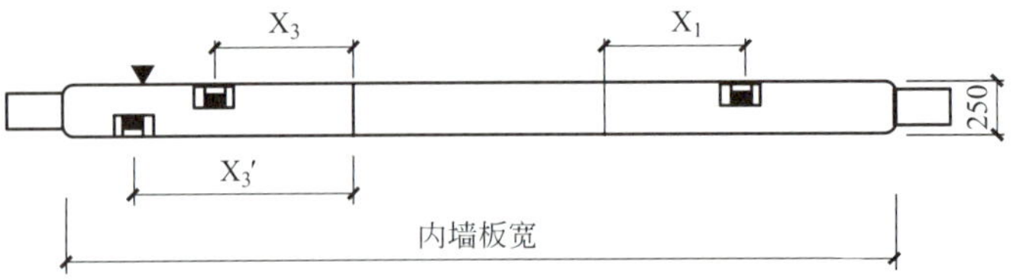

图 6-13　线盒参数含义示例

（4）构件重量、构件数量。

（5）构件详图页码，当选用标准图集时，需标注图集号和相应页码；当自行设计时，应注写构件详图的图纸编号。

（6）当选用标准图集的预制混凝土外墙板时，可选类型详见《预制混凝土剪力墙外墙板》15G365-1。标准图集的预制混凝土剪力墙外墙由内叶墙板、保温层和外叶墙板组成。预制墙板表中需注写所选图集中内叶墙板编号和外叶墙板控制尺寸。

① 标准图集中的内叶墙板共有 5 种形式。编号规则见表 6-6，示例见表 6-7。

② 标准图集中的外叶墙板共有两种类型（图 6-14）：

Ⅰ 标准图集中外叶墙板 wy-1（a、b），按实际情况标注 a、b。

Ⅱ 带阳台板外叶墙板 wy-2（a、b、c_L 或 c_R、d_L 或 d_R），选用时按外叶板实际情况标注 a、b、c、d。

③ 若设计的预制外墙板与标准图集中板型的模板、配筋不同；应由设计单位进行构件详图设计。预制外墙板详图可参考《预制混凝土剪力墙外墙板》15G365-1。

④ 当部分预制外墙板选用《预制混凝土剪力墙外墙板》15G365-1 时，另行设计的墙板应与该图集做法及要求相配套。

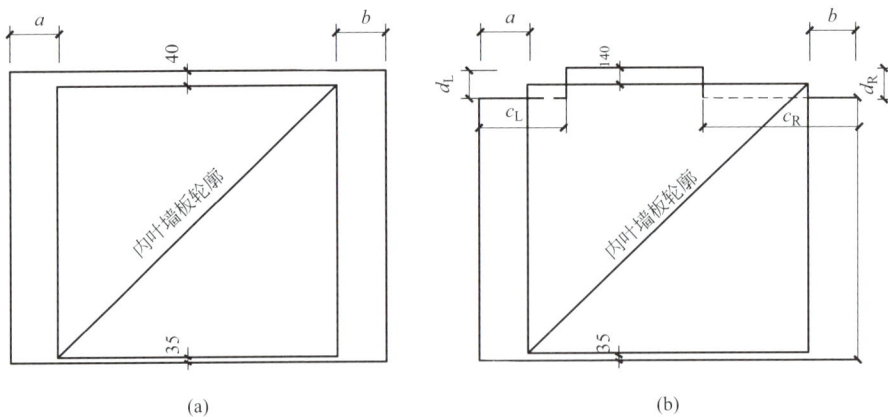

图 6-14　标准图集中外叶墙板内表面图

（a）wy-1；（b）wy-2

标准图集中外叶墙板内表面图

表 6-6

预制内叶墙板类型	示意图	编号
无洞口外墙		无洞口外墙——WQ-×× ××（标志宽度、层高）
一个窗洞高窗台外墙		一窗洞外墙（高窗台）——WQC1-×× ××-×× ××（标志宽度、层高、窗宽、窗高）
一个窗洞矮窗台外墙		一窗洞外墙（矮窗台）——WQCA-×× ××-×× ××（标志宽度、层高、窗宽、窗高）
两窗洞外墙		两窗洞外墙——WQC2-××××-×× ××-×× ××（标志宽度、层高、左窗宽、左窗高、右窗宽、右窗高）
一个门洞外墙		一门洞外墙——WQM-×× ××-×× ××（标志宽度、层高、门宽、门高）

标准图集中内叶墙板编号示例

表 6-7

预制墙板类型	示意图	墙板编号	标志宽度	层高	门/窗宽	门/窗高	门/窗宽	门/窗高
无洞外墙		WQ-1828	1800	2800	—	—	—	—
带一窗洞高窗台		WQC1-3028-1514	3000	2800	1500	1400	—	—
带一窗洞矮窗台		WQCA-3028-1518	3000	2800	1500	1800	—	—
带两窗洞外墙		WQC2-4828-0614-1514	4800	2800	600	1400	1500	1400
带一门洞外墙		WQCA-3628-1823	3600	2800	1800	2300	—	—

（7）当选用标准图集的预制混凝土内墙板时，可选类型详见《预制混凝土剪力墙内墙板》15G365-2。标准图集中预制混凝土内墙板共有 4 种形式。编号规则见表 6-8，编号示例见表 6-9。

标准图集中预制混凝土剪力墙内墙板编号　　　　　　表 6-8

预制内墙板类型	示意图	编号
无洞口内墙		无洞口内墙 ── NQ-×× ×× 标志宽度 ／ ＼ 层高
固定门垛内墙		一门洞内墙 ── NQM1-×× ××-×× ×× （固定门垛）　　　标志宽度 ／ 层高 门宽 门高
中间门洞内墙		一门洞外墙 ── NQM2-×× ××-×× ×× （中间门洞）　　　标志宽度 ／ 层高 门宽 门高
刀把内墙		一门洞内墙 ── NQM3-×× ××-×× ×× （刀把内墙）　　　标志宽度 ／ 层高 门宽 门高

标准图集中预制混凝土剪力墙内编号示例　　　　　　表 6-9

预制墙板类型	示意图	墙板编号	标志宽度	层高	门宽	门高
无洞口内墙		NQ-2128	2100	2800	—	—
固定门垛内墙		NQM1-3028-0921	3000	2800	900	2100
中间门洞内墙		NQM2-3029-1022	3000	2900	1000	2200
刀把内墙		NQM3-3329-1022	3300	2900	1000	2200

6.3　预制剪力墙深化设计原则

6.3.1　预制剪力墙的选择原则

装配整体式剪力墙结构中，墙体间的接缝及连接较多，主要为预制构件之间的接缝及预制构件与现浇混凝土之间的界面，施工时接缝处剪力墙墙身钢筋连接要求较高，装配或绑扎较难，为尽量降低现场操作的复杂性，使装配后的墙板整体性能等同现浇剪力墙结构，对于预制构件的选择采用如下原则：

　　　　　　　　　　　　　　　　　　　　　　装配式建筑构件深化设计

（1）竖向受力相对较小，承重构件竖向应上下对齐无转换。

（2）外围护剪力墙由于方便现场装配连接，应优先选用，如装配率在30%及以下一般选择内剪力墙预制。

（3）剪力墙结构底部加强区的竖向受力构件采用现浇。

（4）由于混凝土暗柱拆分较复杂且暗柱部分预制造价较高，一般混凝土暗柱选择现浇。

（5）楼梯间、电梯间的结构墙宜现浇，不宜采用PC墙。

（6）结构抗震计算处于偏心受拉的墙肢不宜采用PC墙，如采用，需保证其水平装配缝的抗剪承载力。

6.3.2　预制剪力墙平面拆分原则

与传统现浇结构相比，装配整体式剪力墙结构存在大量的接缝和结构构件连接节点，通过连接各个接缝和节点，将剪力墙结构形成整体从而具有足够的强度、刚度，能够承担竖向荷载、地震、风等外力作用。如何处理上述节点将直接决定结构的力学性能，因此在装配整体式剪力墙结构设计中，合理地对剪力墙构件进行拆分尤为重要。

（1）预制剪力墙尺寸遵循少规格、多组合的原则。

（2）外立面的外围护构件尽量单开间拆分。

（3）预制剪力墙接缝位置选择结构受力较小处。

（4）长度较大的剪力墙，拆分时可考虑对称居中拆分，在套用图集时可选性高。

（5）因为现场脱模、堆放、运输、吊装的影响，要求单片剪力墙重量尽量相差不大，一般不超过6t，高度不宜跨越楼层，长度不宜超过6m，限值为7m，拼缝宽15～25mm。

6.3.3　预制剪力墙边缘构件

边缘构件对于剪力墙结构是重要构件，也是预制剪力墙的拆分的难点所在。其拆分方式主要有两种：一种是边缘构件全部现浇，其余墙体预制；另一种是边缘构件部分现浇，部分预制，两者之间采用水平钢筋环插筋连接。

（1）边缘构件全部现浇，其他部位预制

优点：边缘构件内钢筋连接与现浇相同，其范围内上下不需要用套筒连接，仅用套筒连接普通剪力墙，结构整体性相对较好，抗震性能得到保障。

缺点：受结构形式影响较大，基本只能用于层数较少的小高层住宅中。受《装配式建筑评价标准》GB/T 51129—2017 影响较大，外墙非剪力墙预制构件不能再享受预制率的统计，只能算到围护墙评分。

（2）边缘构件部分现浇，部分预制

优点：预制率高，适用于大部分工程项目。

缺点：连接节点相对较多，现浇区域钢筋较多，空间狭小，不利于施工。

6.3.4　预制剪力墙的深化设计图绘制要求

通过对预制剪力墙的设计特点和相关规范的分析，对预制剪力墙本身设计及其连接设计进行分析，对拆分进行优缺点的分析，对在预制阶段、运输吊装阶段及使用阶段的荷载工况进行分析，得出预制剪力墙深化设计图的基本要求：

（1）图中绘制预制剪力墙主视图、左视图、右视图、俯视图、配筋图、装配方向 3D 视图；为了方便识图，模板图可合并在配筋图中，但需要表示清楚门窗、装饰材料、预留洞口、预埋件、管线、开关插座；粗糙面、键槽构造，面砖、石材需绘制排板图。

（2）钢筋用双线图表示，带肋钢筋要用满外值表示（按照钢筋加工最大正误差）。

（3）套筒连接的钢筋，钢筋表要求有加工误差要求，要与套筒对接钢筋的误差要求相匹配。

（4）预制剪力墙参数。

（5）预埋件明细表。

6.4　预制剪力墙（内墙）深化设计操作（图 6-15）

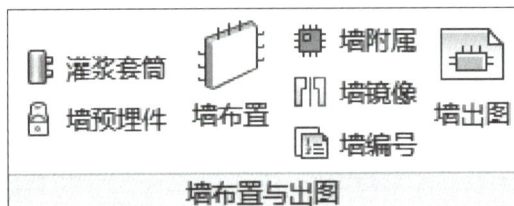

图 6-15　墙布置与出图

　　装配式建筑构件深化设计

6.4.1 灌浆套筒

在墙布置之前，首先要对灌浆套筒进行选型（图6-16）。

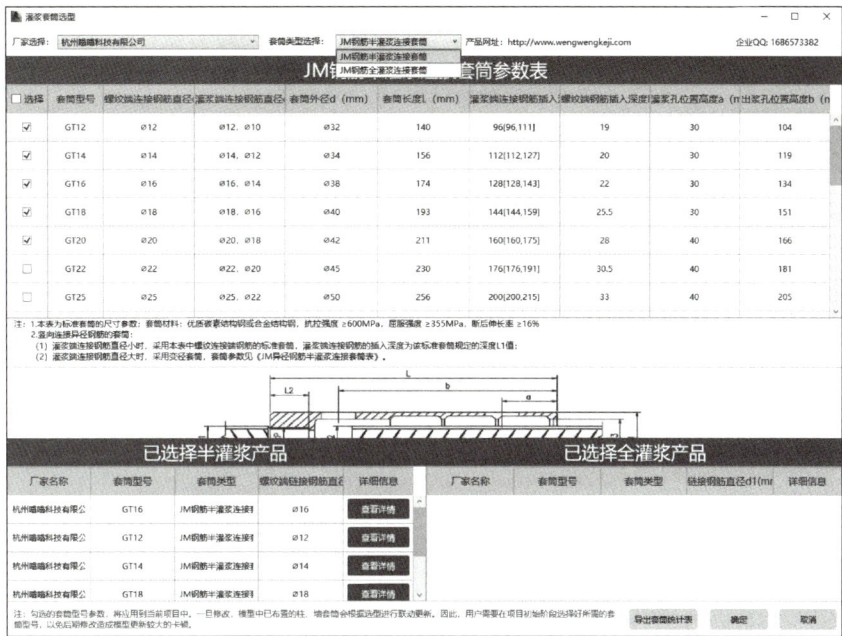

图6-16 灌浆套筒进行选型

【厂家选择】：目前内置图集及市场上常用型号，后续会增加一些其他厂家灌浆套筒的参数表。

【套筒类型选择】：有钢筋半灌浆连接套筒、钢筋全灌浆连接套筒。

勾选的套筒型号会生成在界面的下方。参数表中的套筒外径 d、套筒长度 L、灌浆端连接钢筋插入深度 L_1、螺纹端钢筋插入深度 L_2，灌浆孔位置高度 a、出浆孔位置高度 b，这些数值都是支持修改的，修改的参数会联动到画布以及出图的图纸当中。

注：勾选的套筒型号参数，将应用到当前项目中。一旦修改，模型中已布置的柱、墙套筒会根据选型进行联动更新。因此，用户需要在项目的初始阶段选择好所需要的套筒型号，以免后期修改造成模型更新较大的卡顿。

6.4.2 墙预埋件（图6-17）

【预埋件类型】：目前支持吊钉、CSA 型内埋式螺母、ESA 型内埋式螺母三种类型切换，选择不同的埋件类型，界面参数会联动变化。

KK(long)型吊钉规格参数表

选择	名称	型号	尺寸参数(mm)						
---	---	---	D	D1	D2	R	s	de	L
☑	DD1	KK1.3x120	10	19	25	30	10	250	120
☐	DD2	KK2.5x170	14	26	35	37	11	350	170
☐	DD3	KK4x210	18	36	45	47	15	675	210
☐	DD4	KK5x240	20	36	50	47	15	765	240
☐	DD5	KK7.5x300	24	47	60	59	15	945	300
☐	DD6	KK10x340	28	47	70	59	15	1100	340
☐	DD7	KK15x400	34	70	80	80	15	1250	400
☐	DD8	KK20x500	38	70	98	80	15	1550	500
☐	DD9	KK32x700	50	88	135	107	23	2150	700

已筛选类型

厂家名称	预埋件类型	名称	型号	锚固形状	附加钢筋形状
杭州嗡嗡科技有限公司	吊钉	DD1	KK1.3x120		
杭州嗡嗡科技有限公司	ESA型内埋式螺母	NLe1	ESA12x60	CSA型锚固	斜拉

图6-17　墙预埋件

注：勾选的预埋件型号，将应用到当前项目中。一旦修改，模型中已布置的柱、墙套筒会根据选型进行联动更新。因此，用户需要在项目的初始阶段选择好所需要的预埋件型号，以免后期修改造成模型更新较大的卡顿。

装配式建筑构件深化设计

6.4.3 墙布置（图6-18）

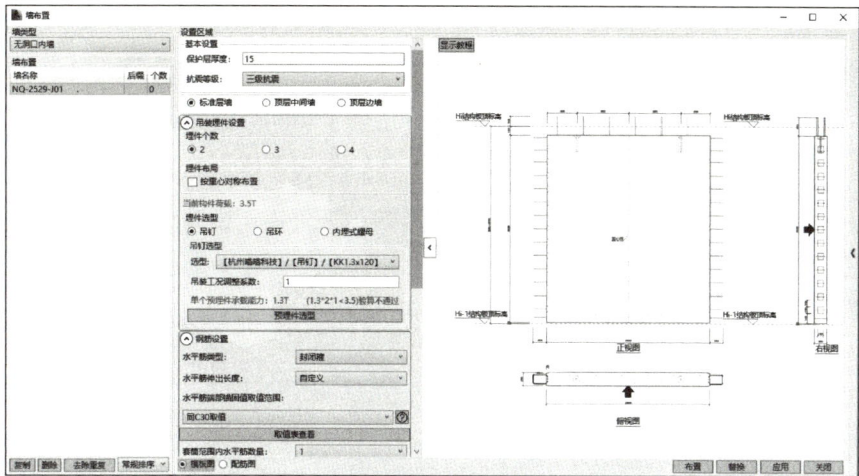

图6-18 墙布置

【类型选择】：如图6-19所示。软件可通过左上方选项进行墙类型的切换，目前内置四种类型：无洞口内墙、固定门垛内墙、中间洞口内墙、刀把内墙，并按照图集要求给予命名。

【基本设置】：如图6-20所示。软件支持保护层、抗震等级设置，修改参数后会和画布区联动，也会影响最终的 BOM 表统计以及钢筋长度统计。

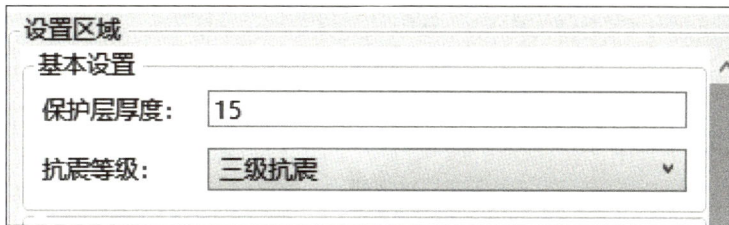

图6-19 墙布置类型选择

图6-20 基本设置

【标准层/顶层】：墙纵筋顶部情况支持标准层、顶层中间墙、顶层边墙设置，软件会根据不同的情况，开放不同的参数以及调整钢筋弯折方向。尽量符合实际项目要求。

图 6-21　吊装埋件设置

【吊装埋件设置】：支持吊环、吊钉、内埋式螺母三种类型。用户可修改预埋件的个数，位置可根据重心对称，也可以自由修改调整。埋件的样式和负荷，可以通过【预埋件选型】功能自定义选择（图 6-21）。

【钢筋设置】：预制墙的特点钢筋种类尤其多，于是采用设置项 + 画布结合方式，方便用户直观设置钢筋（图 6-22）。

用户可在左侧设置栏设置钢筋的端部类型、伸出长度及锚固取值设置。

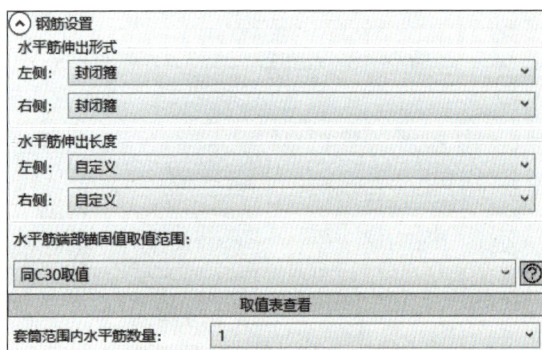

图 6-22　钢筋设置

其余的钢筋信息可直接在画布区，通过点选钢筋名称进行设置、查看。

【套筒设置】：用户选择的套筒类型，软件会根据当前墙的钢筋直径自动匹配可选择的套筒选项，减少用户的判断过程。用户选择后，对应的画布中的套筒高度也会联动变化，钢筋的长度参数也都会一并联动（图 6-23）。

【墙侧面设置】：开放粗糙面和键槽的选项，其中键槽支持贯通和非贯通两种类型。也会体现在画布区的右视图中。出图时也会做相应的备注（图 6-24）。

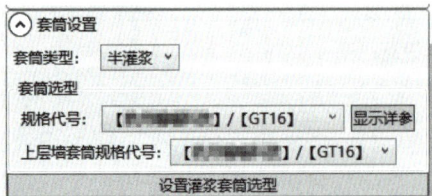

图 6-23　套筒设置

图 6-24　墙侧面设置

装配式建筑构件深化设计

【材质设置】：支持墙体混凝土和钢筋的材质设置，用户可直接选择 Revit 提供的材质库，也可以自行导入，做出更炫的模型效果（图 6-25）。

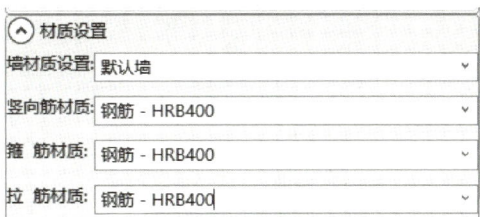

图 6-25　材质设置

【模板图】：支持构件模板图和配筋图的切换，模板图中主要用于确认墙的高度、宽度、键槽、吊件的信息，图中蓝色字体均为可改项（图 6-26）。

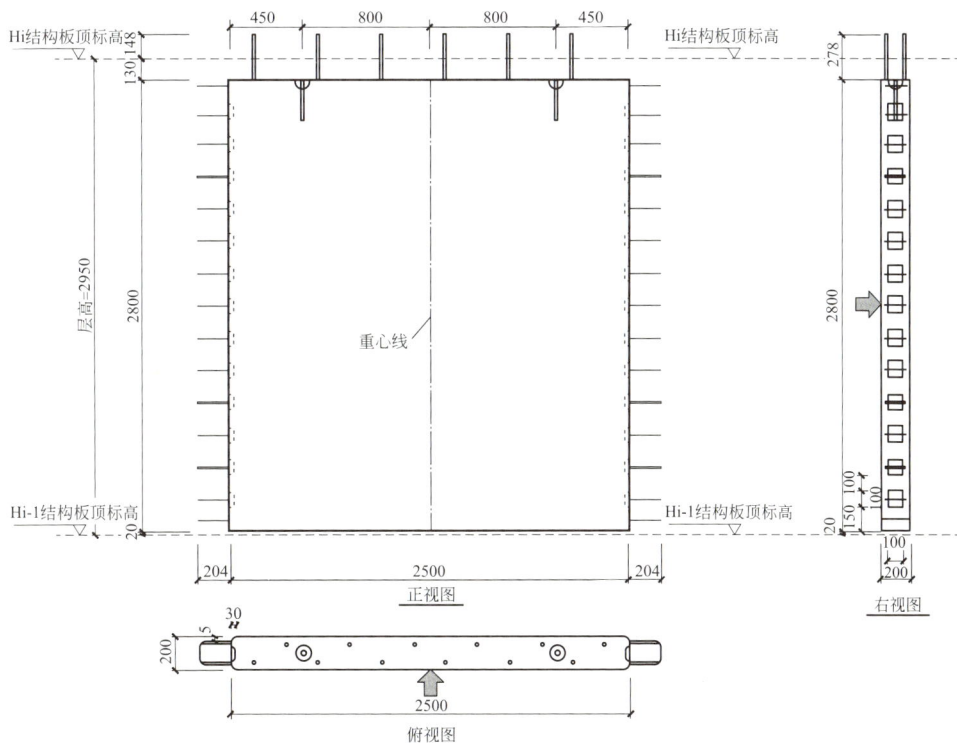

图 6-26　模板图

【配筋图】：用户可以通过手势切换到配筋图，输入对应的配筋信息。点选任意的配筋名称，都会自动进入配筋信息输入框，修改钢筋的直径、等级、弯钩平直段长度（图 6-27、图 6-28）。

小技巧：同类型的钢筋信息可以一起修改，更加便捷。

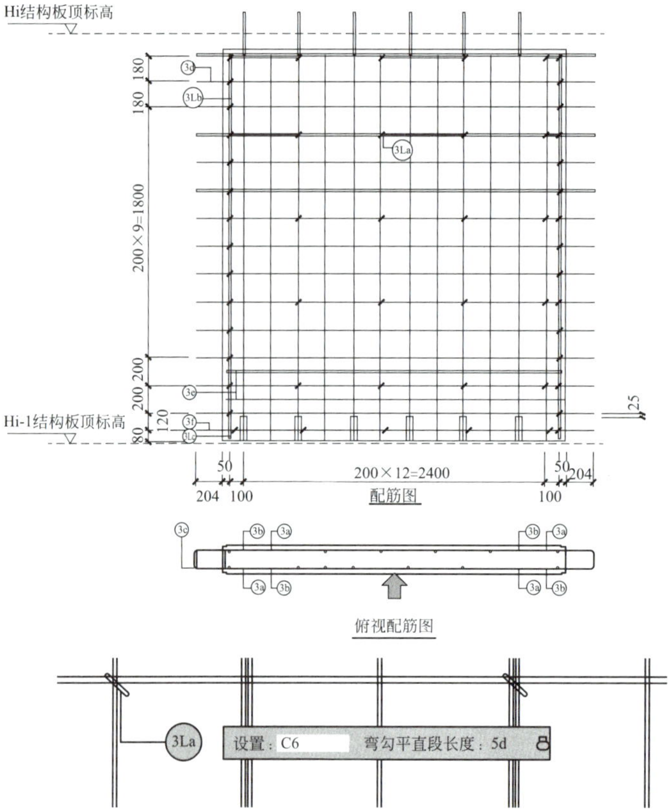

图 6-27 配筋图 1

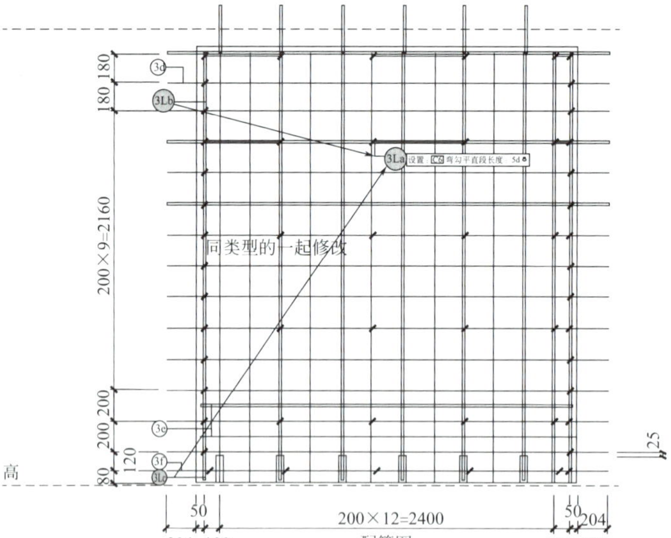

图 6-28 配筋图 2

6.4.4 墙附属构件（图6-29）

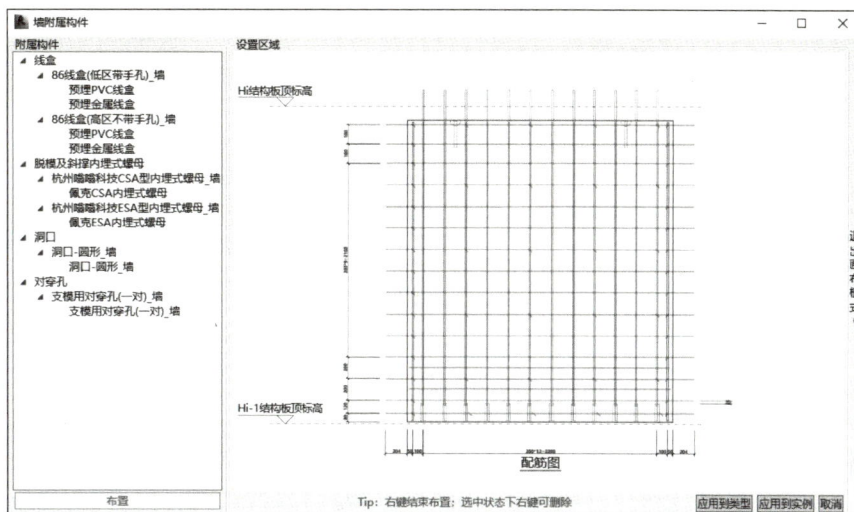

图6-29 墙附属构件

目前软件支持：线盒、脱模及斜撑内埋式螺母、洞口、对穿孔的定位及布置。用户点选命令后，选择一堵墙，功能会自动进入画布模式，用户可以在模型上直接布置（图6-30）。

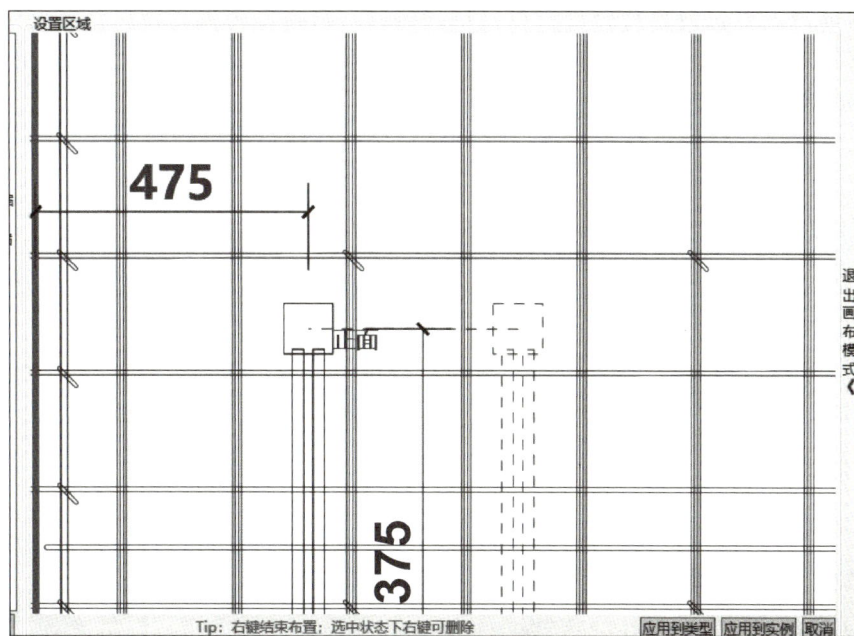

图6-30 画布模式

用户可通过正面、背面选项控制构件所在面，程序会通过实线、虚线进行区分。图上蓝色字体可任意修改，帮助用户准确定位。

同时软件支持【应用到实例】、【应用到类型】两种模式，方便用户快速、批量更改模型。

6.4.5　墙镜像（图6-31）

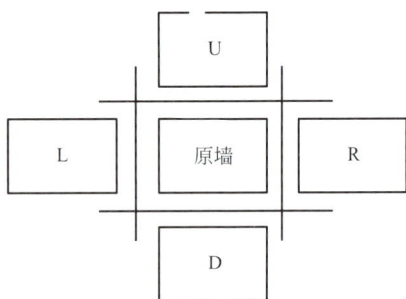

图6-31　墙镜像

【操作步骤】：点击命令，左下角提示"请选择需要镜像的墙"，去选择需要镜像的墙；选择完成后（可以用来整体镜像，比如镜像的户型），去点击左上角的"完成"按钮，完成选择后，需要用户去选择一个线（支持对象：CAD的底图、模型的边缘线、轴线等），支持左右和上下镜像。注意，墙附属构件也会一同镜像，但安装方向不变。

左右镜像需要判断的参数和值如下（钢筋因为都是对称关系，所以不用变化）：

（1）附属构件（线盒、脱模螺母、洞口、手孔）的位置；

（2）预埋件的位置（吊钉、吊环、预埋螺母）；

（3）水平筋左右伸出长度。

上下镜像要判断的参数和值如下：附属构件（线盒、脱模螺母、洞口、手孔）的位置。

6.4.6　墙编号（图6-32）

先"左→右"，后"上→下"；先"上→下"，后"左→右"以及"绘制详图线"排序参前面板、梁介绍。

编号模式设置：

【傻瓜式编号】选择傻瓜式编号进行编号时，编号以PCQ1、PCQ2的形式一直往下排列，完全相同的墙编号相同，出图在一张图纸里（会统计个数），出图还是按类型出图。

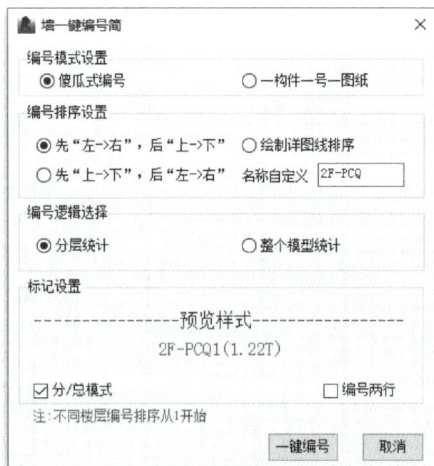

图6-32　墙编号

装配式建筑构件深化设计

【一构件一号一图纸】选择该种编号方式进行编号时，每堵墙的标号都不相同，都是唯一，相同的墙，编号以 PCQ1-1/2、PCQ1-2/2 分数的形式表达，出图时每堵墙都会出一张图纸。现编号中的分母为当层相同板的总数，建议在名称自定义中增加楼层前缀。

标记的设置分为单行和两行（两行时重量会单独成一行），并且支持不同形式的标记；单行的预览样式如图 6-33 所示，两行的预览样式如图 6-34 所示。

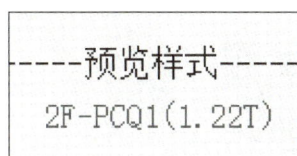

图 6-33　单行的预览样式　　　　图 6-34　两行的预览样式

6.4.7　墙出图（图 6-35、图 6-36）

当绘制完所有的预制墙后，我们需要对项目种所有板进行出图并交付工厂生产。需要先做下出图前的设置：

【图框名称】：选择好已载入的图框。

【载入图框族】：可以自主载入 rfa 格式的图框族，需要基于图框样板。

【图框尺寸】：支持 A1 ～ A4 等 8 个种常规尺寸。此处选择应与载入的图框尺寸一致。方便后续调整出图布局。

【比例】：用于调整出图时的视图比例，默认 1：25，可自由选择。

【标注文字大小（mm）】：标注文字的大小会更具比例的调整自动变化。

【字体】：可以调节出图时尺寸标注中的字体。

【是否生成 Keyplan】：通过勾选项控制是否需要生成 Keyplan。

【图纸起始前缀】：可以自定义起始前缀，出图的时候，图纸名称会增加起始

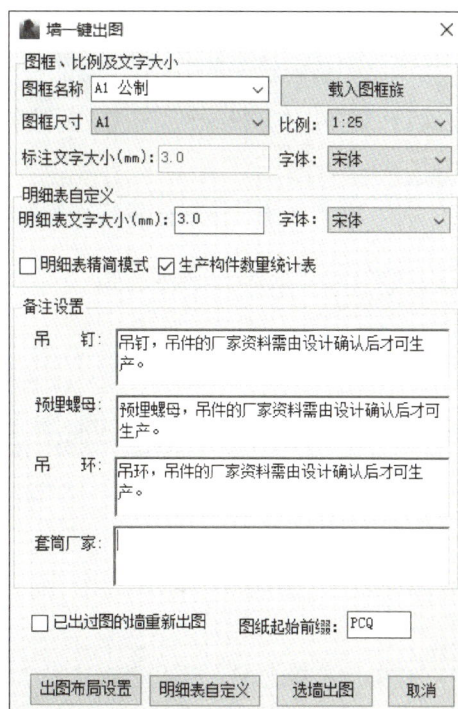

图 6-35　墙出图 1

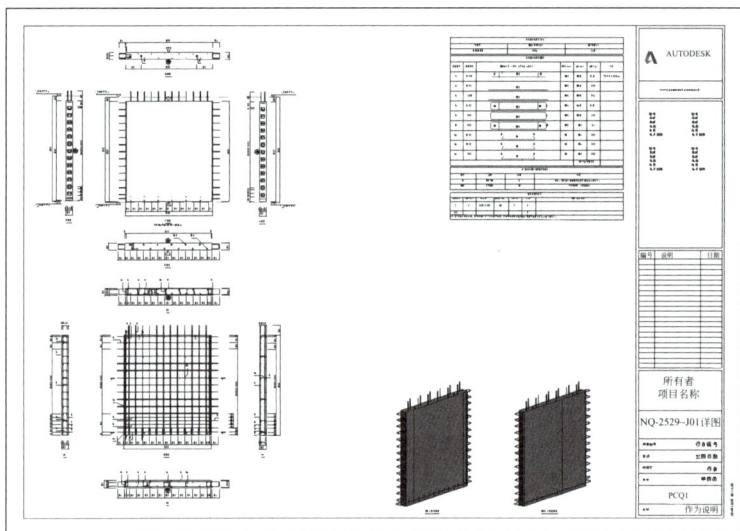

图 6-36 墙出图 2

前缀并生成 1、2、3……方便用户对图纸进行整理、排序。

【已出过图的板重新出图】：用于当用户已经对当前项目中的墙出过一次图后，对单独或者局部的墙做了修改后，此时可以通过勾选此项，仅对修改的墙单独出图即可，用于节约出图时间。

【出图布局设置】：因为不同的设计单位或者厂家对图纸有自己常用的排版格式，在此我们提供对出图布局可以自主灵活调整（可以进行布图的位置的移动，也可以增加或者删除视图）。

在此需要注意：出图前先进行【墙编号】操作，有助于区分附属构件。

设置完成后，选择出图范围，软件会根据附属构件不同、楼层不同进行出图。

6.5 预制剪力墙（外墙）深化设计操作

6.5.1 灌浆套筒

在外墙布置之前，首先要对灌浆套筒进行选型（图 6-37）。

【厂家选择】：目前内置图集及市场上常用型号，后面会增加一些其他厂家灌浆套筒的参数表。

装配式建筑构件深化设计

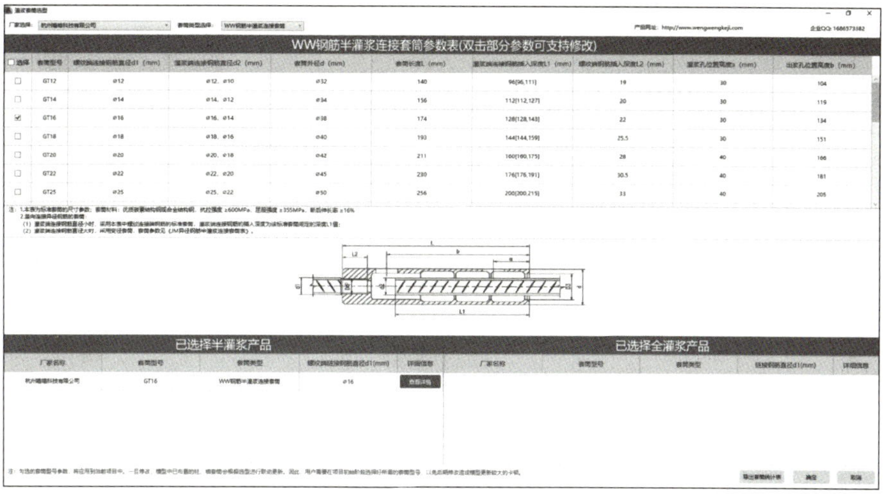

图 6-37 灌浆套筒选型

【套筒类型选择】：有钢筋半灌浆连接套筒、钢筋全灌浆连接套筒。

勾选的套筒型号会生成在界面的下方。参数表中的套筒外径 d、套筒长度 L、灌浆端连接钢筋插入深度 L_1、螺纹端钢筋插入深度 L_2，灌浆孔位置高度 a、出浆孔位置高度 b，这些数值都是支持修改的，修改的参数会联动到画布以及出图的图纸当中。

注：勾选的套筒型号参数，将应用到当前项目中。一旦修改，模型中已布置的柱、墙套筒会根据选型进行联动更新。因此，用户需要在项目的初始阶段选择好所需要的套筒型号，以免后期修改造成模型更新较大的卡顿。

6.5.2 外墙预埋件（图 6-38）

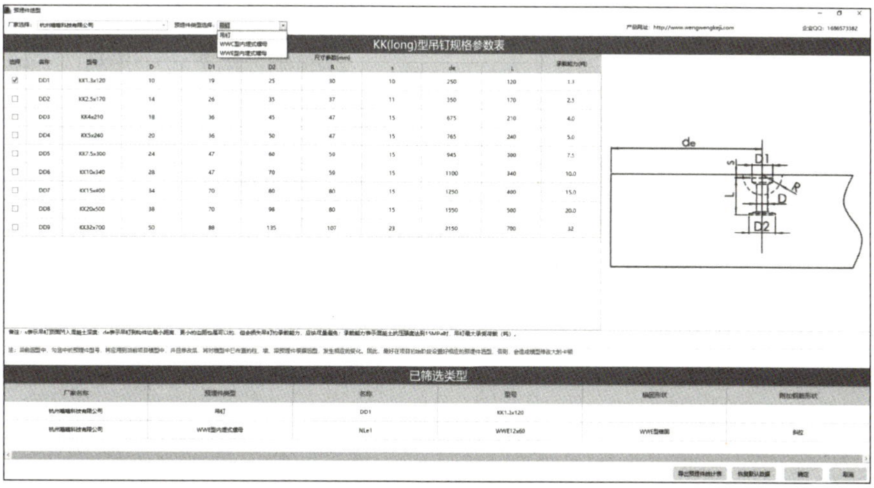

图 6-38 外墙预埋件

【预埋件类型】：目前支持吊钉、WWC 型内埋式螺母、WWE 型内埋式螺母三种类型切换，选择不同的埋件类型，界面参数会联动变化。

注：勾选的预埋件型号，将应用到当前项目中。一旦修改，模型中已布置的柱墙套筒会根据选型进行联动更新。因此，用户需要在项目的初始阶段选择好所需要的预埋件型号，以免后期修改造成模型更新较大的卡顿。

6.5.3 外墙布置（图 6-39）

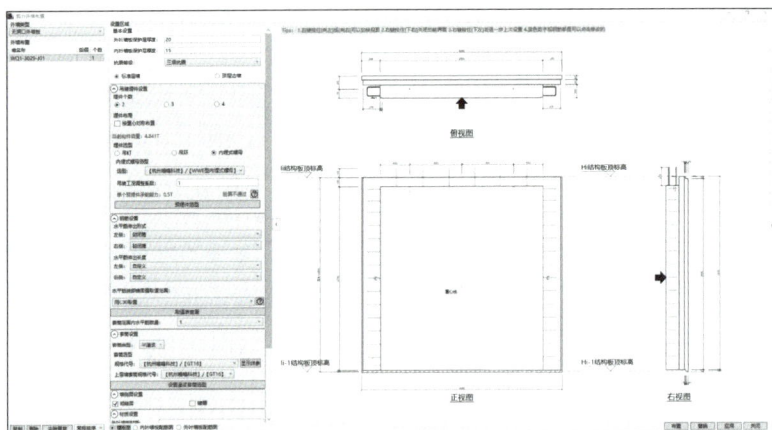

图 6-39　外墙布置

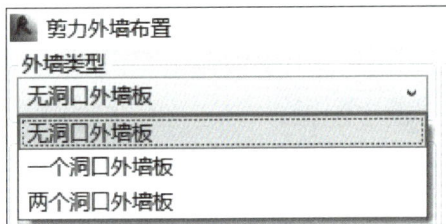

图 6-40　类型选择

【类型选择】：如图 6-40 所示。软件可通过左上方选项进行墙类型的切换，目前内置三种类型：无洞口外墙板、一个洞口外墙板、两个洞口外墙板，并按照图集要求给予命名。

【基本设置】：如图 6-41 所示。软件支持外叶墙板和内叶墙板的保护层设置、抗震等级设置，修改参数后会和画布区联动，也会影响最终的 BOM 表统计以及钢筋长度统计。

【标准层 / 顶层】：墙纵筋顶部情况支持标准层、顶层边墙设置，软件会根据不同的情况，开放不同的参数以及调整钢筋弯折方向。尽量符合实际项目要求。

【吊装埋件设置】：支持吊环、吊钉、内埋式螺母三种类型。用户可修改预埋件的个数，位置可根据重心对称，也可以自由修改调整。埋件的样式和负荷，可以通过【预埋件选型】功能自定义选择（图 6-42）。

图 6-41 基本设置

【钢筋设置】：预制外墙的特点钢筋种类尤其多，于是采用设置项＋画布结合方式，方便用户直观设置钢筋。

图 6-42 吊装埋件设置

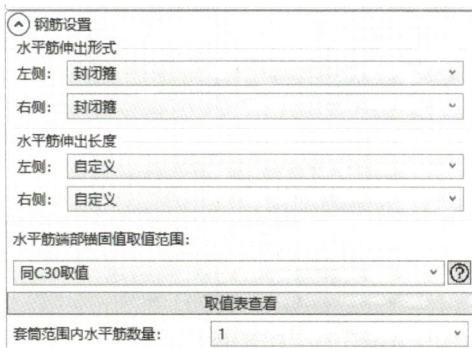

用户可在左侧设置栏设置钢筋的端部类型、伸出长度及锚固取值设置（图 6-43）。

其余的钢筋信息可直接在画布区，通过点选钢筋名称进行设置、查看。

【套筒设置】：用户选择的套筒类型，软件会根据当前墙的钢筋直径自动匹配可选择的套筒选项，减少用户的判断过程。用户选择后，对应的画布中的套筒高度也会联动变化，钢筋的长度参数也都会一并联动（图 6-44）。

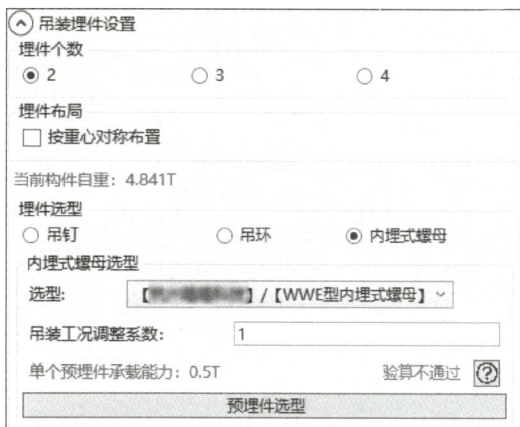

图 6-43 钢筋设置

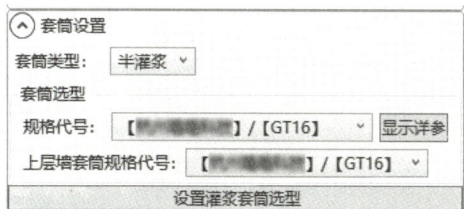

图 6-44 套筒设置

【墙侧面设置】：开放粗糙面和键槽的选项，其中键槽支持贯通和非贯通两种类型。也会体现在画布区的右视图中。出图时也会做相应的备注（图 6-45）。

【材质设置】：支持墙体混凝土和钢筋的材质设置，用户可直接选择 Revit 提供的材质库，也可以自行导入，做出更炫的模型效果（图 6-46）。

6 预制剪力墙的深化设计

图 6-45　墙侧面设置

【模板图】：支持构件模板图和配筋图的切换，模板图中主要用于确认外墙内叶板和外叶板的高度、宽度、厚度、吊件等信息，图中蓝色字体均为可改项（图6-47）。

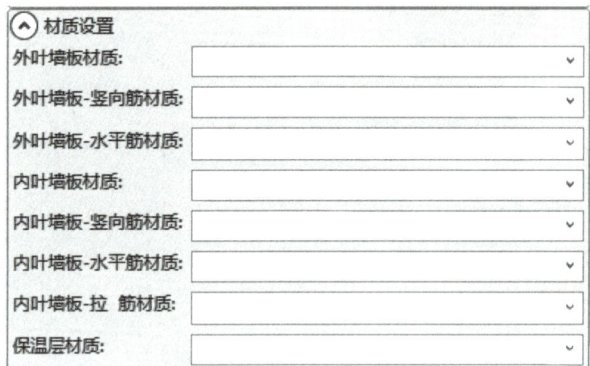

图 6-46　材质设置

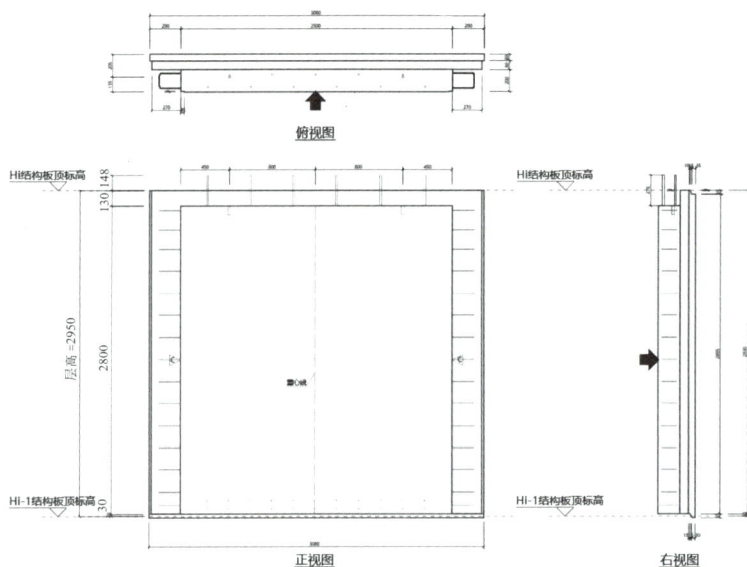

图 6-47　模板图

【配筋图】：用户可以通过手势切换到配筋图，输入对应的配筋信息。点选任意的配筋名称，都会自动进入配筋信息输入框，修改钢筋的直径、等级、弯钩平直段长度（图6-48、图6-49）。

小技巧：同类型的钢筋信息可以一起修改，更加便捷。

　　·　　　　·　　　　　　　　　　　　装配式建筑构件深化设计

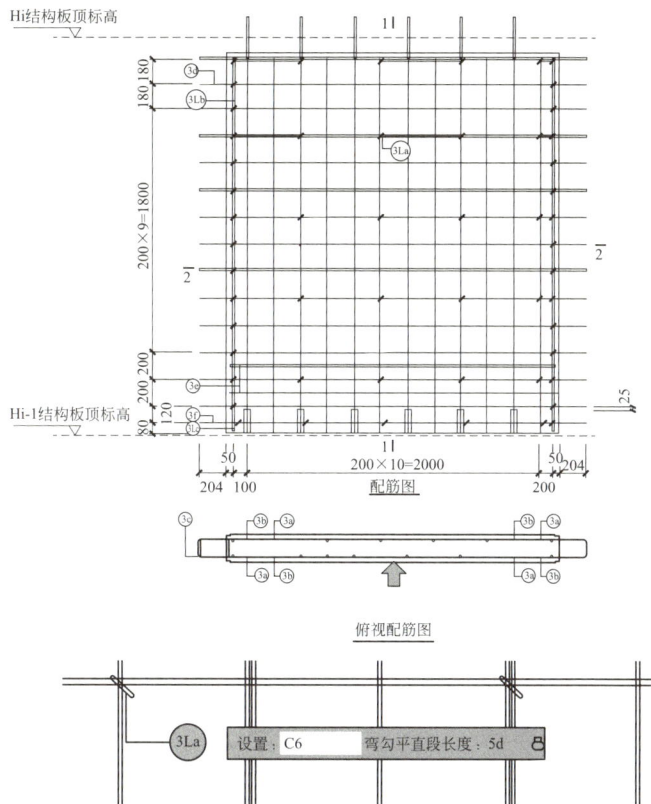

图 6-48　配筋图 1

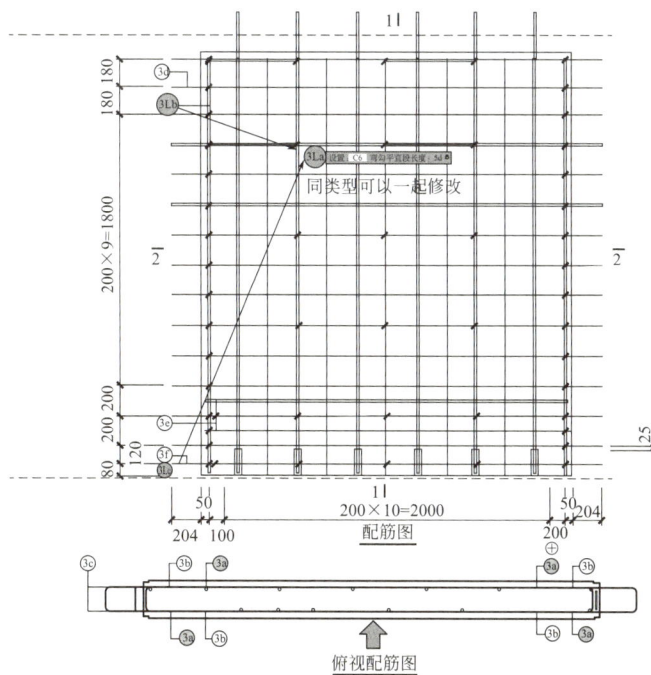

图 6-49　配筋图 2

6.5.4 外墙附属构件（图6-50）

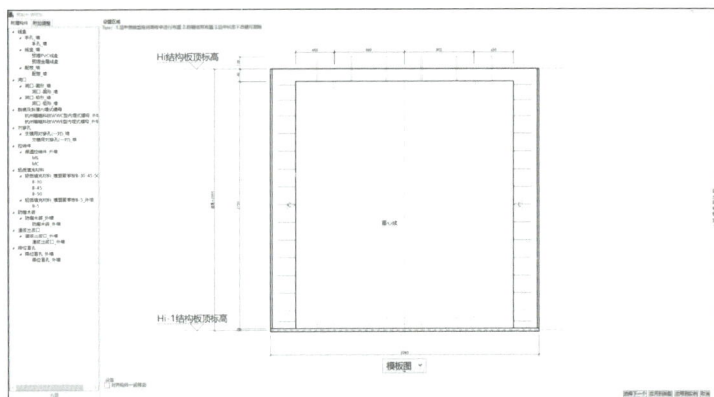

图6-50 外墙附属构件

目前软件支持：手孔、线盒、配管三者分开布置；保温拉结件一键批量布置；轻质填充块，防腐木砖，灌浆出浆口及限位盲孔的定位及布置。用户点选命令后，选择一堵墙，功能会自动进入画布模式，用户可以在模型上直接布置。布置附属构件时会自动定位到相应视图，免去用户切换视图的操作。图上蓝色字体可任意修改，帮助用户准确定位（图6-51）。

图6-51 画布模式

同时软件支持【应用到实例】、【应用到类型】两种模式，方便用户快速、批量更改模型。

装配式建筑构件深化设计

6.5.5　外墙镜像

【操作步骤】：点击命令，左下角提示"请
选择需要镜像的墙"，去选择需要镜像的墙；
选择完成后（可以用来整体镜像，比如镜像的
户型），去点击左上角的"完成"按钮，完成
选择后，需要用户去选择一个线（支持 CAD 的
底图、模型的边缘线、轴线等），支持左右和
上下镜像（图 6-52）。

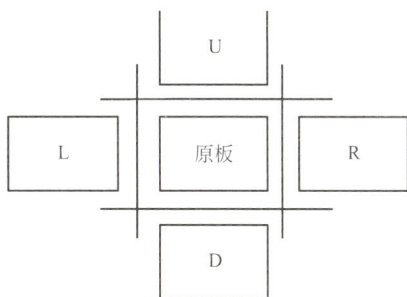

图 6-52　外墙镜像

左右镜像需要判断的参数和值如下（钢筋
因为都是对称关系，所以不用变化）：

（1）附属构件（线盒、脱模螺母、洞口、手孔）的位置；

（2）预埋件的位置（吊钉、吊环、预埋螺母）；

（3）水平筋左右伸出长度。

上下镜像要判断的参数和值如下：

附属构件（线盒、脱模螺母、洞口、手孔）的位置。

6.5.6　外墙编号（图 6-53）

先"左→右"，后"上→下"；先"上→下"，后"左→右"以及自定义"绘制
详图线"等排序方式。

图 6-53　外墙编号

标记的设置分为单行和两行（两行时重
量会单独成一行），并且支持不同形式的标
记；单行的预览样式如图 6-54 所示，两行
的预览样式如图 6-55 所示。

【傻瓜式编号】：此为勾选项，用户在
标记时，对前缀 PCWQ1 和 YQ1 等，如果
为不同楼层的，可以根据用户需要是重新由
1 开始还是由上次编号的最大值 +1 开始。

【一构件一号一图纸】：只针对当前视
图去标记，且只能在当前二维视图中去标注。
但对各个构件和附属构件等的智能判断会对

图 6-54　单行的预览样式

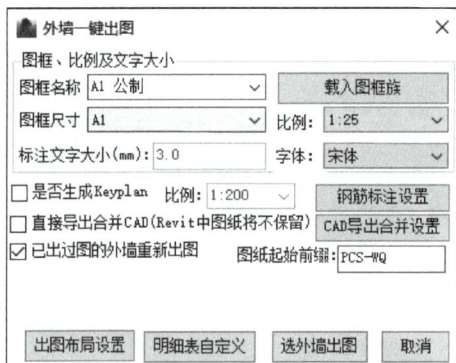

图 6-55　两行的预览样式

整个项目去判断，这样就能更准确了。

6.5.7　外墙出图（图6-56）

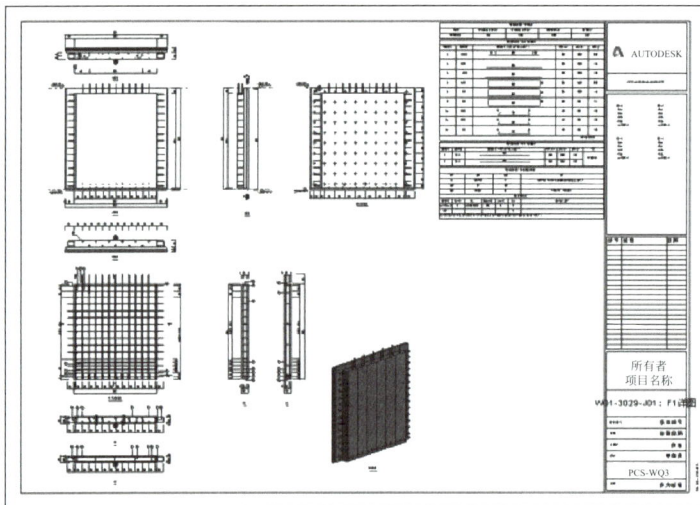

图 6-56　外墙出图

当绘制完所有的预制墙后，我们需要对项目中所有板进行出图并交付工厂生产。

需要先做下出图前的设置：

【图框名称】：选择好已载入的图框。

【载入图框族】：可以自主载入 rfa 格式的图框族，需要基于图框样板。

【图框尺寸】：支持 A1 ~ A4 等 8 个种常规尺寸。此处选择应与载入的图框尺寸一致。方便后续调整出图布局。

【比例】：用于调整出图时的视图比例，默认 1 ：25，可自由选择。

【标注文字大小（mm）】：标注文字的大小会更具比例的调整自动变化。

【字体】：可以调节出图时尺寸标注中的字体。

【是否生成 Keyplan】：通过勾选项控制是否需要生成 Keyplan。

【图纸起始前缀】：可以自定义起始前缀，出图的时候，图纸名称会增加起始前缀并生成 1、2、3……方便用户对图纸进行整理、排序。

【已出过图的板重新出图】：用于当用户已经对当前项目中的墙出过一次图后，对单独或者局部的墙做了修改后，此时可以通过勾选此项，仅对修改的墙单独出图即可，用于节约出图时间。

【出图布局设置】：因为不同的设计单位或者厂家对图纸有自己常用的排版格式，在此我们提供对出图布局可以自主灵活调整（可以进行布图的位置的移动，也可以增加或者删除视图）。

在此需要注意：出图前先进行【板编号】操作，有助于区分附属构件。

设置完成后，选择出图范围，软件会根据附属构件不同、楼层不同进行出图。

【明细表自定义】：可对各类预埋件及套筒进行信息备注。也可选择明细表采用精简还是常规模式（图 6-57）。

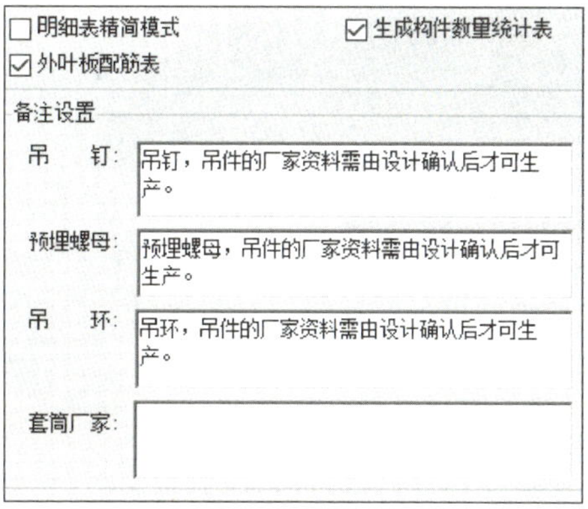

图 6-57　明细表自定义

📑 本章小结

本章主要介绍了预制剪力墙的基础知识、预制剪力墙的深化详图识图、预制剪力墙深化设计的原则和内容，以及 BeePC 装配式深化设计软件中关于预制剪力墙深化设计操作方法的简介，让读者在了解预制剪力墙深化设计相关知识的基础上，能够更加准确地利用 BeePC 软件绘制出符合国家规范的预制剪力墙深化设计加工图纸。

7

预制楼梯的
深化设计

7.1 预制楼梯基础知识

7.1.1 预制楼梯的概念

预制装配式楼梯（图 7-1）是装配式建筑中常用的构件之一，将预制楼梯分成休息平台板、楼梯梁、楼梯段三个部分；将各构件在加工厂或施工现场进行预制，施工时将预制构件进行装配，最后运至施工现场安装，安装完成后即可立即作为现场施工通道使用；它具有施工快速、安全可靠、拆装便捷、施工管理方便等优点。

图 7-1 预制楼梯

7.1.2 预制楼梯的类型

预制混凝土楼梯根据构件尺度不同分为小型构件装配式和大、中型构件装配式两类。小型构件装配式钢筋混凝土楼梯的主要特点是构件小而轻、易制作，但施工繁且慢，湿作业多，耗费人力，适用于施工条件较差的地区。大型构件装配式钢筋混凝土楼梯是将楼梯梁平台预制成一个构件，断面可做成板式或空心板式、双梁槽板式或单梁式；而中型构件装配式钢筋混凝土楼梯一般以楼梯段和平台各做一个构件装配而成。大型预制混凝土楼梯主要用于工业化程度高专用体系的大型装配式建筑中，或用于建筑平面设计和结构布置有特别需要的场所。

预制楼梯根据其在构件厂的生产方式不同分为卧式生产和立式生产两种。卧式楼梯模具（图 7-2a）相对于立式而言，虽然安放钢筋笼、浇筑混凝土都较为方便，但是卧式模具生产的楼梯在脱模堆放时，会多一道翻转工序，预埋件安装比立式多；楼梯背面滴水线还需要人工用压条形成，而立式则通过模具即可一次成型。立式模具（图 7-2b）除钢筋安装较为麻烦，混凝土浇筑时有漏浆的风险外，其生产方便性、效率性、成型质量都好于卧式，因而，构件厂一般都采用立式生产方式制作楼梯。

(a)　　　　　　　　　　　(b)

图 7-2　预制楼梯生产方式
（a）卧式生产；（b）立式生产

预制混凝土楼梯按结构形式可分为板式楼梯和梁板式楼梯两类（图 7-3）。

(a)　　　　　　　　　　　(b)

图 7-3　预制楼梯结构形式
（a）预制板式楼梯；（b）预制梁板式楼梯

　　·　　·　　装配式建筑构件深化设计

预制混凝土楼梯按梯段截面形式可分为，不带平板型、低端带平板型、高端带平板型、高低端均带平板型、中间带平板型5类，如图7-4所示。

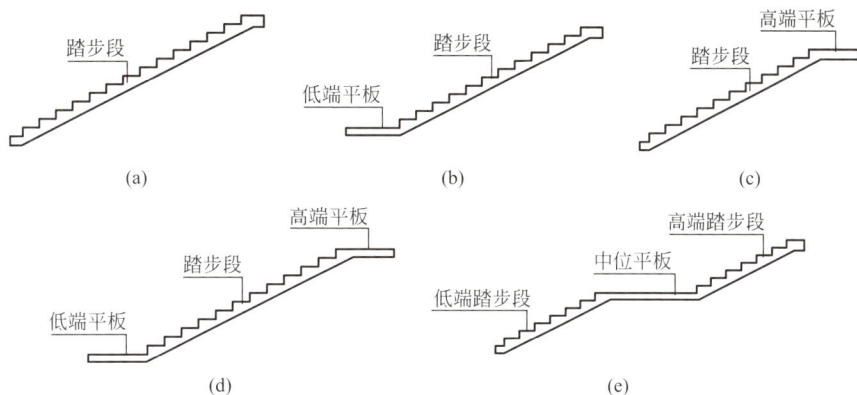

图7-4 各种预制楼梯梯段截面形式

（a）不带平板型；（b）低端带平板型；（c）高端带平板型；（d）高低端均带平板型；（e）中间带平板型

7.1.3 预制楼梯的优缺点

1. 预制楼梯的优点

（1）与传统的现浇楼梯相比预制楼梯的安装效率高、施工速度快，能够大限度地发挥出拼装灵活的特点。现浇楼梯模板支拆、绑筋、浇筑混凝土相对于预制楼梯就会费工很多，影响进度。同时预制楼梯不占用工位，可提前预制。预制好的楼梯安装很快。

（2）预制楼梯外形规整、尺寸统一，当其成型后的观感质量相较于现浇楼梯要提升一个等级；预制楼梯区别于传统现浇楼梯的缺棱掉角，也省去了二次抹灰的环节，节省一道工序，相对于抹灰量节省了成本。

（3）预制楼梯的使用符合国家提出的节材、节能、环保产业政策。

（4）可利用预制楼梯快速形成人行上下通道，既省去临时通道，又方便施工人员上下。

（5）预制混凝土楼梯与传统楼梯相比，工人建造楼梯时并不需要设置复杂的框架，也不需考虑天气是否合适，且无需花费大量时间混合和浇筑混凝土；并且预制混凝土楼梯的中空特征，也使其更轻。这就使得预制混凝土楼梯比传统楼梯的安装受外界因素的影响小很多。

（6）裂缝和空隙是所有楼梯的麻烦，一旦水分渗入裂缝，其在裂缝中冻结与解冻的过程，很容易损坏混凝土；并且随着时间的推移，这些裂缝将不断扩大，降低楼梯的安全系数；而预制混凝土楼梯采用无缝设计，可以很大程度减少裂缝和空隙的产生，从而提高其安全性能。

2. 预制楼梯的缺点

（1）组装要求技术实力强，对于很多施工单位难以达到。

（2）尺寸控制较难与现场充分吻合。

（3）预制楼梯施工工序相较现浇楼梯烦琐，需要加强各工序之间衔接。

7.1.4 预制楼梯的构造要点

预制装配式钢筋混凝土楼梯按其构造方式可分为梁承式、墙承式和墙悬臂式等类型。

（1）梁承式

预制装配梁承式钢筋混凝土楼梯是指将预制踏步搁置在斜梁上形成梯段，梯段斜梁搁置在平台梁上，平台梁搁置在两边墙或梁上；楼梯休息平台可用空心板或槽形板搁在两边墙上或用小型的平台板搁在平台梁和纵墙上的一种楼梯形式（图 7-5）。预制构件可按梯段（板式或者梁板式梯段）、平台梁、平台板三部分进行划分。

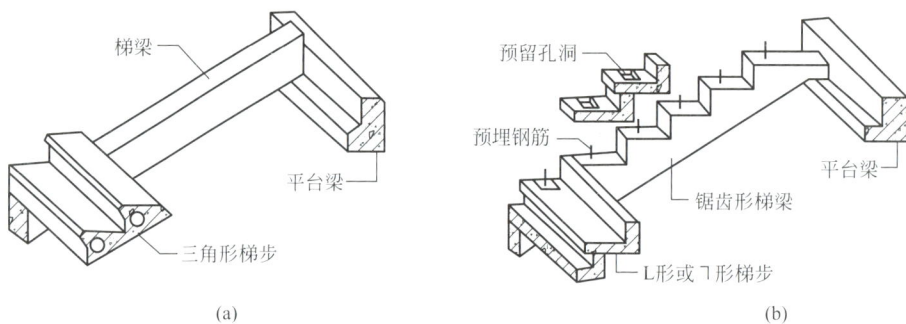

(a)　　　　　　　　　　　　　　　　(b)

图 7-5　梁承式楼梯

1）梯段

① 梁板式梯段（图 7-6a），由梯斜梁和踏步板组成。一般在踏步板两端各设一根梯斜梁，踏步板支承在梯斜梁上。

② 板式梯段（图 7-6b），为整块或数块带踏步条板，其上下端直接支承在平台梁上。由于没有梯斜梁，梯段底面平整，结构厚度小，其有效断面厚度可按 $L/30 \sim L/20$ 估算，由于梯段板厚度小，且无梯斜梁，使平台梁位置相应抬高，增大了平台下净空高度。

（a）

（b）

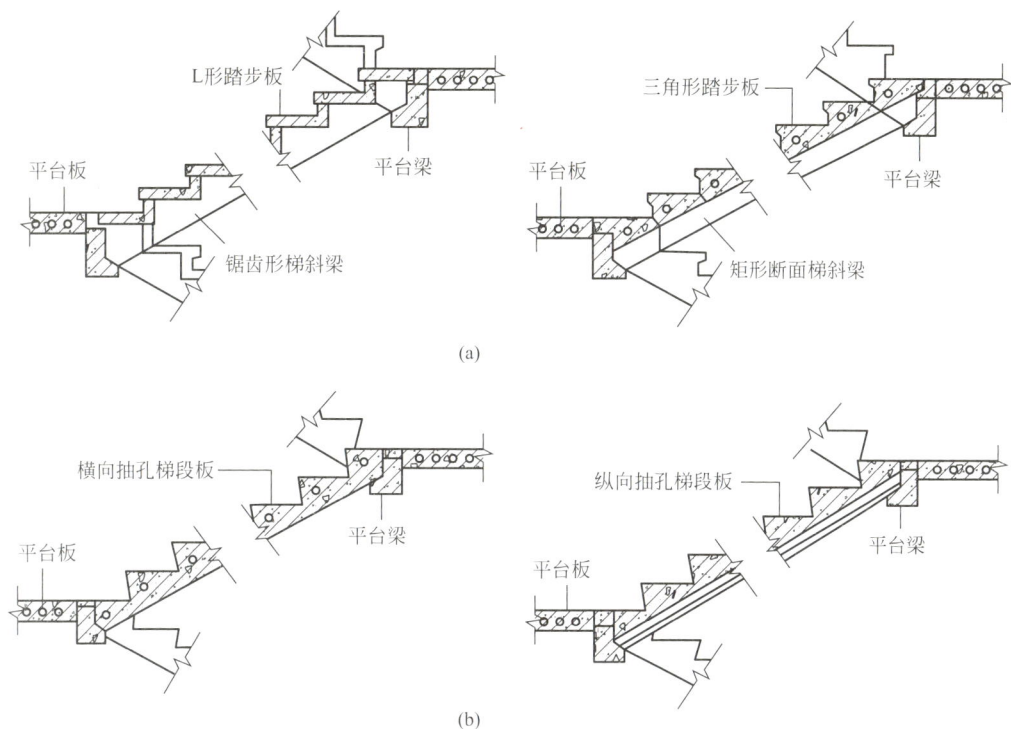

图 7-6　梁承式楼梯

（a）梁板式梯段；（b）板式梯段

为了减轻梯段板自重，也可做成空心构件，有横向抽孔和纵向抽孔两种方式。横向抽孔较纵向抽孔合理易行，较为常用。

2）平台梁

为了便于支承梯斜梁或梯段板，平衡梯段水平分力并减少平台梁所占结构空间，一般将平台梁做成 L 形断面。其构造高度按 $L/12$ 估算（L 为平台梁跨度）。

3）平台板

平台板可根据需要采用钢筋混凝土空心板、槽板或平板。需要注意，在平台上有管道井处，不宜布置空心板。平台板一般平行于平台梁布置，以利于加强楼梯间整体刚度。当垂直于平台梁布置时，常用小平板。预制楼梯平台板如图 7-7 所示。

4）梯段与平台梁节点处理

两梯段之间的关系，一般有梯段齐步和错步两种方式。平台梁与梯段之间的关系，有埋步和不埋步两种方式。

① 梯段齐步布置的节点处理。上下梯段起步和末步踢面对齐，平台完整，可节省梯间进深尺寸。

② 梯段错步布置的节点处理。上下梯段起步和末步踢面相错一步，在平台梁与梯

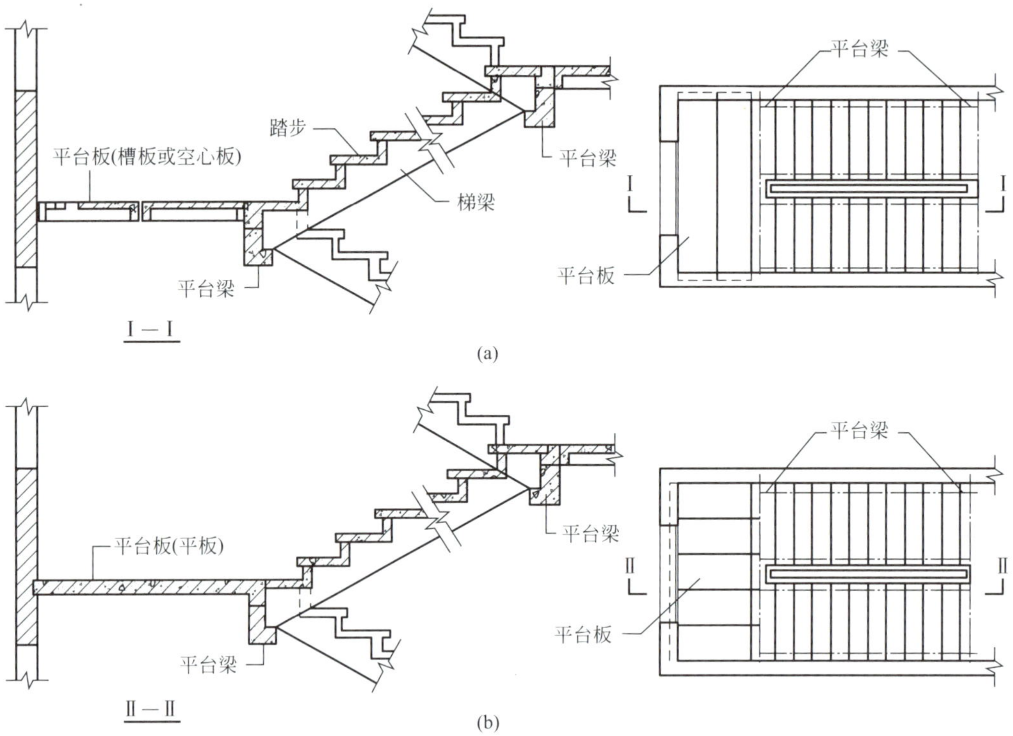

图 7-7 预制楼梯平台板布置

（a）平台板平行于平台梁；（b）平台板垂直于平台梁

段连接方式相同的情况下，平台梁底标高可比齐步方式抬高，有利于减少结构空间，但错步方式使平台不完整，并且多占楼梯间进深尺寸。当两梯段采用长短跑时，他们之间相错步不止一步，需将短跑梯段做成折形构件。

③ 梯段不埋步的节点处理。此种方式用平台梁代替了一步踏步踢面，可以减少梯段跨度。当楼层平台处外侧墙上有门洞时，可避免平台梁支承在门过梁上，在住宅建筑中尤为实用。但此种方式的平台梁为变截面梁，平台梁底标高也较低，结构占空间较大，减少了平台梁下净空高度。另外，尚需注意不埋步梁板式梯段采用L形踏步板时，其起步处第一踢面需填砖。

④ 梯段埋步的节点处理。此种方式梯段跨度较前者大，但平台梁底标高可提高，有利于增加平台下净空高度，平台梁可为等截面梁。此种方式常用于公共建筑。另外尚需注意埋步梁板式楼梯采用L形踏步板时，在末步处会产生一字形踏步板，当采用┐形踏步板时，在起步处会产生一字形踏步板。

5）构件连接

由于楼梯是主要交通部件，要求坚固耐久、安全可靠，特别是在地震区的建筑更需引起重视。梯段为倾斜构件，需加强各构件之间的连接，提高其整体性。

装配式建筑构件深化设计

① 踏步板与梯斜梁的连接。一般在梯斜梁支承踏步板处用水泥砂浆坐浆连接。如需加强，可在楼梯斜梁上预埋插筋，与踏步板支承端预留孔插接，用高强度等级水泥砂浆填实。

② 梯斜梁或梯段板与平台梁连接。在支座处除了用水泥砂浆坐浆外，应在连接端预埋钢板进行焊接。

③ 梯斜梁或梯段板与平台梁连接。在楼梯底层起步处，梯斜梁或梯段板下应作梯基，梯基常用砖或混凝土，也可用平台梁代替梯基，但需注意该平台梁无梯段处与地坪的关系。

（2）墙承式

预制墙承式楼梯是指预制钢筋混凝土踏步板直接搁置在墙上的一种楼梯形式。其踏步板一般采用一字形、L形或ㄇ形断面。

预制墙承式楼梯由于踏步两端均有墙体支承，不需设平台梁和梯斜梁，也不必设栏杆，需要时设靠墙扶手，可节约钢材和混凝土。但由于每块踏步板直接安装入墙体，对墙体砌筑和施工速度影响较大。同时，踏步板入墙端形状、尺寸与墙体砌块模数不易吻合，砌筑质量不易保证，影响砌体承载力。

这种楼梯由于在梯段之间有墙，搬运家具不方便，也阻挡视线，上下人流易相撞。通常在中间墙上开设观察口，以使上下人流视线流通，也可将中间墙靠平台部分局部收进，以使空间通透，有利于改善视线和搬运家具物品。但这种方式对抗震不利，施工也较麻烦（图7-8）。

（3）墙悬臂式

预制墙悬臂式楼梯是指预制钢筋混凝土踏步板一端嵌固于楼梯间侧墙上，另一端凌空悬挑的楼梯形式（图7-9）。它无平台梁和梯斜梁，也无中间墙，楼梯间空间轻巧空透，结构占空间少，在住宅建筑中使用较多，但其楼梯间整体刚度较小，不宜用于有抗震设防要求的地区。由于需随着墙体砌筑安装踏步板，并需设临时支撑，施工比较麻烦。这种楼梯用于嵌固踏步板的墙体厚度不应小于240mm，踏步板悬挑长度一般≤1800mm，以保证嵌固端牢固。踏步板一般采用L形或ㄇ形带肋断面形式，其入墙嵌固端一般做成矩形断面，嵌入深度≥240mm，砌墙砖的强度等级≥MU10，砌筑砂浆的强度等级≥M5。为了加强踏步板之间的整体性，在构造上需将单块踏步板互相连接起来。可在踏步板悬臂端留孔，用插筋套接，并用高强度等级的水泥砂浆嵌固。在梯段起步或末步处，根据所采用的踏步断面是L形或ㄇ形，需填砖处理。在楼层平台与梯段交接处，由于楼梯间侧墙另一面常有房间楼板支承在该墙上，其入墙位置与踏步板入墙位置冲突。

图 7-8　中间墙开口的墙承式预制楼梯

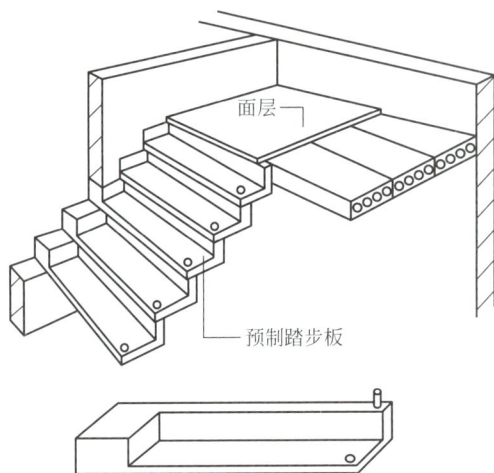

图 7-9　墙悬臂式预制楼梯

7.2　预制楼梯识图

国家图集《预制钢筋混凝土板式楼梯》15G367-1和建筑工业行业标准《预制混凝土楼梯》JG/T 562—2018分别采用了两种不同的预制混凝土楼梯表示方式，本书将分别介绍这两种表示方式。

7.2.1　《预制钢筋混凝土板式楼梯》15G367-1介绍的表示方法

（1）预制楼梯表示方法

① 双跑楼梯（图7-10）

例：ST-28-25表示双跑楼梯，建筑层高2.8m，楼梯间净宽2.5m，对应预制混凝土板式双跑楼梯梯段板。

② 剪刀楼梯（图7-11）

图 7-10　双跑楼梯表示方法

图 7-11　剪刀楼梯表示方法

例：JT-28-25表示双跑楼梯，建筑层高2.8m，楼梯间净宽2.5m，对应预制混凝土板式剪刀楼梯梯段板。

装配式建筑构件深化设计

（2）材料要求

① 混凝土、钢筋和钢材的力学性能指标和耐久性要求等应符合现行国家标准《混凝土结构设计标准》GB/T 50010 和《钢结构设计标准》GB 50017 的规定。

② 本图集中梯段板混凝土强度等级为 C30。

③ 钢筋采用 HPB300（φ），HRB400（⌀）。

7.2.2　《预制混凝土楼梯》JG/T 562—2018 介绍的表示方法

（1）预制楼梯编号如下（图 7-12）

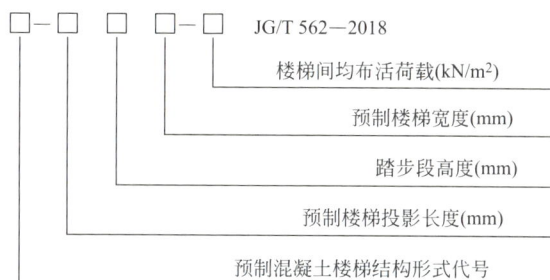

图 7-12　预制楼梯编号

注：① 板式楼梯代号为 YBT，梁板式楼梯代号为 YLT。

② 采用轻骨料混凝土的预制楼梯应在代号中增加 Q，板式楼梯代号为 YQBT，梁板式楼梯代号为 YQLT。

例 1：板式楼梯，采用普通混凝土，投影长度 4900mm，踏步段高度 2800mm，宽度为 1200mm，楼梯间均布活荷载 3.5kN/m^2，标记为：YBT—4900 2800 1200—3.5（JG/T 562—2018）。

例 2：梁板式楼梯，采用普通混凝土，投影长度 5420mm，踏步段高度 3000mm，梯段宽度为 1200mm，楼梯间均布活荷载 2.5kN/m^2，标记为：YLT—5420 3000 1200—2.5（JG/T 562—2018）。

例 3：板式楼梯，采用轻骨料混凝土，投影长度 5160mm，踏步段高度 2900mm，梯段宽度为 1200mm，楼梯间均布活荷载 3.5kN/m^2，标记为：YQBT—5160 2900 1200—3.5（JG/T 562—2018）。

（2）预制混凝土楼梯常用规格

① 预制楼梯踏步宽度宜不小于 250mm，宜采用 260mm、280mm、300mm。低、高端平台段长度应满足搁置长度要求，且不宜小于 400mm。

② 同一梯段踏步高度应一致。

③ 预制楼梯宽度宜为 100mm 的整数倍。

④ 住宅建筑中疏散用板式楼梯常用规格见表 7-1。

住宅建筑中疏散用板式楼梯常用规格 表 7-1

层高 （mm）	H （mm）	L （mm）	B （mm）	踏步数 （个）	b_s （mm）	l_n （mm）	l_d （mm）	l_g （mm）
2 800	1 400	≥ 2 620	1 200	8	260	1 820	≥ 400	≥ 400
	2 800	≥ 4 900	1 200	16	260	3 900	≥ 500	≥ 500
2 900	1 450	≥ 2 880	1 200	9	260	2 080	≥ 400	≥ 400
	2 900	≥ 5 160	1 200	17	260	4 160	≥ 500	≥ 500
3 000	1 500	≥ 2 880	1 200	9	260	2 080	≥ 400	≥ 400
	3 000	≥ 5 420	1 200	18	260	4 420	≥ 500	≥ 500

注：踏步高度 h_s 取 $H/$ 踏步数。

7.3 预制楼梯深化设计原则

7.3.1 预制楼梯拆分原则

预制楼梯在设计时应遵循以下原则：

（1）预制楼梯的混凝土强度符合设计要求，且不宜低于 C30。

（2）预制楼梯的纵向受力钢筋宜采用热轧钢筋 HPB300 级和 HRB400 级，其材质和性能应分别符合现行国家标准 GB 1499.1、GB 1499.2 的规定。

（3）钢筋的加工、连接与安装应符合现行国家标准 GB 50666 和 GB 50204 等的有关规定。

（4）吊装用预埋件宜采用内埋式螺母、内埋式吊杆等，且应符合国家现行相关标准的规定。当采用吊钩时，应采用未经冷加工的 HPB300 级钢筋或 Q235 圆钢制作。

（5）钢筋、钢丝和预埋件钢材应有出场质量证明书和进厂试验报告单，并严格按钢号、规格存放，不得混淆，同时应防止污染和腐蚀。

（6）预制楼梯与支承构件之间宜采用简支连接。采用简支连接时，应符合下列规定：

① 预制楼梯宜一端设置固定铰，另一端设置滑动铰，其转动及滑动变形能力应满

足结构层间位移的要求，且端部在支承构件上应有一定的搁置长度。

②预制楼梯设置滑动铰的端部应采取防止滑落的构造措施。

③滑动铰应从构造及材料上保证其滑动性能。

（7）钢筋保护层厚度应满足现行国家标准《混凝土结构设计标准》GB/T 50010的有关要求，并不应小于15mm。

（8）预制楼梯宜设置双层双向钢筋。

7.3.2 预制楼梯的拆分依据

预制楼梯的拆分应根据实际工程及构件加工厂的模具模数来进行选择，应尽量选择符合国标模数的标准化楼梯，便于生产线的生产，节约成本。下面将以图集《预制钢筋混凝土板式楼梯》15G367-1为例，介绍预制楼梯的拆分选择。

（1）梯段板的选择

1）双跑楼梯（图集中介绍了6套）

楼梯间净宽：2.4m、2.5m。

对应层高：2.8m、2.9m和3.0m。

梯井宽度：110mm、70mm。

双跑楼梯如图7-13所示。

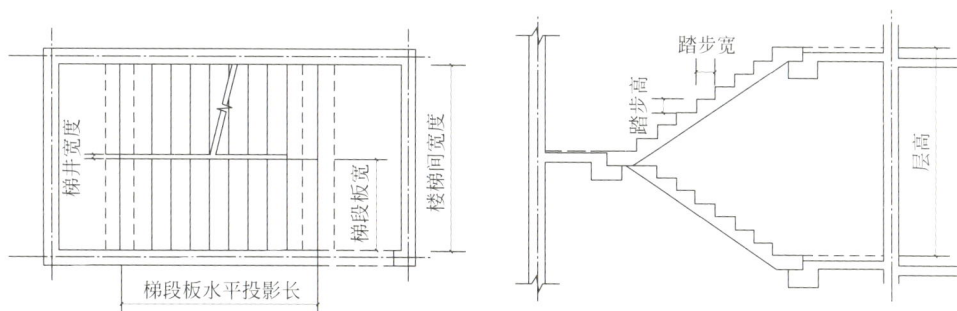

图7-13 双跑楼梯尺寸示意

2）剪刀楼梯（图集中介绍了6套）

楼梯间净宽：2.5m、2.6m。

对应层高：2.8m、2.9m和3.0m。

梯井宽度：1140mm。

剪刀楼梯如图7-14所示。

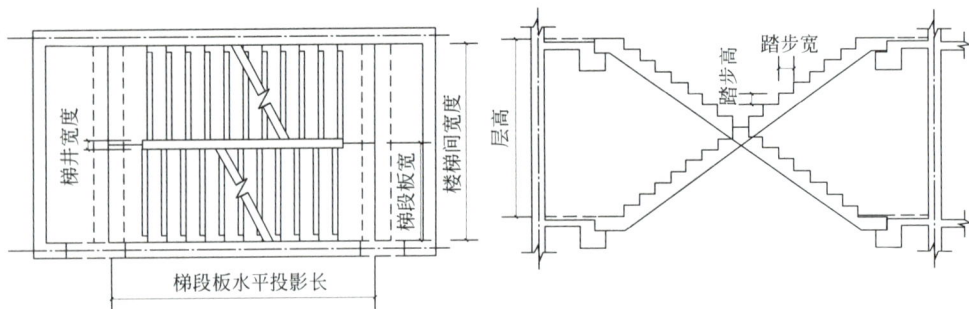

图 7-14　剪刀楼梯尺寸示意

（2）楼梯选型

在进行设计时可以根据《预制钢筋混凝土板式楼梯》15G367—1 提供的楼梯选型进行选择，见表 7-2。

楼梯选型表　　　　　　　　　　　　　　　　　　　　　　　表 7-2

楼梯样式	层高（m）	楼梯间宽度（净宽 mm）	梯井宽度（mm）	楼梯板水平投影长（mm）	梯段板宽（mm）	踏步高（mm）	踏步宽（mm）	钢筋重量（kg）	混凝土方量（m³）	梯段板宽（t）	梯段板型号	构件所在图集页号
双跑楼梯	2.8	2400	110	2620	1125	175	260	72.13	0.6524	1.61	ST-28-24	8 ~ 10、26、27
		2500	70	2620	1195	175	260	73.22	0.6931	1.72	ST-28-25	11 ~ 13、26、27
	2.9	2400	110	2880	1125	161.1	260	74.15	0.724	1.81	ST-29-24	14 ~ 16、26、27
		2500	70	2880	1195	161.1	260	75.29	0.7688	1.92	ST-29-25	17 ~ 19、26、27
	3.0	2400	110	2880	1125	166.6	260	74.83	0.7352	1.84	ST-30-24	20 ~ 22、26、27
		2500	70	2880	1195	166.6	260	75.97	0.7807	1.95	ST-30-25	23 ~ 26、26、27
剪刀楼梯	2.8	2500	140	4900	1160	175	260	194.35	1.736	4.34	JT-28-25	28 ~ 30、46、47
		2500	140	4900	1210	175	260	193.77	1.813	4.5	JT-28-26	31 ~ 33、46、47
	2.9	2500	140	5160	1160	170.6	260	206.67	1.856	4.64	JT-29-25	34 ~ 35、46、47
		2500	140	5610	1210	170.6	260	208.51	1.930	4.83	JT-29-26	37 ~ 39、46、47
	3.0	2500	140	5420	1160	166.7	260	213.26	1.993	4.98	JT-30-25	40 ~ 42、46、47
		2500	140	5420	1210	166.7	260	215.20	2.078	5.20	JT-30-26	43 ~ 45、46、47

装配式建筑构件深化设计

7.4 预制楼梯深化设计操作（图7-15）

7.4.1 楼梯布置（图7-16）

图7-15 楼梯布置与出图

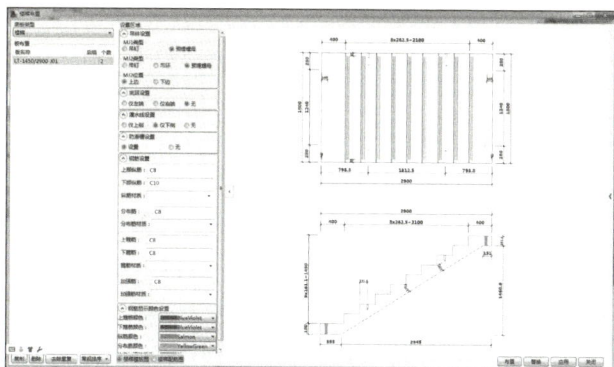

图7-16 楼梯布置

【楼梯类型】：目前仅一种楼梯类型，用梯段的高度和挑耳等设置来区分剪刀楼梯和双跑楼梯。

【楼梯名称】：楼梯名称的命名格式：LT 指楼梯；1450 为楼梯单个梯段高度；1800 为楼梯单个梯段实际宽度，都以 mm 表示；J01 为楼梯代号，只要是名称相同的楼梯，右边参数设置有不一样就自动往上 +1，如 J02；"后缀"当梁名称相同时，会自动生成 a、b、c 等后缀以区分；"个数"为当前模型中该种楼梯类型的实例个数，方便用户判断该种楼梯类型是否有布置，布置的个数，修改会影响多个等情况；同时用户选中某个楼梯类型，当前模型中的该种楼梯类型的实例都会被选中亮显，方便用户查看定位。并且当前界面可以不退出命令；当画布中用户修改了上述尺寸标注，对应的楼梯名称会自动匹配变化。

【复制】：选中一个楼梯类型，会复制生成另一个；楼梯的复制默认为后缀加 a、b、c 等。

注：当复制后的构件参数楼梯的梯段宽和梯段高尺寸没有变，而右侧参数设置里的其他参数有变化时，则 J01、J02 会自动变化，而后缀 a、b、c 取消；右侧其他参数设置没有变化而楼梯梯段宽和高尺寸有变化则后缀 a、b、c 取消。

【删除】：可以删除个数为 0 的楼梯类型，已经有布置了的楼梯类型不能删除。

【去除重复】：楼梯命名有区别，但里面参数设置一模一样时，不需要分开类型去出图，点此按钮，可以合并为一个命名最为合适简单的其中的一种楼梯类型。

【常规排序 / 名称排序】：默认为常规排序，为用建模的时候先后顺序；但模型里面类型比较多时，可以用名称排序，将名称比较接近的类型排在附近。

【设置区域】：如图 7-16 所示，设置区域用户可通过切换下方的按钮在模板图、配筋图中修改蓝色的参数去直观的修改构件。同时，软件支持手势操作：右键鼠标手势向左、向右为切换视图，下左为撤回上一步，下右为关闭画布；另外类似 Revit 中，鼠标中键双击充满画布，按住鼠标中键移动画布。

【吊件设置】：MJ1 的类型支持吊钉和预埋螺母两种；MJ2 的类型支持吊钉、吊环、预埋螺母三种；MJ2 的位置可以选择上边和下边，具体在画布中会有相应的变化，并且可以设置相应的蓝色定位尺寸标注。

【挑耳设置】：上方挑耳和下方挑耳都支持"仅上侧"、"仅下侧"、"无"三种设置；也可以修改相应的蓝色尺寸标注去修改挑耳伸出长度（图 7-17）。

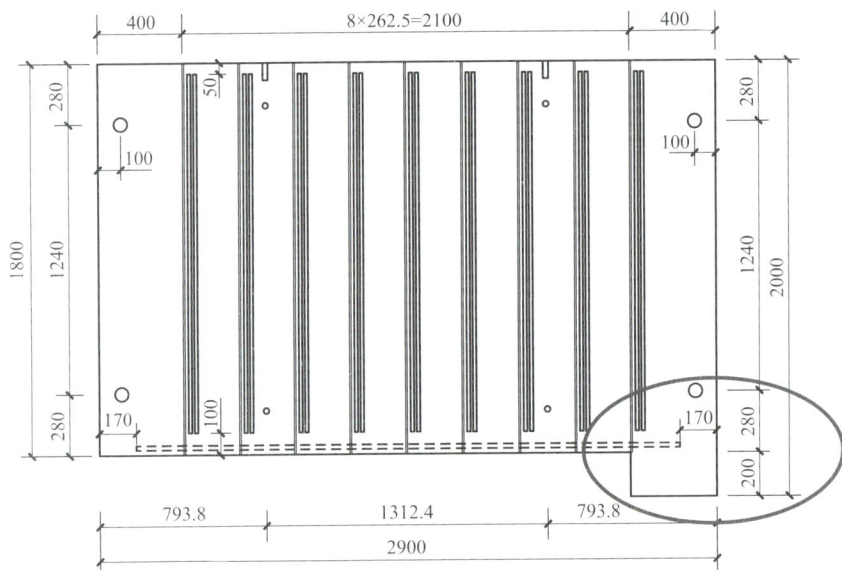

图 7-17　挑耳设置

【滴水线设置】：支持"仅上侧"、"仅下侧"、"两侧"、"无"四种情况，两侧设置为当部分公建中楼梯两侧凌空时可能会需要设置。图形中可以设置滴水线距梯端和平台端的蓝色尺寸标注。

【防滑槽设置】：支持"设置"和"无"，设置后会有如图 7-18 所示的效果样式。

【钢筋设置 / 钢筋颜色设置】：如图 7-19 所示。

楼梯里面的钢筋等级和钢筋直径，以及钢筋种类用颜色区分表达，从而使界面中的钢筋能够按种类清晰直观的表达；也可以分别设置钢筋材质。

　装配式建筑构件深化设计

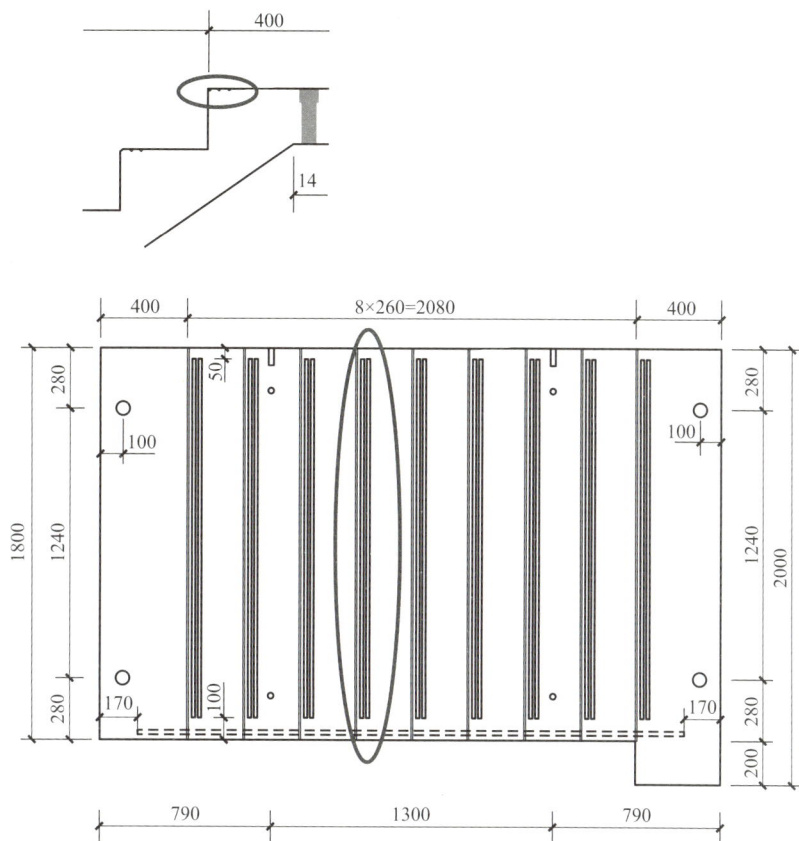

图 7-18 防滑槽设置

图 7-19 钢筋设置 / 钢筋颜色设置

另外可以切换至"楼梯配筋图"：可以具体设置内部各类钢筋的间距、距边定位等（图 7-20）。

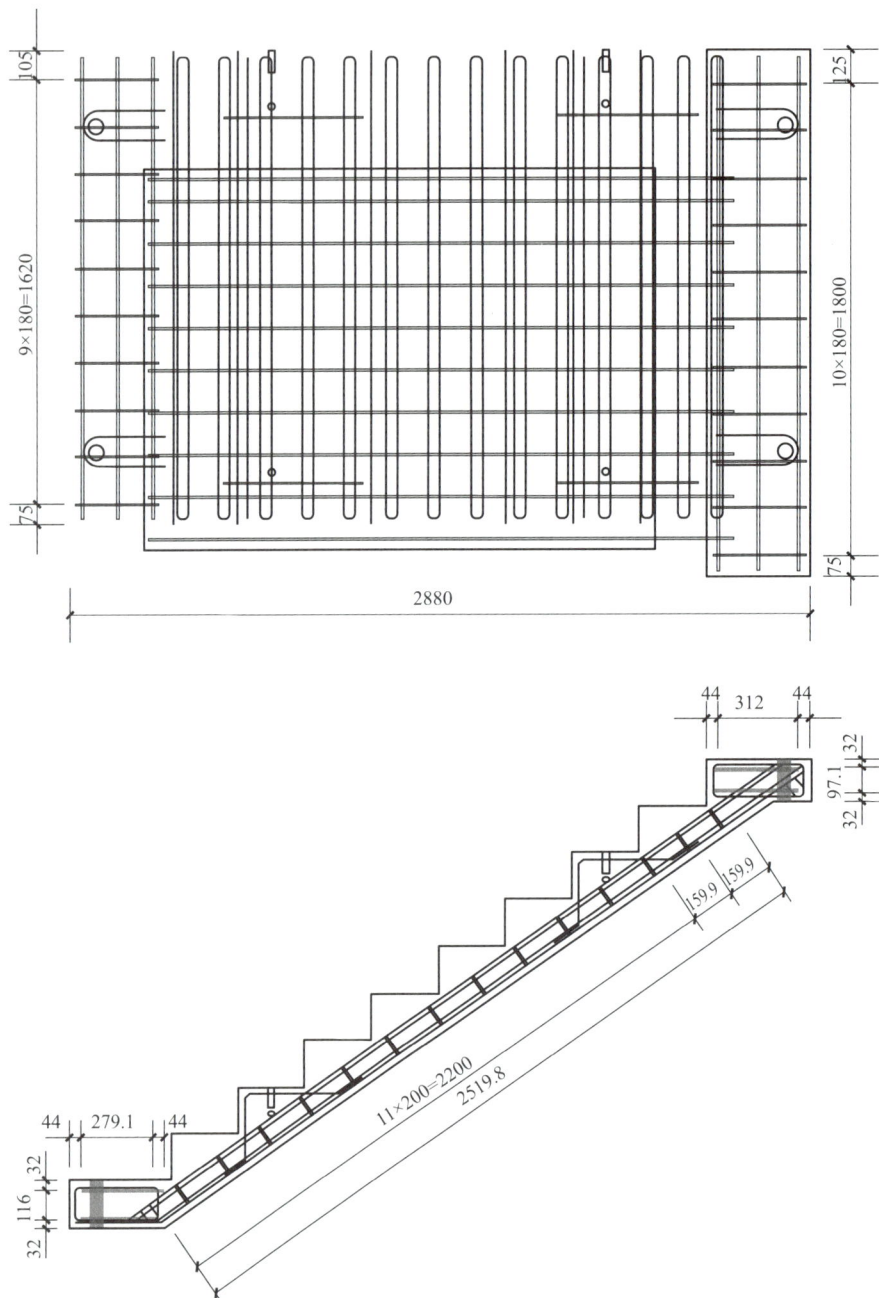

图 7-20 楼梯配筋图

另外如果对钢筋属性有疑问的，可以选中钢筋，稍作停留，会有悬浮提示，如图7-21 所示。

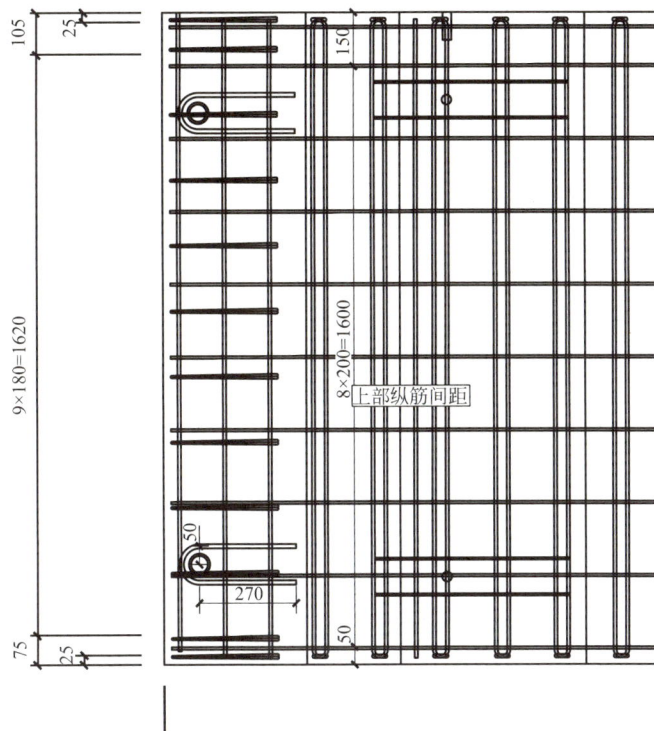

图 7-21 悬浮提示

7.4.2 楼梯附属构件（图 7-22）

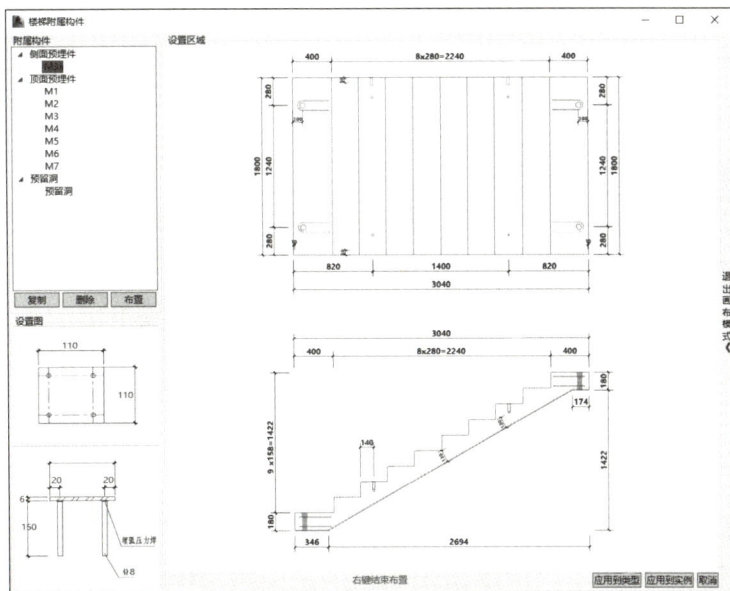

图 7-22 楼梯附属构件

软件支持三类附属构件的添加【侧面预埋件】、【顶面预埋件】、【预留洞】，用户选择对应的附属构件后，在【设置图】中对附属构件的参数进行修改，也可复制、删除。

用户点选【布置】后，可以在画布上进行布置（图7-23）。

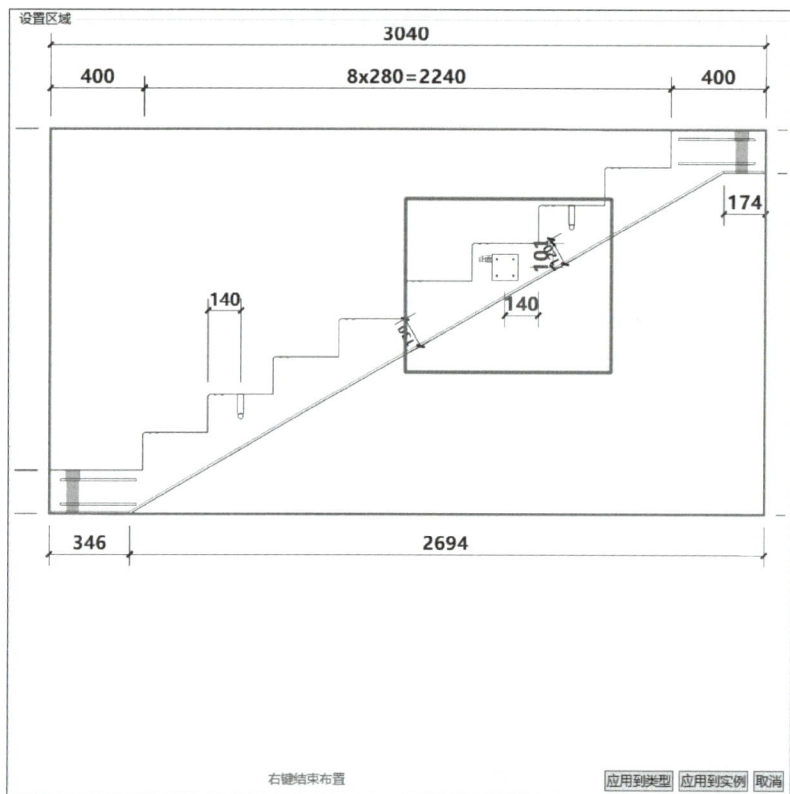

图7-23　画布布置

【侧面预埋件】：仅支持在正视图中操作，可以修改距边尺寸进行定位，通过【正面】【背面】选项控制埋件所在边。

【顶面预埋件】、【预留洞】仅支持在俯视图中布置。

顶面预埋件：M1-M7尺寸参考图集15J403-1（图7-24）。

7.4.3　楼梯镜像

【操作步骤】：点击命令，左下角提示"请选择需要镜像的预制楼梯"，去选择需要镜像的楼梯（可用来整体镜像，如镜像户型）；选择完成后，点击左上角的"完成"按钮，完成选择后，选择一条线作为镜像轴（可以是cad的底图或模型的边缘线，轴

　　　　　　　　　装配式建筑构件深化设计

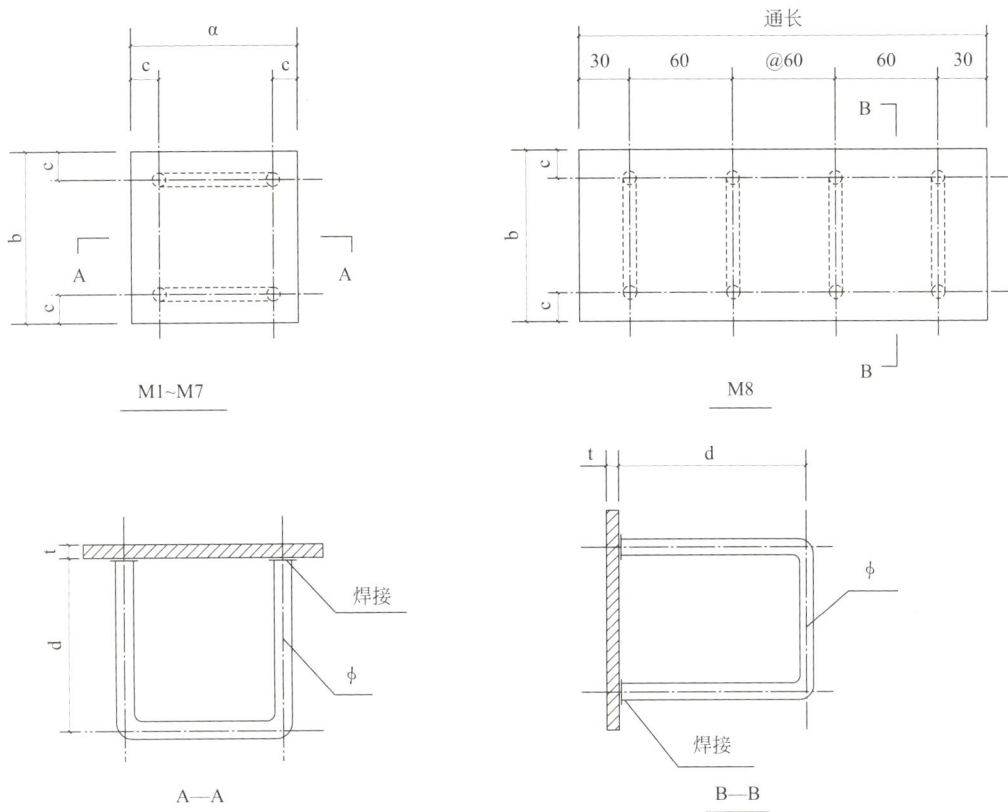

图 7-24　预埋件布置

线），支持左右镜像和上下镜像（楼梯附属构件也会一同镜像）。

因为楼梯没有安装方向，上下镜像是上下镜像，左右镜像是先上下镜像再旋转180°。上下镜像的参数变化说明（需要判断的参数和值）如下：

① 挑耳，原来位置 1，则镜像后是位置 2，挑耳宽度 1 的值到挑耳宽度 2，原来是 2 的情况类似；两侧都有挑耳，则两者互换挑耳宽度的尺寸；

② 销键预留洞距板侧上和销键预留洞距板侧下互换；

③ 滴水线的位置；

④ MJ2 的所在面，也需要互换；

⑤ 防滑槽的位置要互换，防滑槽的距梯边左和右的参数需要互换；

⑥ 上、下箍筋 a_1 的值和另一边的计算值需要互换；

⑦ 上、下部纵筋 a_1 的值和另一边的计算值需要互换。

以上参数，只要是不对称的值，都需要互换。

注：因为左右镜像为上下镜像后的旋转，所以如果已经有了上下镜像后的新楼梯类型，则后来的左右镜像可以直接用之前已有的上下镜像后的类型。

7.4.4 楼梯编号（图7-25）

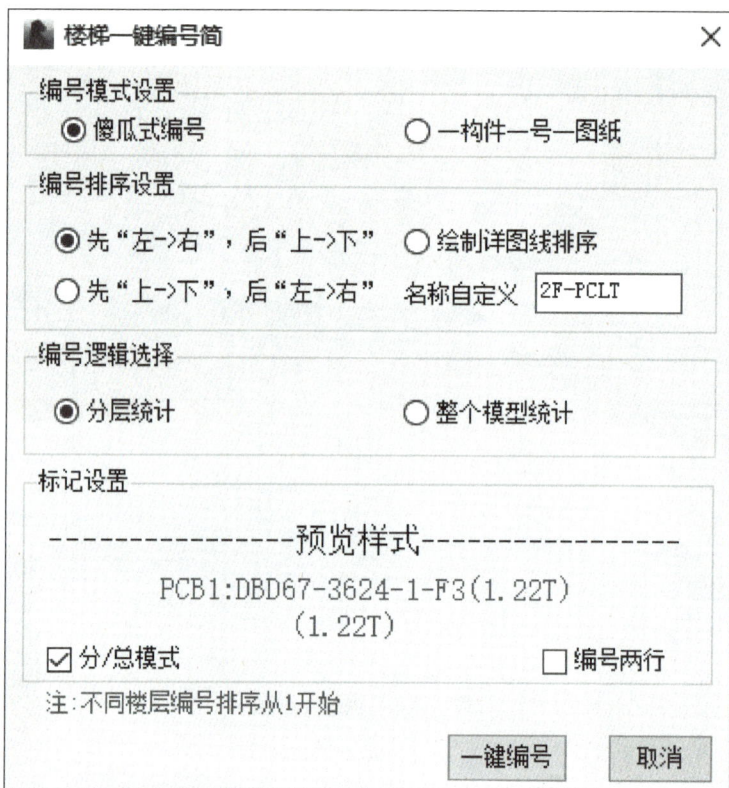

图 7-25　楼梯编号

先"左→右"，后"上→下"；先"上→下"，后"左→右"以及"绘制详图线"排序参前面板、梁介绍。

编号模式设置：

【傻瓜式编号】选择傻瓜式编号进行编号时，编号以 PCLT1、PCLT2 的形式一直往下排列，完全相同的楼梯编号相同，出图在一张图纸里（会统计个数），出图还是按类型出图。

【一构件一号一图纸】选择该种编号方式进行编号时，每堵墙的标号都不相同，都是唯一，相同的墙，编号以 PCLT1-1/2、PCLT1-2/2 分数的形式表达，出图时每跑楼梯都会出一张图纸。现编号中的分母为当层相同楼梯的总数，建议在名称自定义中增加楼层前缀。

标记的设置分为单行和两行（两行时重量会单独成一行），并且支持不同形式的标记；单行的预览样式如图 7-26 所示，两行的预览样式如图 7-27 所示。

　　　　　　　　　　　　　装配式建筑构件深化设计

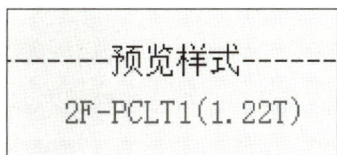

图 7-26　单行的预览样式

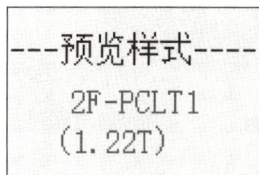

图 7-27　两行的预览样式

7.4.5　楼梯出图

【操作步骤】：点击命令，弹出界面，如图 7-28 所示。

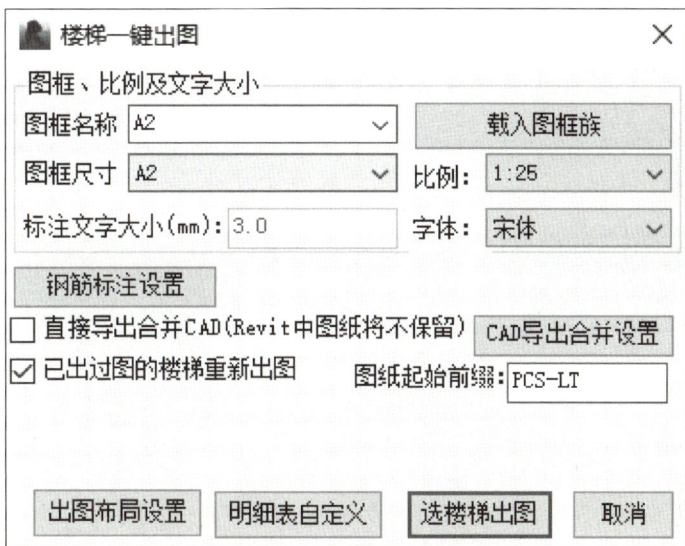

图 7-28　楼梯出图界面

【图框名称】：下拉可以选择当前项目中载入的图框族，点击右边的"载入"，用户可以自由去载入需要的图框。

【图框尺寸】：下拉可以选择对应匹配的图框尺寸，出图布局也会自动联动变化。

【图纸起始前缀】：可以自定义起始前缀，出图的时候，图纸名称会增加起始前缀并生成 1、2、3……方便用户对图纸进行整理。

【已出过图的楼梯重新出图】：对已经出过图的楼梯再次去重新出图。

注：出图建议在项目完全完成之后再完整出图。中间过程需要出图效果的查看，删掉已有的再重新出图最为正确，并且出图之前要编完号。

【出图布局设置】：出图布局原理同前面的楼板、梁说明。

【选楼梯出图】：点击按钮，选择需要出图的楼梯，可以单选、多选和框选，也可以在三维图中框选整个当前的项目去出图；出图时，会判断整个项目，图纸的名称则是按编号里面除去前缀的命名。

注：当用户分楼层分模型建模时，出图的编号只会根据当前层去编号判断和出图；会在混凝土强度的明细表里有该板的所属楼层。这样就是严格按楼层分开统计出图了。

> ### 📑 本章小结
>
> 　　本章主要介绍了预制楼梯的基础知识、预制楼梯的深化详图识图、预制楼梯深化设计的原则和内容，以及BeePC装配式深化设计软件中关于预制楼梯深化设计操作方法的简介，让读者在了解预制楼梯深化设计相关知识的基础上，能够更加准确地利用BeePC软件绘制出符合国家规范的预制楼梯深化设计加工图纸。

8
预制外墙挂板的
深化设计

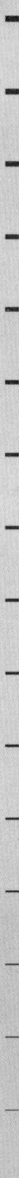

8.1 预制外墙挂板基础知识

8.1.1 预制外墙挂板的概念

预制外墙挂板是安装在主体结构上，起围护、装饰作用的非承重预制混凝土外墙

图 8-1 预制外墙挂板

板，简称外墙挂板（图 8-1）。外墙挂板按构件构造可分为钢筋混凝土外墙挂板、预应力混凝土外墙挂板两种形式；按与主体结构连接节点构造可分为点支承连接、线支承连接两种形式；按保温形式可分为无保温、外保温、夹心保温等三种形式；按建筑外墙功能定位可分为围护墙板和装饰墙板。各类外墙挂板可根据工程需要与外装饰、保温、门窗结合形成一体化预制墙板系统。

8.1.2 预制外挂墙板的应用及适用范围

外墙挂板在装配式建筑中多用于框架、钢结构和内浇外挂体系。外墙挂板是自承重构件，不考虑分担主体结构所承受的荷载和作用，其只承受作用于本身的荷载，包括自重、风荷载、地震作用，以及施工阶段的荷载。

预制外墙挂板适用于工业与民用建筑的外墙工程，可广泛应用于混凝土框架结构、

钢结构的公共建筑、住宅建筑和工业建筑中。适用于抗震设防烈度 8 度及以下地区、100m 以下高度民用建筑及一般工业建筑，二 a 类环境类别的外墙工程。

8.1.3　预制外墙挂板的优缺点

预制外墙挂板在工厂采用工业化方式生产，装配化施工的显著特点，具有安装速度快、现场用工少、湿作业少、质量可控、耐久性好、便于保养维修等优势。预制混凝土外墙挂板可采用面砖饰面、石材饰面、彩色混凝土饰面、清水混凝土饰面、露骨料混凝土饰面及表面带装饰图案的混凝土饰面等类型外墙挂板，可使建筑外墙具有独特的表现力。

8.1.4　预制外墙挂板的连接

根据外墙挂板在框架结构上的支撑情况，可分为点支承和线支承两类。点支承安装配工艺分类属于"干做法"，按装配程序分类属于"后安装法"；线支承按装配工艺分类属于"湿作法"，按装配程序分类属于"先安装法"。

（1）点支承为外挂墙板与主体结构通过不少于两个独立支承点传递荷载，并通过支承点的位移实现外挂墙板适应主体结构变形能力的柔性支承方式。点支承构造缝多，抗震性能好，应用于框架公共建筑较好。这种支承方式属于柔性连接，在美国、日本等国家应用比较广泛，也是我国主要推荐使用的连接方式，如图 8-2 所示。

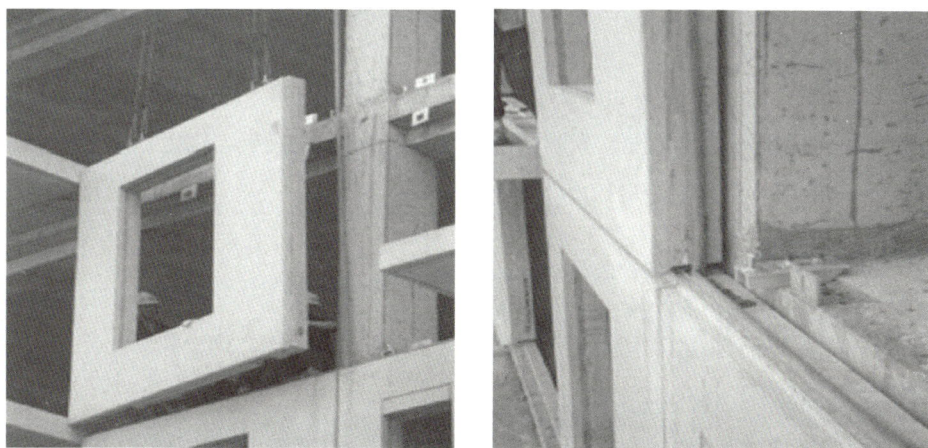

图 8-2　点支承外墙挂板示意

（2）线支承为外挂墙板边缘局部与主体结构通过现浇段连接的支承方式。这种支承方式物理性能好，用于内浇外挂体系，如图 8-3 所示。

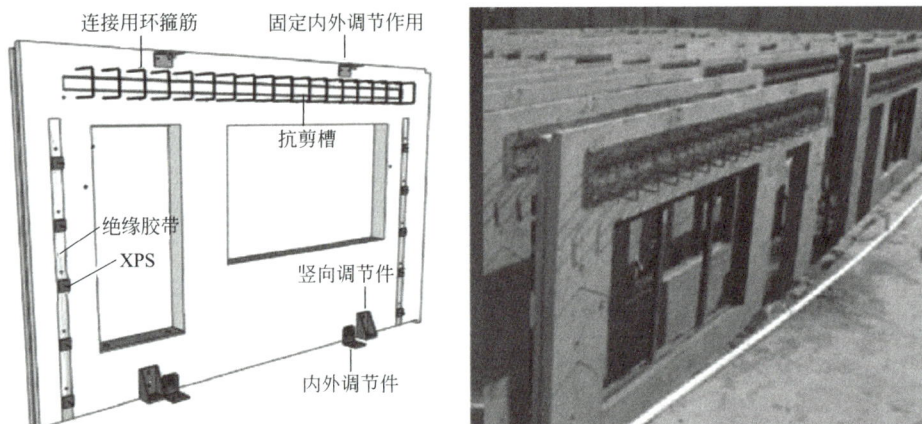

图 8-3　线支承外墙挂板示意

8.1.5　预制外墙挂板的技术指标

外墙挂板系统应统筹设计、制作运输、安装施工及运营维护全过程，并应进行一体化协同设计，宜采用建筑信息模型技术。外墙挂板除应符合《预制混凝土外挂墙板应用技术标准》JGJ/T 458、《混凝土外墙挂板》JC/T 2356、《预制混凝土外墙挂板（一）》16J 110-2、16G 333 等的相关规定外，还应满足以下要求：

（1）支承预制混凝土外墙挂板的结构构件应具有足够的承载力和刚度，民用外墙挂板仅限跨越一个层高和一个开间，厚度不宜小于 100mm，混凝土强度等级不低于 C25。

（2）结构性能应满足现行国家标准还应国家现行标准《混凝土结构通用规范》GB 55008、《混凝土结构设计标准》GB 50010 和《混凝土结构工程施工质量验收规范》GB 50204 的要求。

（3）装饰性能应满足现行国家标准《建筑装饰装修工程质量验收标准》GB 50210 的要求。

（4）保温隔热性能应满足设计及现行行业标准《民用建筑节能设计标准》JGJ 26 的要求。

（5）抗震性能应满足国家现行标准《装配式混凝土结构技术规程》JGJ 1、《装配式混凝土建筑技术标准》GB/T 51231 的要求。与主体结构采用柔性节点连接，地震时适应结构层间变位性能好，抗震性能满足抗震设防烈度为 8 度的地区应用要求。

　　·　　　　　·　　　　　装配式建筑构件深化设计

（6）构件燃烧性能及耐火极限应满足现行国家标准《建筑设计防火规范》GB 50016 的要求。

（7）作为建筑围护结构产品定位应与主体结构的耐久性要求一致，即不应低于 50 年设计使用年限，饰面装饰（涂料除外）及预埋件、连接件等配套材料耐久性设计使用年限不低于 50 年，其他如防水材料、涂料等应采用 10 年质保期以上的材料，定期进行维护更换。

8.1.6 预制外墙挂板的支承系统

根据国家《预制混凝土外挂墙板应用技术标准》JGJ/T 458—2018，其中对预制外墙挂板的选型有如下要求：

（1）应根据建筑使用功能、主体结构类型、外挂墙板的形状和尺寸、墙板安装工艺等特点，合理设计外挂墙板与主体结构之间的支承系统。支承系统应符合下列规定：

① 支承系统应具有足够的承载能力；

② 支承系统宜具有适应主体结构在永久荷载、活荷载、风荷载、温度和地震等作用下变形的能力；

③ 在罕遇地震作用下，支承系统不应失效；

④ 支承系统应具有良好的耐久性能。

（2）外挂墙板与主体结构之间的连接方式可采用点支承连接或线支承连接。

（3）支承外挂墙板的主体结构构件应符合下列规定：

① 应满足节点连接件的锚固要求，当不满足锚固要求时宜采用机械锚固方法；

② 应具有足够的承载能力，应能承受外挂墙板通过连接节点传递的荷载和作用；

③ 应具有足够的抗扭刚度和抗弯刚度，避免产生较大的扭转或竖向变形。

（4）当外挂墙板与主体结构采用点支承连接时，连接节点的变形能力应符合下列规定：

① 连接节点应具有适应外挂墙板制作与施工安装允许偏差的三维调节能力；

② 连接节点在墙板平面内应具有适应主体结构在永久荷载、活荷载、风荷载、温度作用下变形的能力，在计算温度作用下的变形量时，应同时计入外挂墙板在温度作用下的变形值；

③ 在地震设计状况下，连接节点在墙板平面内应具有不小于主体结构在设防地震作用下弹性层间位移角 3 倍的变形能力。

（5）当外挂墙板与主体结构采用线支承连接时，连接节点应符合下列规定：

① 连接节点在墙板平面内宜具有适应主体结构在永久荷载、活荷载、风荷载、温度作用下变形的能力；

② 在地震设计状况下，外挂墙板的非承重节点在墙板平面内应具有不小于主体结构在设防地震作用下弹性层间位移角 3 倍的变形能力。

（6）外挂墙板与主体结构采用点支承连接时，面外连接点不应少于 4 个，竖向承重连接点不宜少于 2 个；外挂墙板承重节点验算时，选取的计算承重连接点不应多于 2 个。

（7）外挂墙板与主体结构采用线支承连接时，宜在墙板顶部与主体结构支承构件之间采用后浇段连接，墙板的底端应设置不少于 2 个仅对墙板有平面外约束的连接节点，墙板的侧边与主体结构应不连接或仅设置柔性连接。

8.2 预制外墙挂板识图

预制外墙挂板模板图、配筋图、连接图和大样图的绘制均应符合国家建筑标准设计图集《预制混凝土外墙挂板（一）》16J110-2、16G333 的要求。

（1）点支承方式（图 8-4）

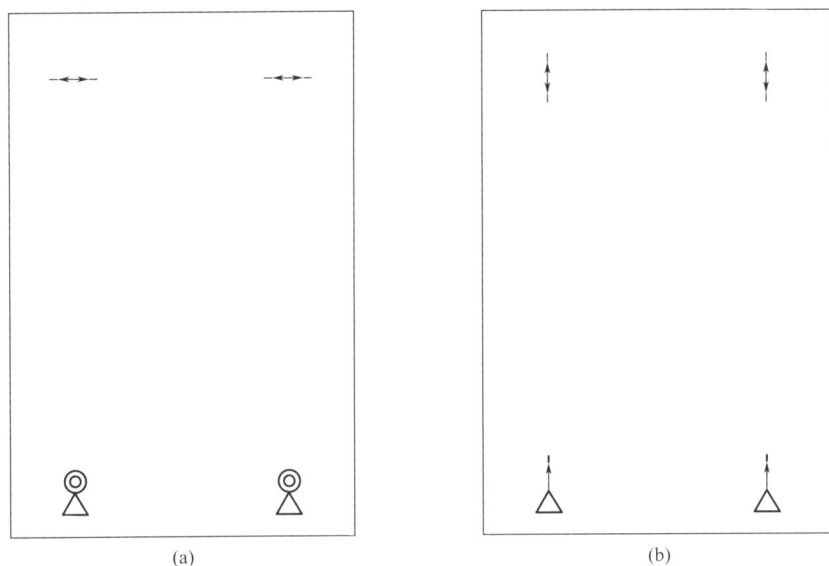

图 8-4 点支承式外挂墙板及其连接接点形式示意

（a）平移式外挂墙板；（b）旋转式外挂墙板

→←—可水平滑动；Ⓧ—承重铰支节点；⇅—可竖向滑动；△—承重可向上滑动

装配式建筑构件深化设计

（2）线支承方式（图8-5）

外挂墙板顶部与梁连接，且固定连接区段应避开梁端 1.5 倍梁高长度范围；外挂墙板与梁的结合面应采用粗糙面并设置键槽；接缝处应设置连接钢筋，连接钢筋数量应经过计算确定且钢筋直径不宜小于 10mm，间距不宜大于 200mm；连接钢筋在外挂墙板和楼面梁后浇混凝土中锚固；外挂墙板的底端应设置不少于 2 个仅对墙板有平面外约束的连接节点；外挂墙板的两侧不应与主体结构连接。

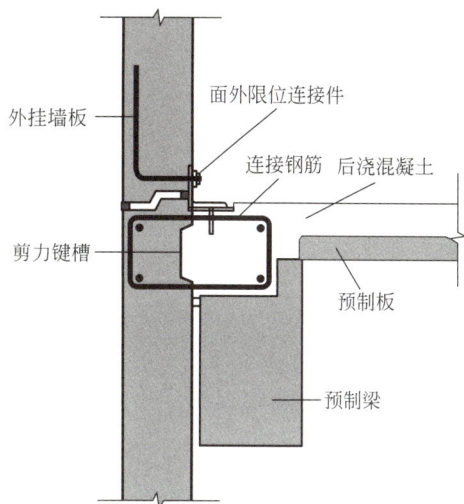

图8-5　线支承式外挂墙板及其连接节点形式示意

8.3　预制外墙挂板深化设计原则

8.3.1　预制外墙挂板拆分原则

外墙挂板是装配式混凝土框架结构上的非承重外围护挂板，其拆分仅限于一个层高和一个开间。外墙挂板的几何尺寸要考虑到施工、运输条件等，当构件尺寸过长过高时，主体结构层间位移对其内力的影响也较大。

外墙挂板拆分的尺寸应根据建筑立面的特点，将墙板接缝位置与建筑立面相对应，既要满足墙板的尺寸控制要求，又将接缝构造与立面要求结合起来。开口墙板如设置窗户洞口，洞口边的有效宽度不宜小于 300mm。

外墙挂板应安装在主体结构构件上，如结构柱（墙）、梁、楼板上，墙板拆分主体结构布置的约束，必须考虑与主体结构连接的可行性。如果主体结构体系的构件无法满足墙板连接节点的要求，应当引出"牛腿"连接件或次梁等二次结构体系，以满足建筑效果。

8.3.2　预制外挂墙板深化加工图绘制要求

预制外墙挂板模板图的绘制除了应注明其外轮廓尺寸外，还应详细标注各个细部的尺寸，以及构件内部预埋件的定位尺寸。绘制外墙挂板深化加工图，要掌握其外墙挂板加工流程，在图纸中正确反应其加工制作时所需要的参数，同时根据外墙挂板的受力要求及生产制作要求绘制相应的钢筋图。

整间板、横条板、竖条板的模板图、配筋图及连接构造等应满足国家图集《预制混凝土外墙挂板（一）》16G110-2、16G333的要求。

8.4　预制外墙挂板深化设计操作（图8-6）

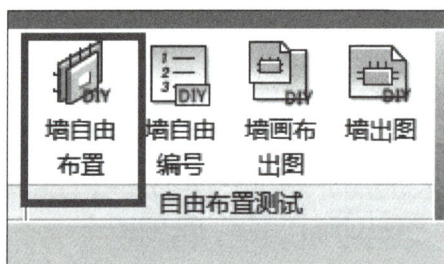

图8-6　自由布置测试

8.4.1　界面介绍及类型选择（图8-7）

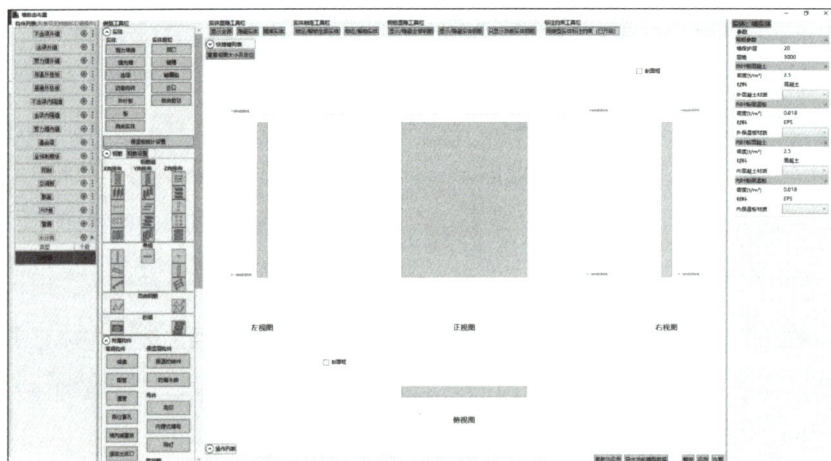

图8-7　界面

【墙族列表】：选中"墙"。

【类型工具栏】：选中"填充墙"（图8-8）。

　　　　　　　　　　　　　　　　　　　　装配式建筑构件深化设计

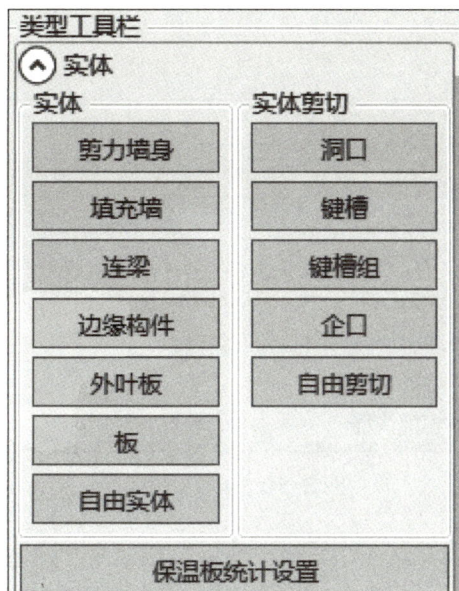

图 8-8 类型工具栏

注：点击布置后，删除剪力墙身，就完成了外墙挂板类型选择（图 8-9）。

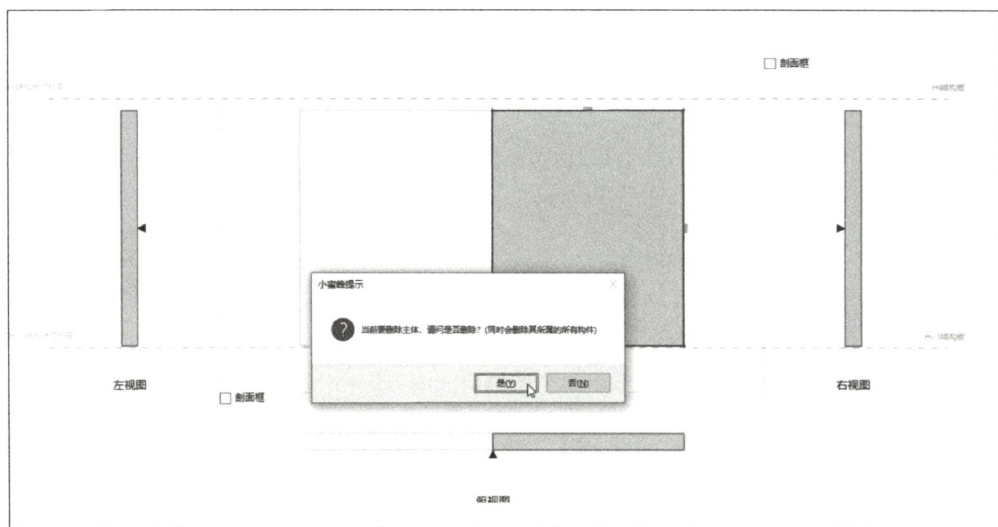

图 8-9 删除剪力墙身

8.4.2 常规参数设置及基本尺寸设置

【参数设置区】：修改主体参数，墙厚、保护层厚度、坐浆厚度及层高均按实际工程选用；叠合板厚一般为 0（图 8-10）。

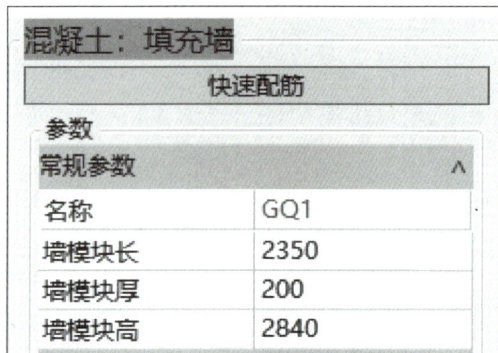

图 8-10　参数设置区

在构件视口区，点选中填充墙长度及高度进行修改，根据实际外墙挂板数值输入（图 8-11）。

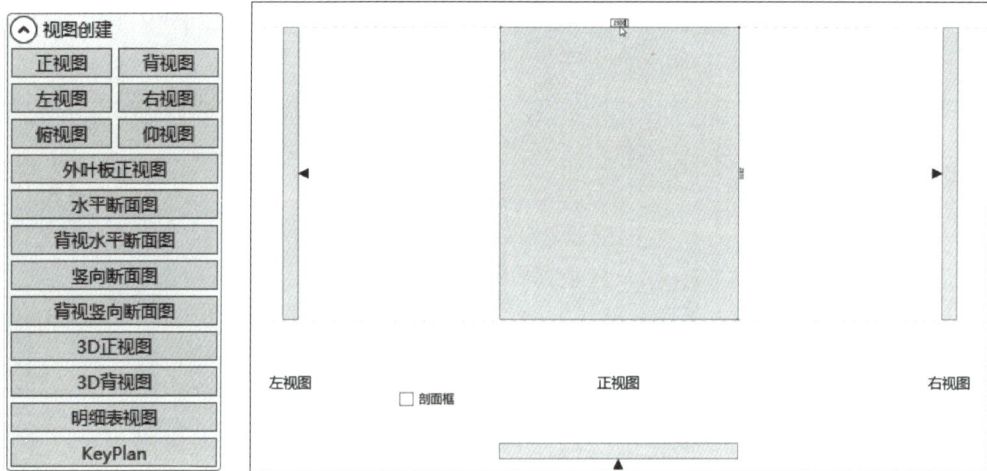

图 8-11　修改长度及高度

8.4.3　洞口及企口设置

洞口设置【类型工具栏】：在此处点击选择"洞口"（图 8-12）。

【洞口尺寸】：在参数设置区修改洞口尺寸，洞口有圆形和矩形两种（图 8-13）。

【洞口位置】：在构件视口区，输入洞口距离墙边的位置（图 8-14）。

企口设置【类型工具栏】：在此处点击选择"企口"（图 8-15）。

　　　　　　　　　　　　　　　　　　　　装配式建筑构件深化设计

图 8-12　选择"洞口"

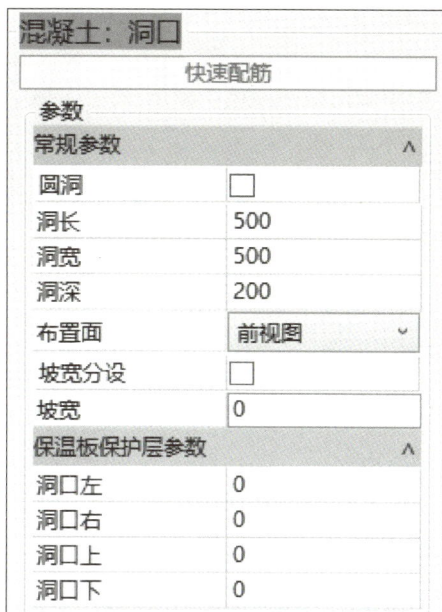

图 8-13　修改洞口尺寸

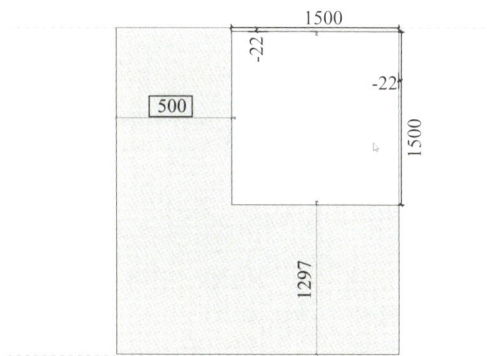

图 8-14　输入洞口位置

图 8-15　企口设置

【企口长度】：在构件视口区，选中并输入正确的长度尺寸（图 8-16）。

【企口样式】：在参数设置区可以选择企口的样式，上端企口和下端企口样式要分别设置。企口样式有"无"、"平斜口"、"T 型坡口"、"L 型坡口"、"带下槽坡口"、"带上槽坡口"、"自由样式"等（图 8-17）。

图 8-16 企口长度

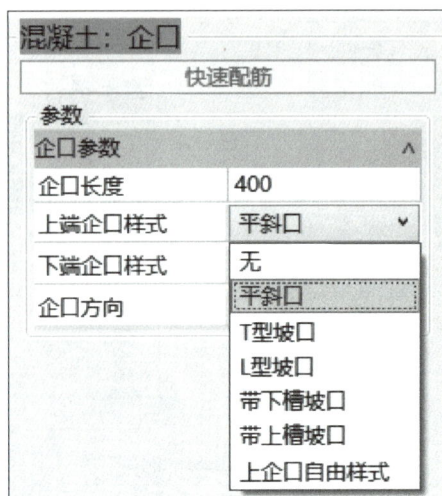

图 8-17 企口样式

【参数设置】：在构件视口区的右视图中可以输入企口正确的参数。注：上端企口和下端企口分别都要输入（图 8-18）。

8.4.4 配筋设置及墙体布置

【快速配筋】：在构件视口区选中该填充墙，然后在参数设置区进行点击"快速配筋"（图 8-19）。

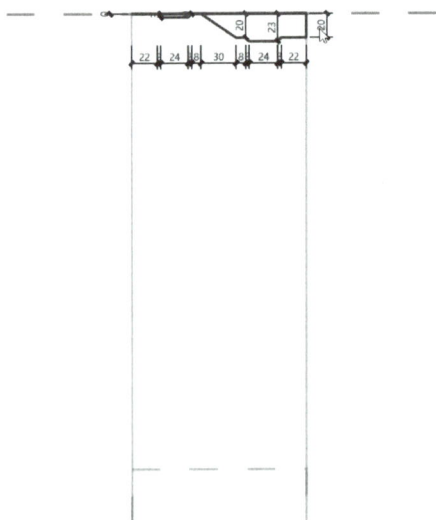

图 8-18 参数设置

图 8-19 快速配筋

装配式建筑构件深化设计

【配筋方式】：有"普通配筋"、"带洞口填充墙"和"无"三种（图8-20）。

【钢筋输入值】：分别在"竖向筋参数"、"水平筋参数"中输入抗震等级、钢筋直径、排布规则、钢筋间距、起配距离、终配距离和洞边距离；设置完之后点击"应用"（图8-21）。

【钢筋做法】：在选构件视口区中需要调整的纵向钢筋；然后在参数设置区进行"钢筋端部做法参数"的调整。

【锚固做法】：有"直筋"、"封闭"、"135度弯折"、"90度弯折"、"弯折封闭"几种（图8-22）。

【间距调整】：在选构件视口区中需要调整的纵向钢筋；然后在参数设置区进行"排布规则"的调整。

【排布规则】：有"无"、"两端余值"、"末端余值"、"自由间距"、"根数等分"等几种；根据工程需要进行选择（图8-23）。

【钢筋间距】："起配间距"和"终配间距"均可以在构件视口区中进行点选调整输入（图8-24）。

【箍筋设置】：在构件视口区中选择需要调整的箍筋；然后在参数设置区进行"排布规则"的调整；包括"起配距离"、"根数"、"终止距离"。

注：可以在构件视口区用鼠标调整箍筋所在范围（图8-25）。

点击构件视口区的右视图可修改箍筋距离墙体每侧边缘的尺寸，图8-26是修改后的线支承方式箍筋的样式。

【纵筋设置】：点击构件视口区的右视图，选中纵筋后在参数设置区可以修改"前筋端部

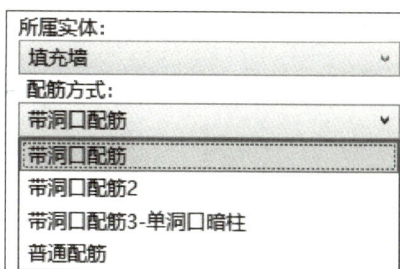

图 8-20　配筋方式

图 8-21　钢筋输入值

参数"和"后筋端部参数"。图 8-27 中上端钢筋的后筋上端锚固做法选择"朝内90 度弯勾"是为了避免纵筋突出企口；下端钢筋的前筋下端做法选择"朝内 90 度弯勾"同样是为了避免纵筋突出企口。

【拉筋设置】：在类型工具区选择"辅助工具"即"拉筋"。然后在构件视口区的正视图中点击正确的位置布置拉筋（图 8-28）。

【外墙挂板布置】：参数设置完毕后，在类型工具区点击"应用"；然后点击"布置"，即可进行外墙挂板的布置。注：在布置界面按两次 Esc 键可以回到外墙挂板画布设置界面。在墙族布置区的"实例列表"中可以查看外墙挂板布置的实例（图 8-29）。

图 8-22　锚固做法

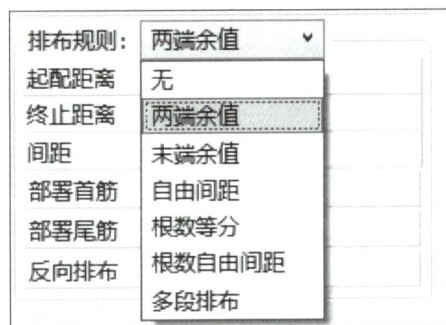

图 8-24　钢筋间距

图 8-23　排布规则

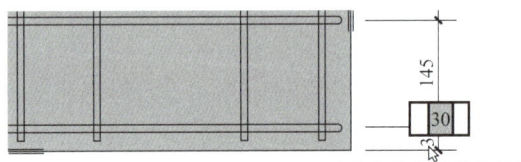

图 8-25　调整箍筋所在范围

装配式建筑构件深化设计

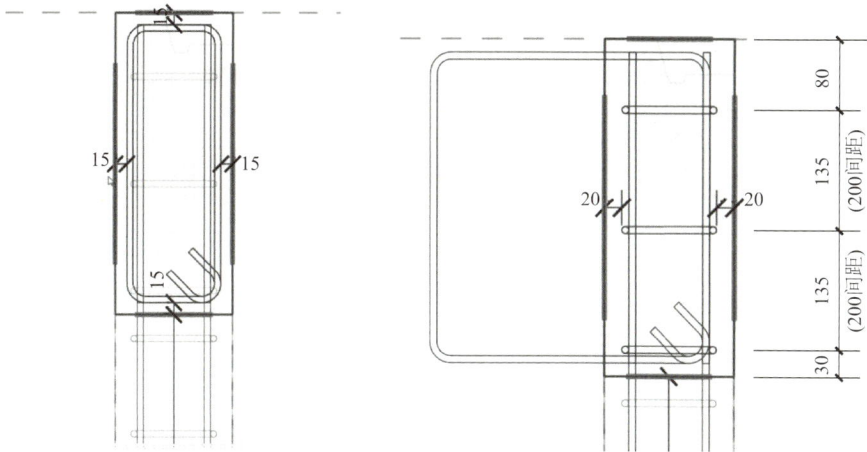

图 8-26　修改后的线支承方式箍筋的样式

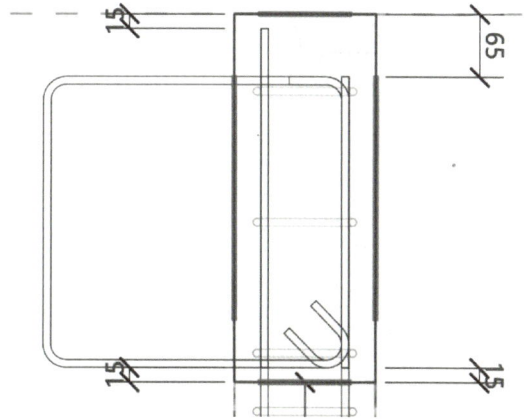

图 8-27　纵筋设置

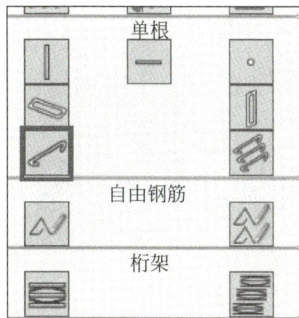

图 8-28　拉筋设置

图 8-29　外墙挂板设置

8.4.5　附属构件布置

【吊环】：在类型工具区的点击"吊环"，可以在构件视口区布置吊环的位置（图 8-30）。

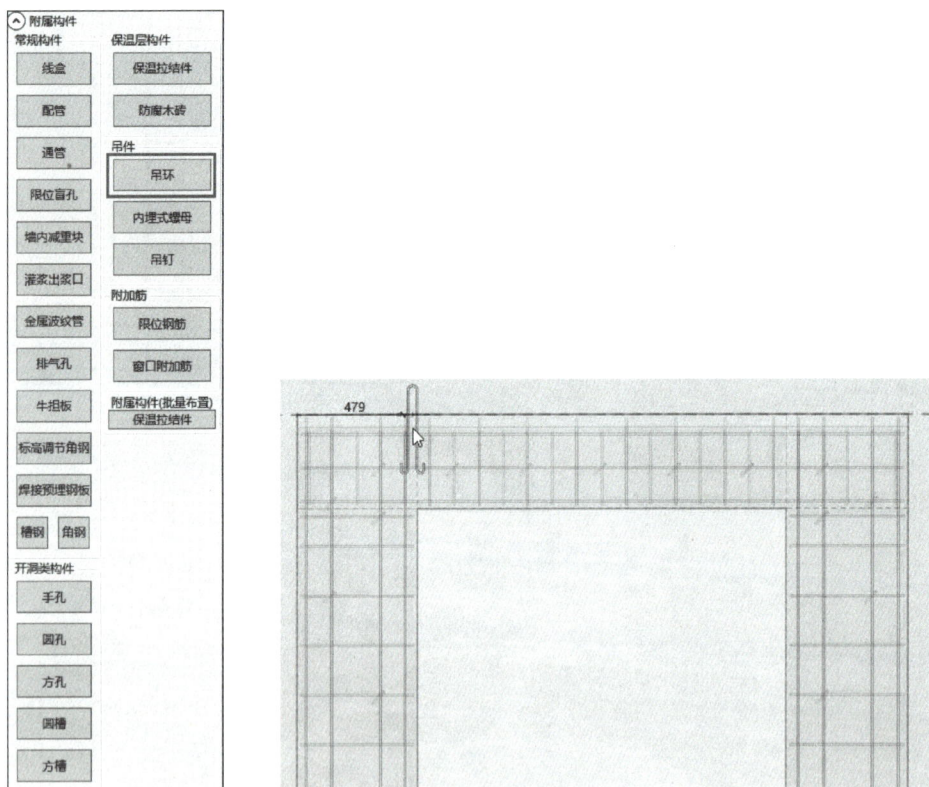

图 8-30　点击"吊环"

【参数设置】：在构件视口区选中该吊环，可以在参数设置区修改吊环参数。参数包括"钢筋等级"、"直径"、"总高"、"弯折内径"、"弯勾弯折直径"、"弯勾直段长度"等。吊环参数应满足《混凝土结构构造手册》的要求，可以根据手册中

　　·　　·　　　　　　　　　　　　　装配式建筑构件深化设计

的数值进行取整（图 8-31）。

【位置设置】：在构件视口区选中吊环，可以调整吊环位置，输入吊环距墙边的位置即可；然后可以在其他位置设置同样的吊环（图 8-32）。

【其他附属构件】：采用同样的方式可以布置"内埋式螺母"及其他构件，布置完毕后点击"应用到实例"（图 8-33）。

【效果查看】：可以切换至三维模型查看附属构件的实际布置效果（图 8-34）。

图 8-31　参数设置

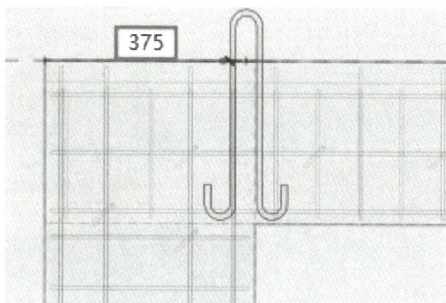

图 8-32　位置设置

图 8-33　其他附属构件

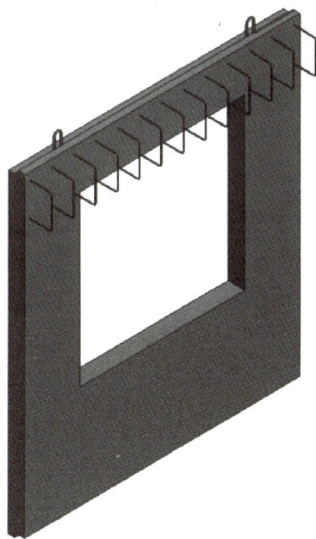

图 8-34　效果查看

8.4.6 编号及出图

外墙挂板编号选择正确的外墙挂板所在平面，点击"墙自由编号"（图8-35）。

【一键编号】选择"隔墙"——（不带保温）隔墙；编号模式设置为"一构件一号一图纸"；编号设置为先"左→右"，后"上→下"；名称自定义为"2F-PCQ"（其中F前面的数字表示该外墙挂板所在的楼层数）；标记设置选择"单行规则"；均设置完毕后点击"一键编号"（图8-36）。

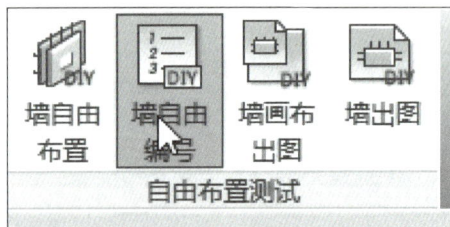

图8-35 点击"墙自由编号"

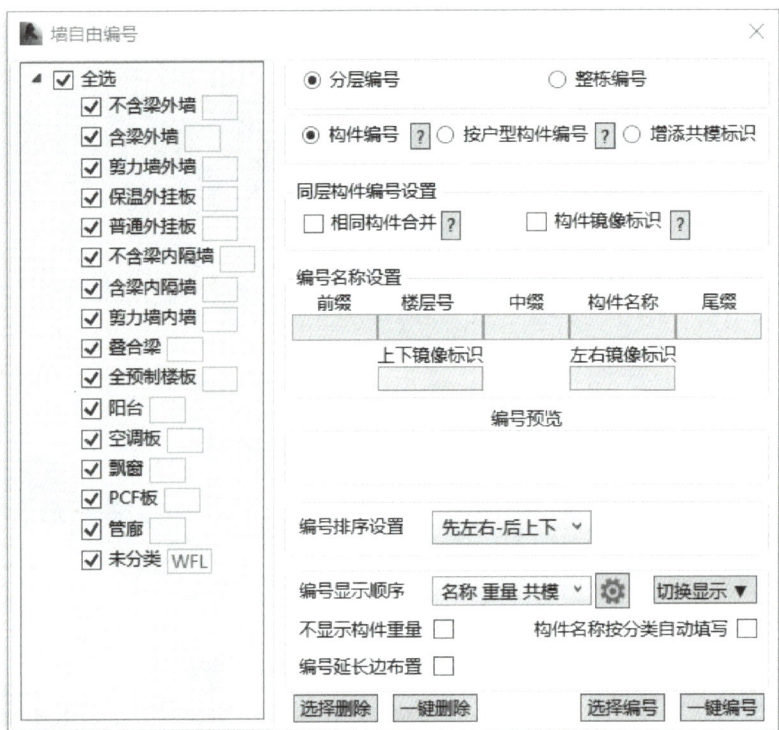

图8-36 一键编号

外墙挂板出图先点击"墙画布出图"（图8-37）。

选中实例，如图8-38所示，在右侧界面可以看到对应的外墙挂板各视图（图8-39）。

点击后会跳出相应的视图。各视图中红框用来视图范围，通过调整该框的大小可以调整视图深度（图8-40）。

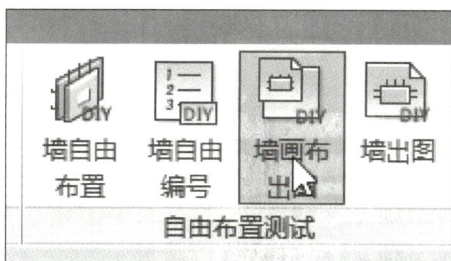

图 8-37 点击"墙画布出图"

图 8-38 实例

图 8-39 视图

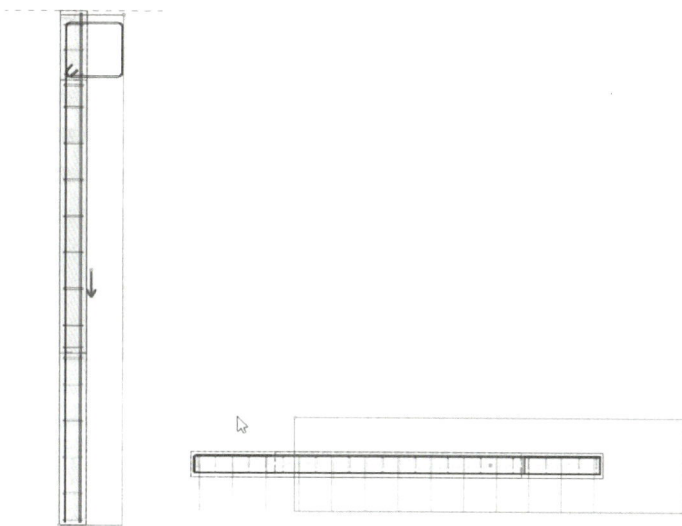

图 8-40 调整视图深度

辅助工具

在 ⊔ 中可以对视图中的尺寸进行标注，标注会显示在出图的图纸中。设置完之后点击右下角"保存"（图 8-41）。

点击"墙出图"，如图 8-42 所示。

【一键出图】：在该对话框的图框名称中可以载入自行设计的图框。注：图框尺寸应和载入的图框相对应（图 8-43）。

图 8-41 点击"保存"

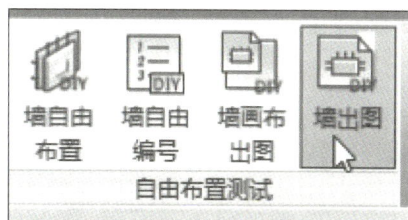

图 8-42 点击"墙出图"

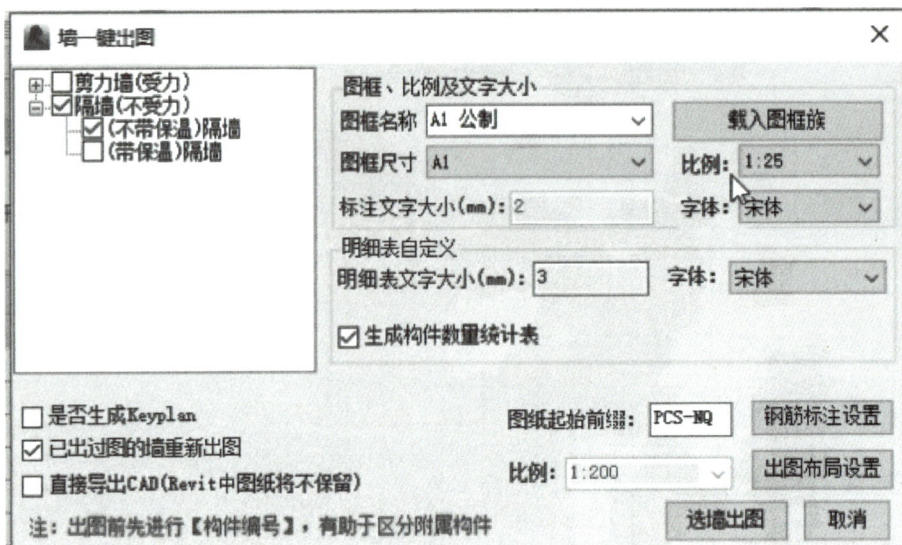

图 8-43　一键出图

【出图布局设置】：可以添加、删除或者移动相应的视图，点击右下角"保存"（图 8-44）。

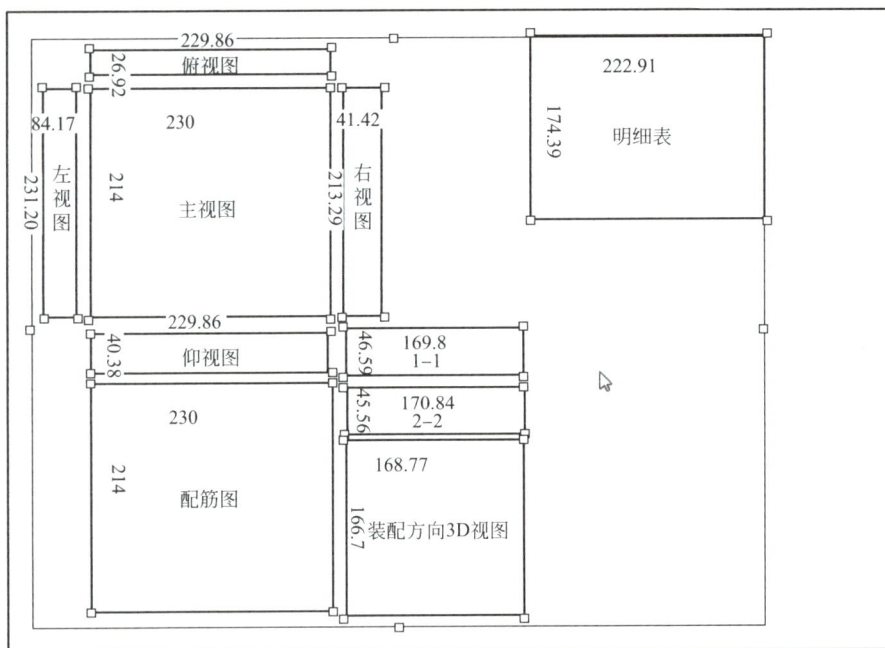

图 8-44　出图布局设置

【选墙出图】：在一键出图的对话框中选择 选构件出图 。在外墙出图界面中选择所需要出图的墙体，点击出图（图 8-45）。

　　　　　　　　　　　　　　　　　　　　　　　　　　　　　装配式建筑构件深化设计

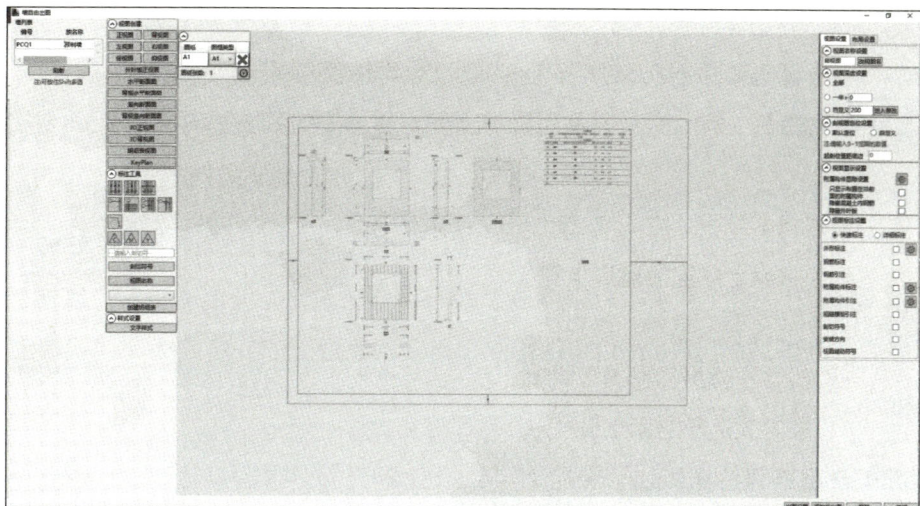

图 8-45　选墙出图

【图纸查看】：生成的图纸可以在"项目浏览器"中的"图纸（全部）"查看（图 8-46）。

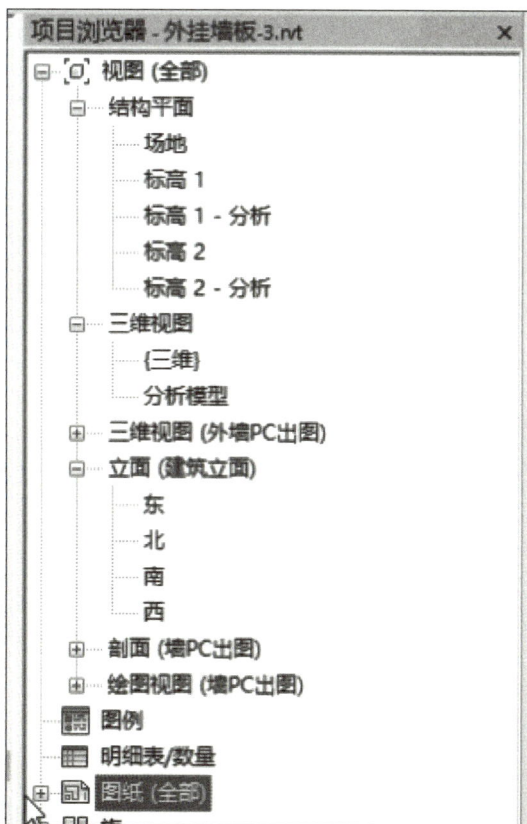

图 8-46　图纸查看

本章小结

本章主要介绍了预制外墙挂板的基础知识、外墙挂板的深化详图识图、外墙挂板深化设计的原则和内容，以及BeePC装配式深化设计软件中关于外墙挂板深化设计操作方法的简介，让读者在了解外墙挂板深化设计相关知识的基础上，能够更加准确地利用BeePC软件绘制出符合国家规范的外墙挂板深化设计加工图纸。

装配式建筑构件深化设计

9

预制阳台的
深化设计

9.1　预制阳台基础知识

9.1.1　预制阳台的概念和优点

阳台是建筑物室内的延伸,是居住者呼吸新鲜空气、晾晒衣物、摆放盆栽的场所,其设计需要兼顾实用与美观的原则。随着居住品质的提高,人们对居室更加追求舒适、安全、实用的细部设计理念,以晾晒、洗衣为主的传统意义上的阳台,如今已经变成了观景台、阳光室、健身房、储藏室、阳光书房等功能多样、空间变化丰富灵活的新一代阳台,更有开发商、建筑师、设计师别出心裁地将阳台"变脸",使阳台设计无论从建筑立面、阳台外形,还是使用功能上,令人耳目一新,有一种别样的味道。阳台一般有悬挑式、嵌入式、转角式三类。传统的阳台结构,大部分为挑梁或挑板式钢筋混凝土结构,现场施工量较大,施工工期较长,不利于现代住宅产业化优势。

建筑产业化是指用工业化的生产方式来建造建筑,以提高其劳动生产率和整体质量。其中阳台作为其部品体系,是具有特定功能的一个独立单元,是构成建筑产业化的组成部分。预制阳台就是将阳台作为系统集成和技术配套的整体部件,在工厂内预先制作,而后运至施工现场进行组装(图9-1)。

图 9-1　预制阳台

预制阳台的使用可以减少施工现场支护模板的工作量，节省人工和周转材料，具有良好的经济性，是预制混凝土建筑降低造价、加快工期、保证质量的重要措施，其中预制阳台能有效发挥高强度材料作用，可减小截面、节省钢材，是节能减碳的重要举措。预制阳台的生产效率高、安装速度快，能创造显著的经济效益。

9.1.2 预制阳台的类型

预制阳台分叠合阳台（半预制）和全预制阳台。全预制阳台又分为预制板式阳台和预制梁式阳台两类，全预制阳台的表面的平整度可以和模具的表面一样平或者做成凹陷的效果，地面坡度和排水口也在工厂预制完成。

（1）叠合板式阳台如图 9-2 所示，其悬挑长度通常为：1000mm、1200mm、1400mm。

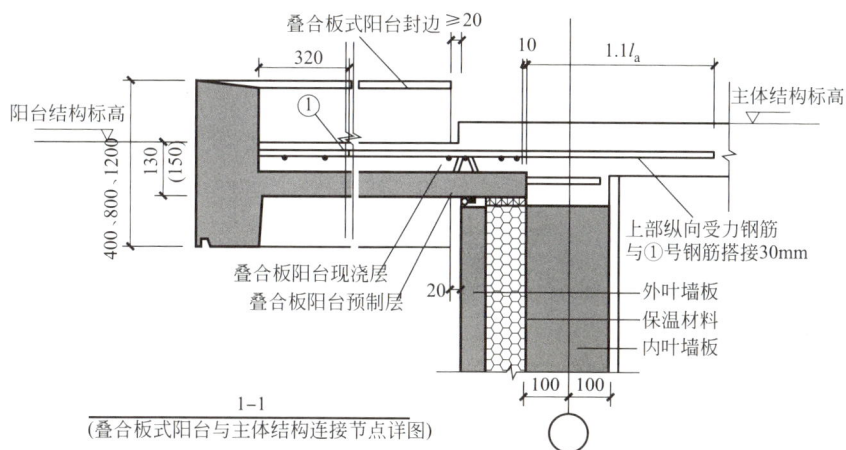

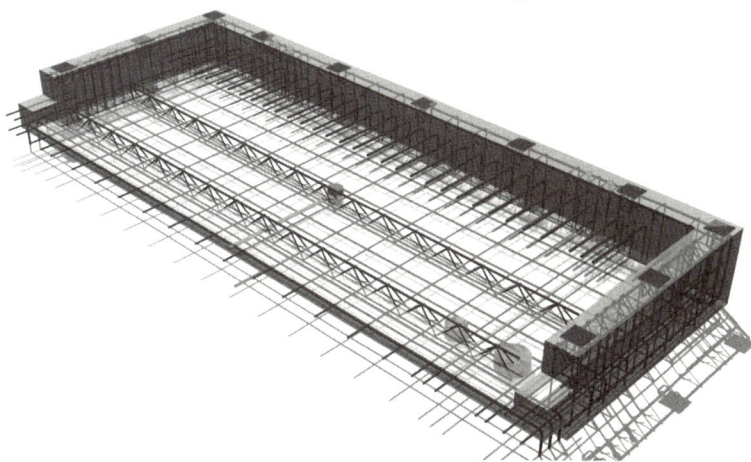

图 9-2　叠合板式阳台

（2）全预制板式阳台如图 9-3 所示，其悬挑长度通常为：1000mm、1200mm、1400mm。

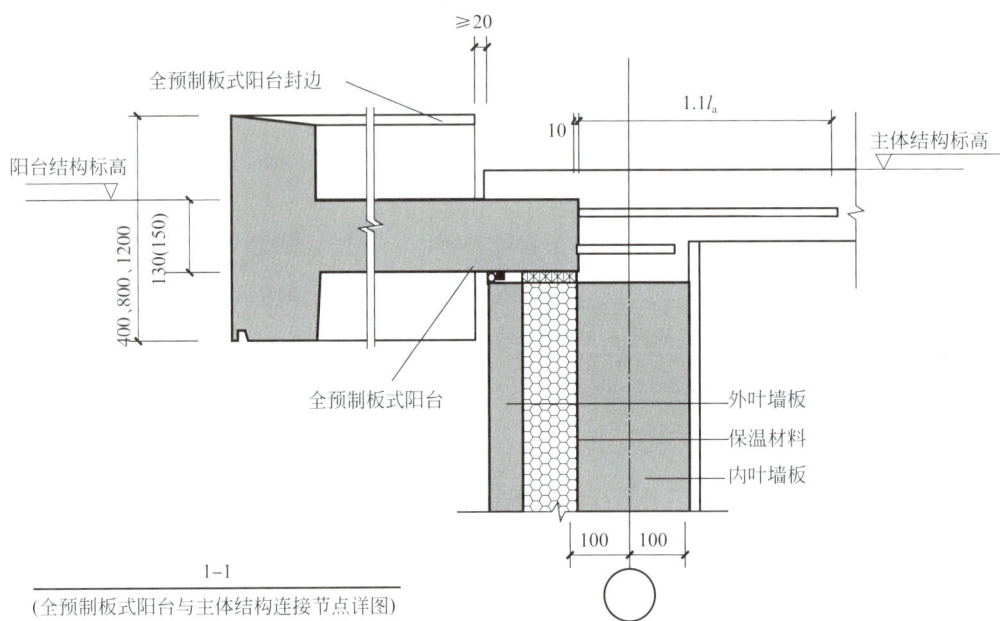

1—1
(全预制板式阳台与主体结构连接节点详图)

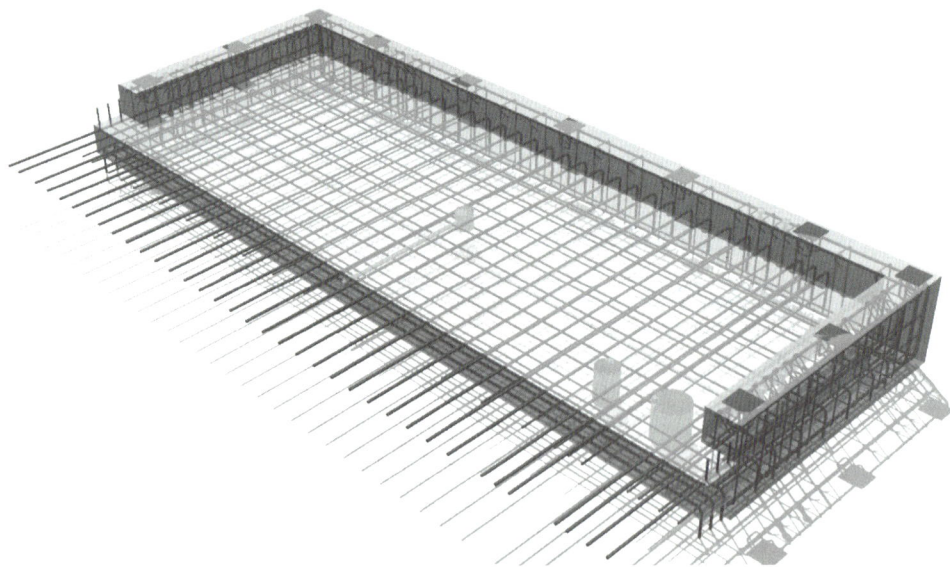

图 9-3　全预制板式阳台

（3）全预制梁式阳台如图 9-4 所示，其悬挑长度通常为：1200mm、1400mm、1600mm、1800mm。

　　　　　　　　　　　　　　　　　　　装配式建筑构件深化设计

全预制梁式阳台封边

20

10

主体结构标高

150

阳台结构标高

400

主体结构剪力墙或梁

全预制梁式阳台

1-1

(全预制梁式阳台与主体结构连接节点详图)

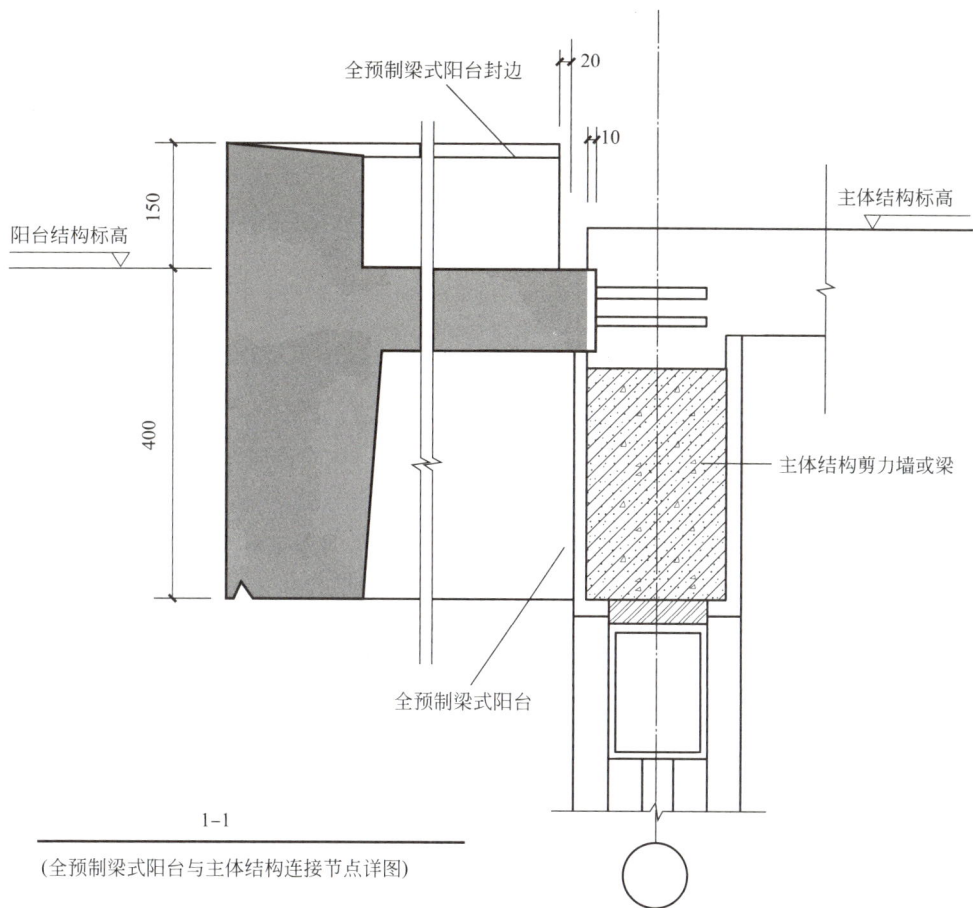

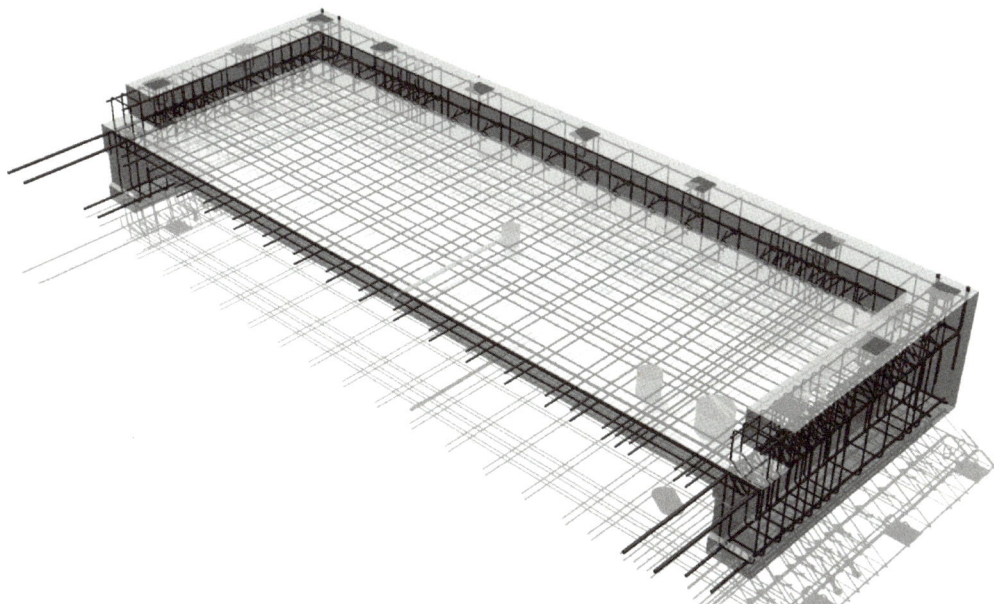

图 9-4   全预制梁式阳台

9   预制阳台的深化设计

9.2 预制阳台识图

预制阳台板的规格及编号方法应参照国家建筑标准设计图集《预制钢筋混凝土板阳台板、空调板及女儿墙》15G368-1的规定，如图9-5所示。

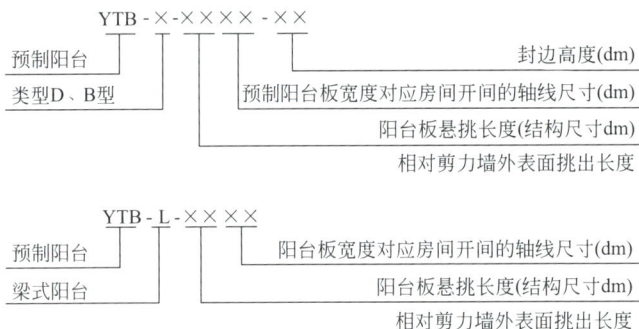

YTB - X - XXXX - XX

| 预制阳台 |
| 类型D、B型 |
| 预制阳台板宽度对应房间开间的轴线尺寸(dm) |
| 封边高度(dm) |

- 预制阳台
- 类型D、B型
- 预制阳台板宽度对应房间开间的轴线尺寸(dm)
- 阳台板悬挑长度(结构尺寸dm)
- 相对剪力墙外表面挑出长度
- 封边高度(dm)

YTB - L - XXXX

- 预制阳台
- 梁式阳台
- 阳台板宽度对应房间开间的轴线尺寸(dm)
- 阳台板悬挑长度(结构尺寸dm)
- 相对剪力墙外表面挑出长度

图9-5 预制阳台板规格及编号方法

预制阳台板类型：D型代表叠合板式阳台；B型代表全预制板式阳台；L型代表全预制梁式阳台。

预制阳台封边高度：04代表阳台封边400mm高；08代表阳台封边800mm高；12代表阳台封边1200mm高。

预制阳台板开洞位置由具体工程设计在深化图纸中指定，本图集中阳台板模板图和配筋图示意了雨水管、地漏预留洞位置位于阳台板左侧纵、横排布的布置图，当开洞位于右侧时，应将模板图和配筋图镜像。

9.3 预制阳台深化设计原则

9.3.1 预制阳台构造要求

根据《预制钢筋混凝土阳台板、空调板及女儿墙》15G368-1规定，预制钢筋混凝土板阳台板构造要求如下：

（1）混凝土、钢筋和钢材的力学性能指标和耐久性要求等应符合有关现行国家标准的要求。

·   ·   装配式建筑构件深化设计

（2）预制构件混凝土强度等级为 C30；钢筋采用 HRB400、HPB300 级钢筋。

（3）预埋件：锚板采用 Q235B 钢制作，也可以根据工程要求采用不锈钢材料制作；锚筋采用 HRB400 级钢筋，抗拉强度设计值 f 取值不应大于 300N/mm^2，严禁采用冷加工钢筋。锚板与锚筋之间的焊接采用相应埋弧压力焊，采用 E50、E55 型焊条和 HJ431 型焊剂，选择的焊条型号应与主体金属力学性能相适应。

（4）吊环应采用 HPB300 级钢筋（Q235B）制作，严禁采用冷加工钢筋。

（5）构件吊装采用的吊环、内埋式吊杆或其他形式吊件等应符合现行国家标准要求。

（6）采用钢筋套筒灌浆连接或浆锚连接时，连接接头的钢筋套筒及灌浆料应符合《钢筋套筒灌浆连接应用技术规程（2023 年版）》JGJ 355—2015 和《钢筋连接用套筒灌浆料》JG/T 408—2019 的有关要求。

（7）密封材料、背衬材料等应满足国家现行有关标准的要求。

9.3.2　预制阳台结构设计原则

阳台作为标准化或通用化的建筑部品体系，为了提高产品性能，简化装配工作，在保证机械性能和某些特殊功能的情况下，尽可能地简化结构，节约材料。其结构设计原则如下：

（1）结构安全等级为二级，结构重要性系数 1.0，设计使用年限为 50 年。

（2）钢筋保护层厚度 20mm，梁 25mm，环境类别二 a 类。

（3）裂缝控制等级为三级，最大裂缝宽度允许值为 0.2mm。

（4）挠度限值取构件计算跨度的 1/200。阳台板、空调板悬挑方向的计算跨度取阳台板、空调板悬挑长度 l 的 2 倍。

（5）使用荷载满足图集《预制钢筋混凝土阳台板、空调板及女儿墙》15G368-1 的要求。

（6）同条件养护的混凝土立方体试件抗压强度达到设计混凝土强度等级值的 75% 时，方可脱模。脱模吸附力取 1.5kN/m^2，脱模时的动力系数取 1.5。

（7）运输、吊装动力系数取 1.5；堆放、安装动力系数取 1.2。

9.3.3　预制阳台拆分依据及步骤

预制阳台的拆分涉及多方面因素，如建筑的使用功能及艺术效果，结构的合理性，预制构件在制作、运输、安装环节的可行性和便利性等。既要考虑技术的合理性、外部环境的可比性，还要考虑经济的合理性。在进行预制构件拆分时，应当与建设方一起对项目周边预制构件厂的生产能力、构件厂到项目所在地的道路运输能力、施工的吊装能力等外部情况进行调研，做出适合所涉及项目的构件拆分方案。

预制阳台的拆分主要应考虑结构受力合理，预制构件的制作、运输、施工安装条件允许且便利，成本可控。预制阳台的拆分要符合模数化、标准化设计的原则，做到尽量统一；主要依据如下：

（1）预制阳台板沿悬挑长度方向按建筑模数 2M 设计，预制板式阳台一般悬挑长度为 1000mm、1200mm、1400mm，预制梁式阳台一般悬挑长度为 1200mm、1400mm、1600mm、1800mm；沿房间开间方向按建筑模数 3M 设计，开间方向尺寸一般为 2400mm、2700mm、3000mm、3300mm、3600mm、3900mm、4200mm、4500mm。

（2）《预制钢筋混凝土板阳台板、空调板及女儿墙》15G368-1 中板式阳台适用于采用夹芯保温剪力墙外墙板的装配式混凝土剪力墙结构住宅。

（3）预制阳台板标高设计：封闭式阳台结构标高与室内楼面结构标高相同或比室内楼面结构标高低 20mm，开敞式阳台结构标高比室内楼面结构标高低 50mm。

预制阳台的拆分步骤如下：

（1）确定预制构件的建筑、结构各参数，如抗震设防烈度、结构形式、生产工艺、荷载取值、材料强度等与《预制钢筋混凝土阳台板、空调板及女儿墙》15G368-1 选用范围要求保持一致，并按照该标准图集中预制构件相应的规格表、配筋表直接选用。

（2）根据建筑平面图、立面图、剖面图确定预制构件编号。

（3）核对预制构件的结构计算结果。

（4）选用预埋件，也可根据具体工程实际设置或增加其他预埋件。

（5）根据《预制钢筋混凝土板阳台板、空调板及女儿墙》15G368-1 中预制构件模板图及预制构件选用表中已标明的吊点位置及吊重要求，结合生产单位、施工安装要求选用吊件类型及尺寸。

（6）根据建筑、设备专业要求确定预制构件预留孔洞的位置及大小。

（7）补充预制构件相关制作及施工要求。

9.3.4 预制阳台板选用示例

【例 1】已知某装配式剪力墙住宅开敞式阳台平面图如图 9-6（a）所示，阳台对应房间开间轴线尺寸为 3300mm，阳台板相对剪力墙外表面挑出长度为

装配式建筑构件深化设计

1400mm，阳台封边高度为 400mm。根据计算得阳台板面均布恒荷载为 3.2kN/m²，封边处栏杆线荷载为 1.2kN/m，板面均布活荷载 2.5kN/m²。阳台建筑、结构各参数与《预制钢筋混凝土阳台板、空调板及女儿墙》15G368-1 选用范围要求一致，荷载不大于该图集荷载取值，设计选用编号为 YTB-B-1433-04 的全预制板式阳台。

【例 2】已知某装配式剪力墙住宅开敞式阳台平面图如图 9-6（b）所示，阳台对应房间开间轴线尺寸为 3300mm，阳台板相对剪力墙外表面挑出长度为 1400mm，拟采用梁式阳台。根据计算得阳台板面均布恒荷载为 3.2kN/m²，封边梁处栏杆线荷载为 1.2kN/m，板面均布活荷载 2.5kN/m²。阳台建筑、结构各参数与《预制钢筋混凝土阳台板、空调板及女儿墙》15G368-1 选用范围要求一致，荷载不大于该图集荷载取值，设计选用编号为 YTB-L-1433 的全预制梁式阳台。

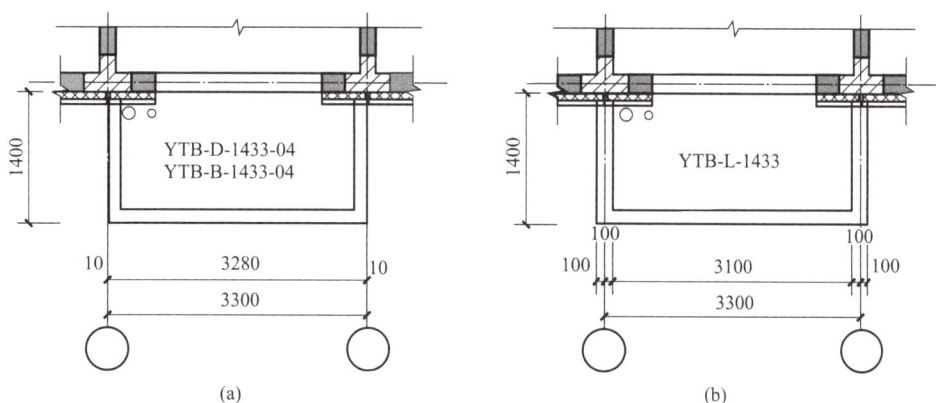

图 9-6　预制阳台板选用示例

（a）板式阳台；（b）梁式阳台

9.4　预制阳台深化设计操作（图 9-7）

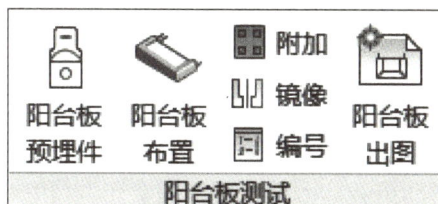

图 9-7　阳台板测试

KK(long)型吊钉规格参数表

选择	名称	型号	尺寸参数(mm)						
			D	D1	D2	R	s	de	L
☑	DD1	KK1.3x120	10	19	25	30	10	250	120
☐	DD2	KK2.5x170	14	26	35	37	11	350	170
☐	DD3	KK4x210	18	36	45	47	15	675	210
☐	DD4	KK5x240	20	36	50	47	15	765	240
☐	DD5	KK7.5x300	24	47	60	59	15	945	300
☐	DD6	KK10x340	28	47	70	59	15	1100	340
☐	DD7	KK15x400	34	70	80	80	15	1250	400
☐	DD8	KK20x500	38	70	98	80	15	1550	500
☐	DD9	KK32x700	50	88	135	107	23	2150	700

已筛选类型

厂家名称	预埋件类型	名称	型号	锚固形状	附加钢筋形状
杭州蜗蜗科技有限公司	吊钉	DD1	KK1.3x120		
杭州蜗蜗科技有限公司	ESA型内埋式螺母	NLe1	ESA12x60	CSA型锚固	斜拉

图 9-8　阳台板预埋件选型

【预埋件类型】：目前支持吊钉、CSA 型内埋式螺母、ESA 型内埋式螺母三种类型切换，选择不同的埋件类型，界面参数会联动变化。

注：勾选的预埋件型号，将应用到当前项目中。一旦修改，模型中已布置的柱、墙套筒会根据选型进行联动更新。因此，用户需要在项目的初始阶段选择好所需要的埋件型号，以免后期修改造成模型更新卡顿。

9.4.2 阳台板布置（图9-9）

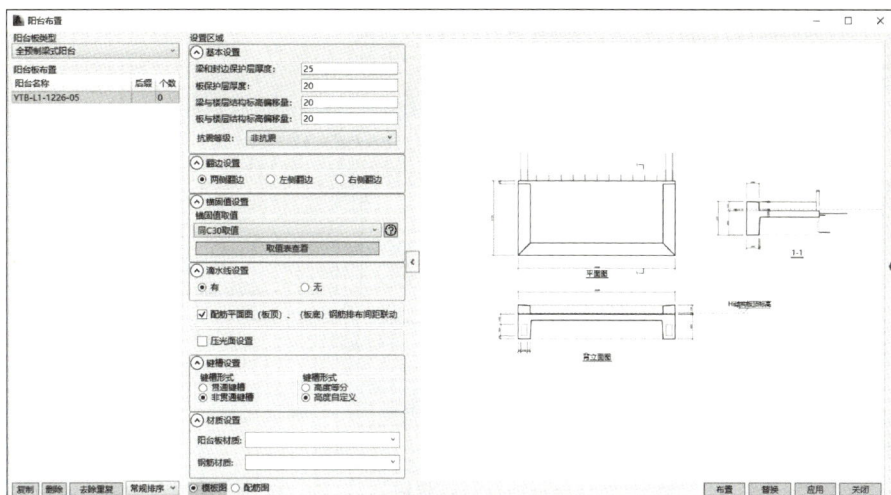

图9-9　阳台板布置

【类型选择】：如图9-10所示。软件可通过左上方选项进行阳台板类型的切换，目前内置3种类型：全预制梁式阳台、全预制板式阳台、叠合板式阳台，并按照图集要求给予命名。注意：选择不同的类型，画布区的图以及设置项均会联动变化，以下以"全预制梁式阳台"为例进行介绍。

【基本设置】：如图9-11所示。软件支持阳台板不同部位保护层、标高偏移以及抗震等级设置，修改参数后会和画布区联动，也会影响最终的BOM表统计以及钢筋长度统计。

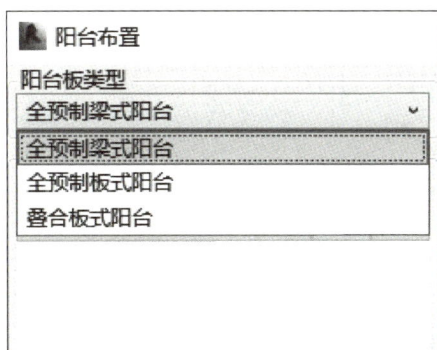

图9-10　类型选择

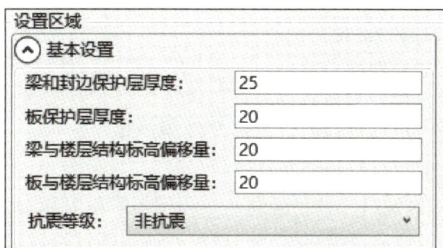

图9-11　基本设置

【翻边设置】：如图9-12所示。支持阳台板翻边单侧或者两侧的设置。画布区会同步联动（图9-13）。

图 9-12　翻边设置

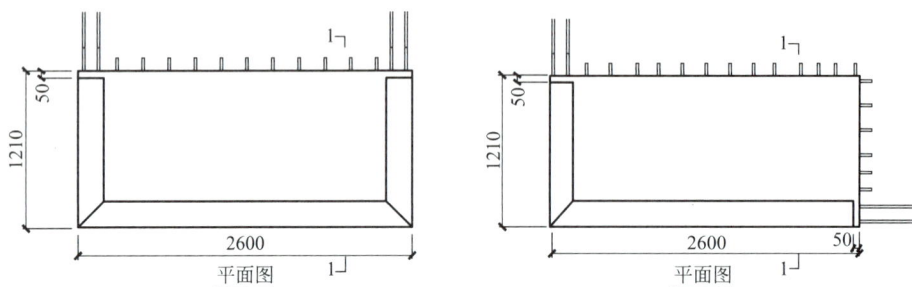

图 9-13　两侧及单侧翻边示意图

【锚固值设置】：如图 9-14 所示。根据用户选择的砼强度进行锚固值取值（图 9-15）。

图 9-14　锚固值设置

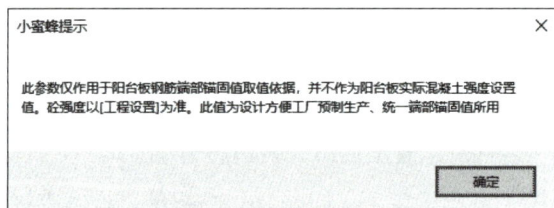

图 9-15　提示

【滴水线设置】：如图 9-16 所示。

【键槽设置】：如图 9-17 所示。

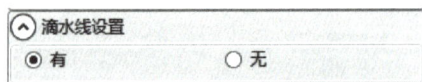

图 9-16　滴水线设置

图 9-17　键槽设置

支持【贯通键槽】、【非贯通键槽】两种形式，高度也可以根据要求自由设置。

【材质设置】：如图 9-18 所示。软件支持阳台板混凝土和钢筋的材质设置，用户可直接选择 Revit 提供的材质库，也可以自行导入，做出更炫的模型效果。

【模板图】：软件支持构件模板图和配筋图的切换，模板图中主要用于确认阳台板的高度、宽度、键槽、吊件的信息，所显示蓝色字体均为可改项（图 9-19）。

装配式建筑构件深化设计

图 9-18　材质设置

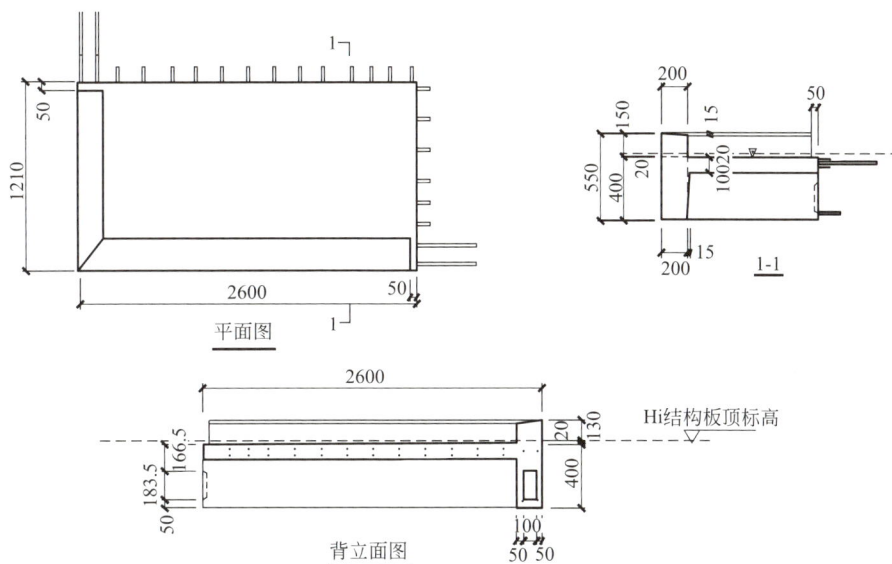

平面图

1-1

背立面图

图 9-19　模板图

【配筋图】：用户可以通过手势切换到配筋图，输入对应的配筋信息。点选任意的配筋名称，都会自动进入配筋信息输入框，修改钢筋的直径、等级、弯钩平直段长度（图 9-20）。

9.4.3　阳台板附加（图 9-21）

目前软件支持：栏杆埋件、线盒、内埋式螺母、洞口、吊钉、吊环的定位及布置。用户点选命令后，选择一个阳台板，功能会自动进入画布模式，用户可以在模型上直接布置（图 9-22）。

9.4.4　阳台板镜像（图 9-23）

【说明】：中间原板——现在为"原阳台"，除了安装方向不镜像外，其他的钢筋形式、键槽、洞口、线盒、间距等参数都镜像，镜像线可以是 CAD 底图线、RP 线，构件边线。可参考其他构件的镜像。

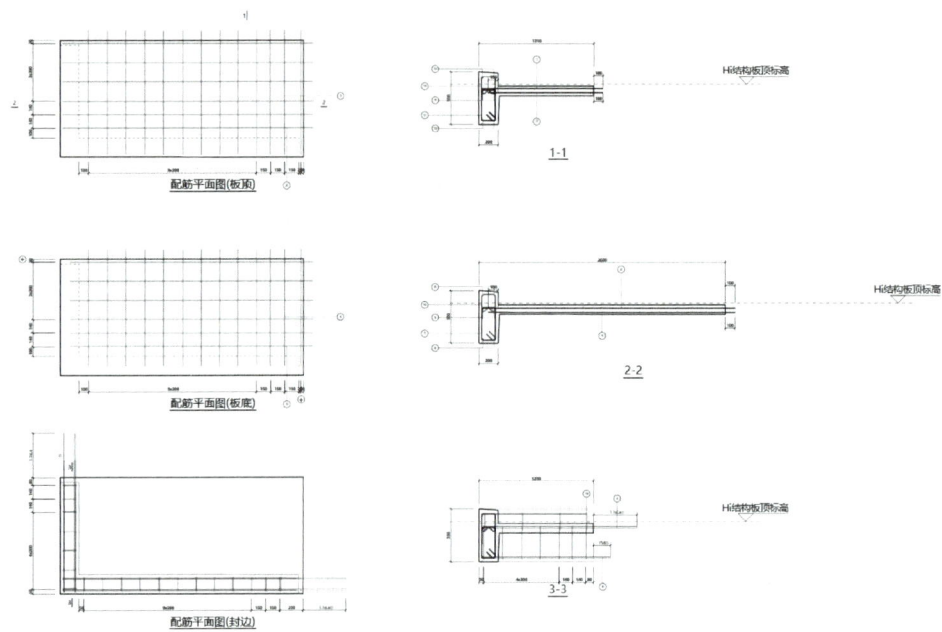

图 9-20　配筋图

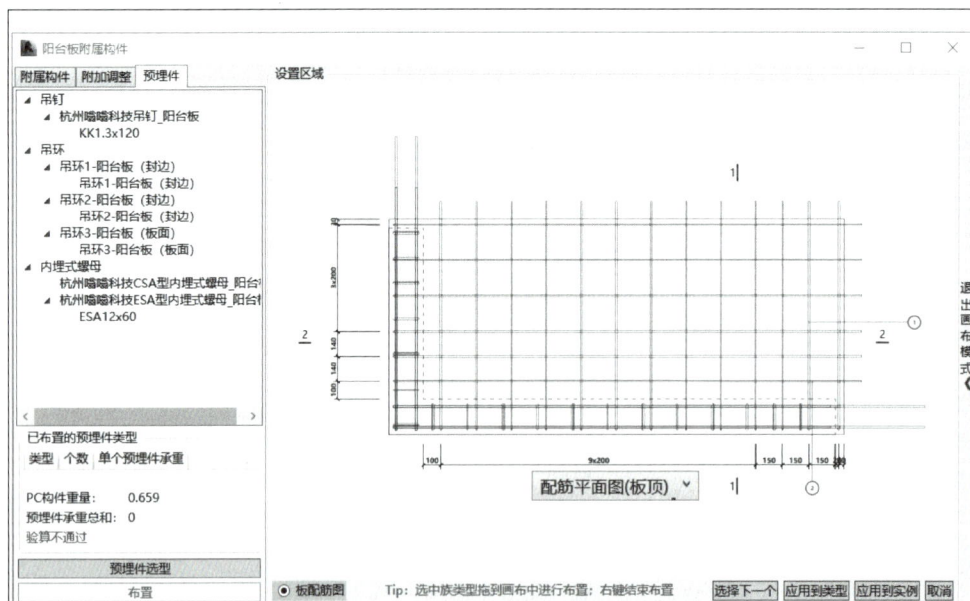

图 9-21　阳台板附加

装配式建筑构件深化设计

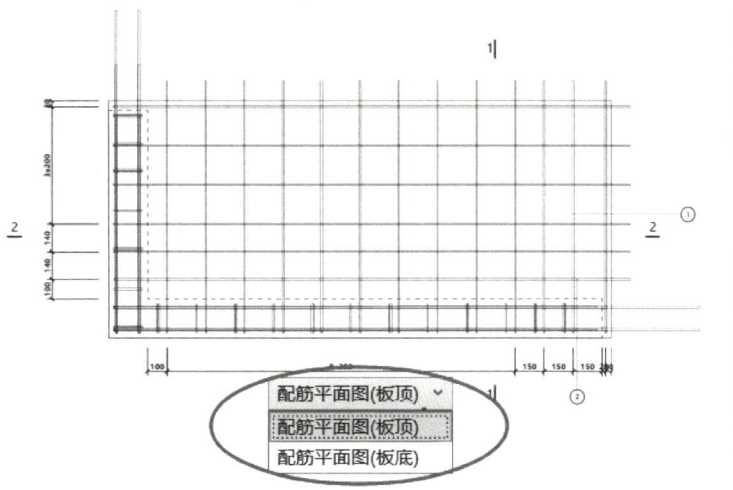

图 9-22 模型布置

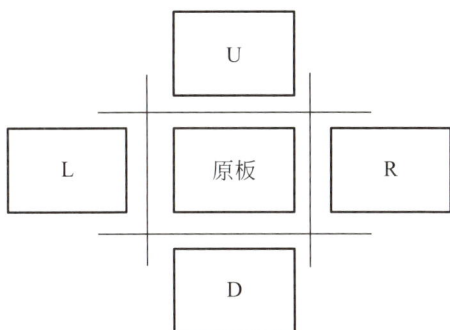

图 9-23 阳台板镜像

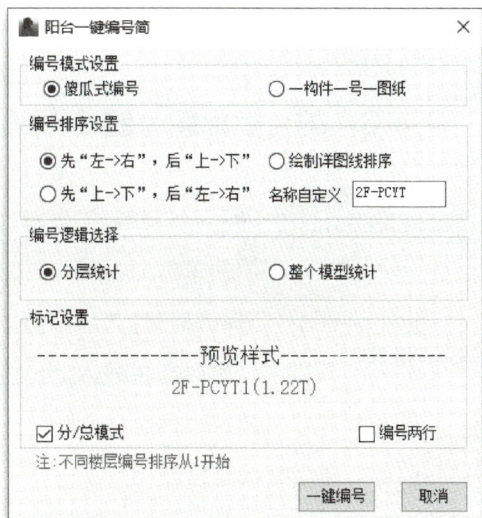

图 9-24 阳台板编号

9.4.5 阳台板编号(图 9-24)

先"左→右",后"上→下";先"上→下",后"左→右"阳台板编号以及"绘制详图线"排序参前面板、梁介绍。

编号模式设置:

【傻瓜式编号】选择傻瓜式编号进行编号时,编号以 PCYT1、PCYT2 的形式一直往下排列，完全相同的阳台编号相同，出图在一张图纸里（会统计个数），出图还是按类型出图。

【一构件一号一图纸】选择该种编号方式进行编号时，每个阳台的标号都不相同，都是唯一，相同的阳台，编号以 PCYT1-1/2、PCYT1-2/2 分数的形式表达，出图时每个阳台都会出一张图纸。现编号中的分母为当层相同阳台的总数，建议在名称自定义中增加楼层前缀。

标记的设置分为单行和两行（两行时重量会单独成一行），并且支持不同形式的标记；

单行的预览样式如图 9-25 所示，两行的预览样式如图 9-26 所示。

图 9-25　单行的预览样式　　图 9-26　两行的预览样式

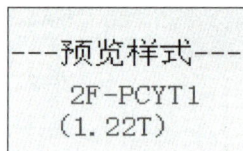

9.4.6　阳台板出图（图 9-27）

当绘制完所有的阳台板后，我们需要对项目中所有板进行出图并交付工厂生产。

需要先做下出图前的设置：

【图框名称】：选择好已载入的图框。

【载入图框族】：可以自主载入 rfa 格式的图框族，需要基于图框样板。

【图框尺寸】：支持：A1 ~ A4 等 8 个种常规尺寸。此处选择应与载入的图框尺寸一致。方便后续调整出图布局。

【比例】：用于调整出图时的视图比例，默认 1：25，可自由选择。

【标注文字大小（mm）】：标注文字的大小会更具比例的调整自动变化。

【字体】：可以调节出图时尺寸标注中的字体。

【是否生成 Keyplan】：通过勾选项控制是否需要生成 Keyplan。

【图纸起始前缀】：可以自定义起始前缀，出图的时候，图纸名称会增加起始前缀并生成 1、2、3……方便用户对图纸进行整理、排序。

【已出过图的板重新出图】：用于当用户已经对当前项目中的墙出过一次图后，对单独或者局部的墙做了修改后，此时可以通过勾选此项，仅对修改的墙单独出图即可，用于节约出图时间。

装配式建筑构件深化设计

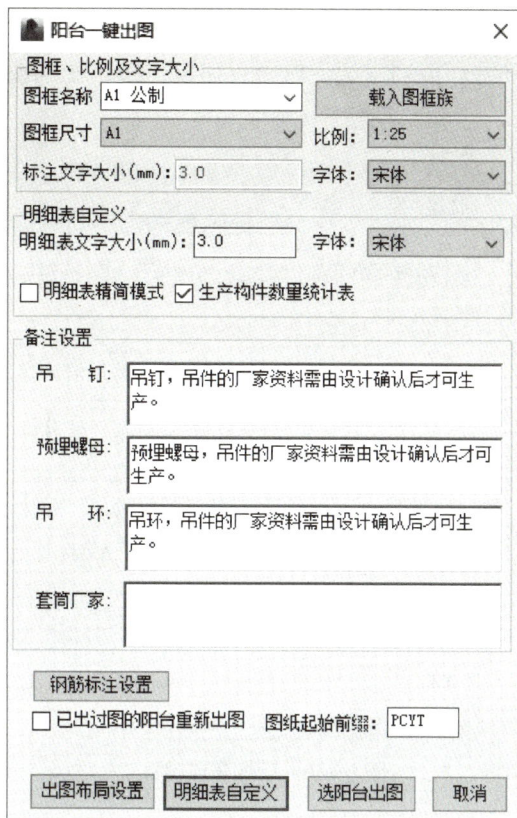

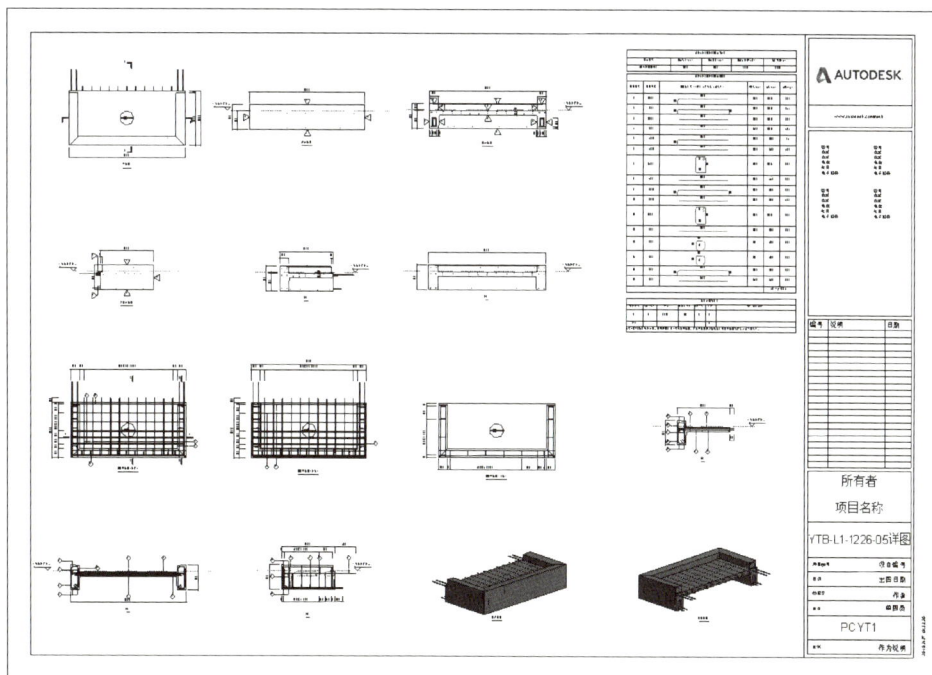

图 9-27　阳台板出图

【出图布局设置】：因为不同的设计单位或者厂家对图纸有自己常用的排版格式，在此我们提供对出图布局可以自主灵活调整（可以进行布图的位置的移动，也可以增加或者删除视图）。

在此需要注意：出图前先进行【板编号】操作，有助于区分附属构件。

设置完成后，选择出图范围，软件会根据附属构件不同、楼层不同进行出图。

【明细表自定义】：可对各类预埋件及套筒进行信息备注，也可选择明细表采用精简还是常规模式（图9-28）。

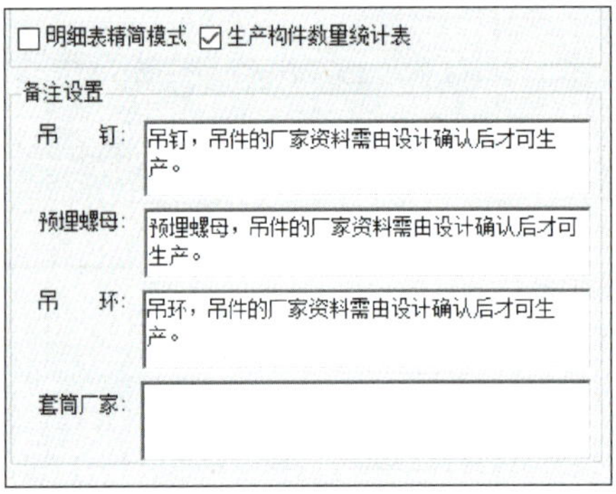

图9-28　明细表自定义

本章小结

本章主要介绍了预制阳台的基础知识、预制阳台的深化详图识图、预制阳台深化设计的原则和内容，以及BeePC装配式深化设计软件中关于预制阳台深化设计操作方法的简介，让读者在了解预制阳台深化设计相关知识的基础上，能够更加准确地利用BeePC软件绘制出符合国家规范的预制阳台深化设计加工图纸。

参考文献

[1] 王光炎 . 装配式建筑混凝土构件深化设计 [M]. 北京：中国建筑工业出版社，2020.

[2] 郑朝灿 . 装配式建筑概论 [M]. 浙江：浙江工商大学出版社，2019.

[3] 刘峥 . 装配式建筑深化设计 [M]. 北京：中国建筑工业出版社，2021.

[4] 吴刚 . 装配式建筑 [M]. 北京：中国建筑工业出版社，2020.

[5] 王鑫 . 装配式混凝土建筑深化设计 [M]. 重庆：重庆大学出版社，2022.

[6] 中华人民共和国住房和城乡建设部 . 装配式混凝土结构表示方法及示例（剪力墙结构）：
    15G107-1[S]. 北京：中国计划出版社，2015.

[7] 中华人民共和国住房和城乡建设部 . 预制混凝土剪力墙外墙板：15G365-1[S]. 北京：
    中国计划出版社，2015.

[8] 中华人民共和国住房和城乡建设部 . 预制混凝土剪力墙内墙板：15G365-2[S]. 北京：
    中国计划出版社，2015.

[9] 中华人民共和国住房和城乡建设部 . 桁架钢筋混凝土叠合板（60mm 厚度板）：
    15G366-1[S]. 北京：中国计划出版社，2015.

[10] 中华人民共和国住房和城乡建设部 . 预制钢筋混凝土板式楼梯：15G367-1[S]. 北京：
    中国计划出版社，2015.

[11] 中华人民共和国住房和城乡建设部 . 预制钢筋混凝土阳台板、空调板及女儿墙：
    15G368-1[S]. 北京：中国计划出版社，2015.

[12] 中华人民共和国住房和城乡建设部 . 预制混凝土楼梯：JG/T 562—2018[S]. 北京：
    中国标准出版社，2018.